COURS

DE PHYSIQUE

A L'USAGE

DES

Candidats aux Ecoles nationales d'arts et Métiers

PAR

L. SERRES

Ancien élève de l'École polytechnique,
Professeur à l'Ecole municipale supérieure J.-B. Say.

PARIS

LIBRAIRIE POLYTECHNIQUE, Ch. BÉRANGER, ÉDITEUR

Successeur de **BAUDRY** et Cie

15, RUE DES SAINTS-PÈRES, 15

MAISON A LIÉGE, RUE DE LA RÉGENCE 21,

1901

COURS

DE PHYSIQUE

COURS
DE PHYSIQUE

A L'USAGE

DES

Candidats aux Ecoles nationales d'Arts et Métiers

PAR

L. SERRES

Ancien élève de l'École polytechnique,
Professeur à l'École municipale supérieure J.-B. Say.

PARIS

LIBRAIRIE POLYTECHNIQUE, Ch. BÉRANGER, ÉDITEUR

Successeur de BAUDRY et Cie

15, RUE DES SAINTS-PÈRES, 15

MAISON A LIÈGE, RUE DE LA RÉGENCE 21,

1901

EXTRAIT

DU

PROGRAMME DES CONNAISSANCES EXIGÉES

POUR L'ADMISSION

DANS LES ÉCOLES NATIONALES D'ARTS ET MÉTIERS

(Journal officiel du 10 décembre 1899.)

PHYSIQUE

I. — Propriétés générales de la matière; différents états des corps; constitution des corps.

Pesanteur. — Éléments de cette force; direction; intensité; centre de gravité.
Poids des corps; balance.
Équilibre des corps soumis à la pesanteur.

Hydrostatique. — 1° Liquides; surface libre d'un liquide en équilibre; pression; pression sur les fonds et sur les parois latérales des vases; vases communicants; principe de Pascal; presse hydraulique et accumulateurs; énoncé du principe d'Archimède; sa vérification expérimentale; corps flottants.
Densité des corps; sa mesure par la balance hydrostatique; principe des aréomètres.
2° Gaz : pression de l'atmosphère; baromètre; principe d'Archimède; aérostats.

Elasticité des gaz. — Loi de Mariotte; sa démonstration expérimentale; machines pneumatiques et de compression.

Ecoulement des liquides. — Pompes; siphons.

II. — **Chaleur** : dilatation des corps; thermomètres.
Changements d'état des corps; lois de la fusion et de la solidification; lois de la vaporisation; évaporation; ébullition; lois de la condensation; tension des vapeurs; notions élémentaires sur la conductibilité et le rayonnement.

III. — **Electricité** : préliminaires; distribution; influence, condensation; machines électrostatiques; électricité atmosphérique; paratonnerres; courant électrique; piles.

COURS DE PHYSIQUE

PRÉLIMINAIRES

§ 1. — BUT ET MÉTHODE DE LA PHYSIQUE

1. Première idée de la physique. — La *physique* (du grec *physis*, nature) est par définition l'étude des phénomènes naturels.

2. Phénomènes. — On entend en science par *phénomène* (du grec *phénomé*, paraître) un fait quelconque, qui est la manifestation d'une propriété des corps.

Par exemple, la chute des corps, l'attraction d'un corps léger par un corps électrisé, sont des phénomènes.

3. Corps. — Nous appellerons *corps* tout ce qui impressionne nos sens, par exemple tout ce que nous pouvons toucher, voir, sentir.

4. Différents genres de phénomènes. — Les phénomènes naturels peuvent être étudiés à différents points de vue.

Les uns sont d'ordre général; tous les corps, quels qu'ils soient, les présentent. Tels sont la chute, la fusion, l'ébullition.

Les autres sont des phénomènes qui varient avec chaque corps et qui sont toujours accompagnés d'un changement dans la substance et le poids du corps. Tels sont la rouille du fer, la décomposition des sels d'argent à la lumière (photographie).

D'autres enfin ne sont produits que par certains corps, que l'on appelle *corps organisés*, par opposition aux *corps bruts*. On les appelle *phénomènes vitaux*, ou de la vie. Tels sont la nutrition des animaux et des plantes, la circulation du sang, les mouvements musculaires.

5. Phénomènes physiques. — De ces trois ordres de phénomènes, la physique n'étudie que les phénomènes d'ordre général, communs à tous les corps et dont la production n'entraîne aucun changement dans leur substance.

On les appelle *phénomènes physiques*.

6. Méthode expérimentale. — Pour étudier les phénomènes physiques, on emploie une méthode, générale dans l'étude de toutes les sciences naturelles : c'est la *méthode expérimentale*.

Elle comprend : *l'observation*, *l'expérimentation*, les *mesures*, la recherche des *lois*.

7. Observation. — Dans cette première phase de l'étude, on *observe* le phénomène, tel qu'il se produit naturellement, en notant avec soin toutes les circonstances de sa production.

8. Expérimentation. — L'*expérimentation* consiste à faire des expériences.

L'*expérience* est la reproduction d'un phénomène observé, mais dans des conditions qui varient au gré de l'opérateur. On voit ainsi l'influence particulière de chaque circonstance sur la production du phénomène.

9. Mesures. — Pour chaque phénomène et dans chacune des circonstances où on le produit, on a soin de *mesurer* toutes les quantités mesurables : temps, longueur, volume, masse, poids, etc.

10. Lois physiques. — De la comparaison des mesures, on peut déduire des lois.

Une *loi physique* est l'expression d'une relation numérique entre les quantités mesurées.

Nous verrons bientôt à propos de l'étude de la pesanteur (51) une première application de ces principes généraux.

11. Hypothèse. — Une *hypothèse* est la cause supposée, d'où l'on peut par le raisonnement déduire plusieurs lois physiques, ou l'explication de tout un groupe de phénomènes physiques.

§ 2. — Propriétés générales de la matière et des corps

12. Matière. — La *matière* est l'ensemble de tous les corps.

13. Propriétés générales de la matière. — On conçoit la matière douée des propriétés essentielles suivantes : l'*étendue*, l'*impénétrabilité*, l'*inertie* et la *pondérabilité*.

14. Etendue. — La matière a de l'*étendue*, c'est-à-dire qu'on ne peut concevoir de matière, sans concevoir en même temps qu'elle occupe une certaine portion de l'espace.

15. Impénétrabilité. — On conçoit la matière comme *impénétrable*, c'est-à-dire que dans un espace où il y a déjà de la matière, on ne peut en imaginer une nouvelle quantité.

16. Inertie. — Bien que jamais dans la nature on ne trouve la matière sans qu'elle soit sous l'action d'une force, on sépare, par une conception de l'esprit, la matière de la force et l'on dit que la matière, considérée seule, est *inerte*, c'est-à-dire incapable de modifier par elle-même son état de repos ou de mouvement.

C'est là le *principe de l'inertie*, dont nous vérifierons plus loin (61) certaines conséquences.

17. Pondérabilité. — C'est un fait d'expérience que la matière *pèse*, et on ne peut la concevoir sans poids.

Nous ferons bientôt (102) l'étude de cette propriété de la matière.

18. Propriétés générales des corps. — Il semble *a priori* que les propriétés générales des corps soient exactement celles de la matière. Mais une observation plus approfondie, appuyée sur de nombreuses expériences, conduit à leur attribuer des propriétés, la *divisibilité*, la *porosité* et une constitution, la *constitution moléculaire*, qui ne sont pas évidentes *a priori*.

19. Etats physiques. — Une première observation nous montre que les corps se présentent à nous sous trois états différents, qu'on appelle *états physiques* : l'état *solide*, l'état *liquide* et l'état *gazeux*.

20. Etat solide. — Les *solides* conservent dans toutes les circonstances une forme et un volume déterminés. Tel est un morceau de fer ou de pierre.

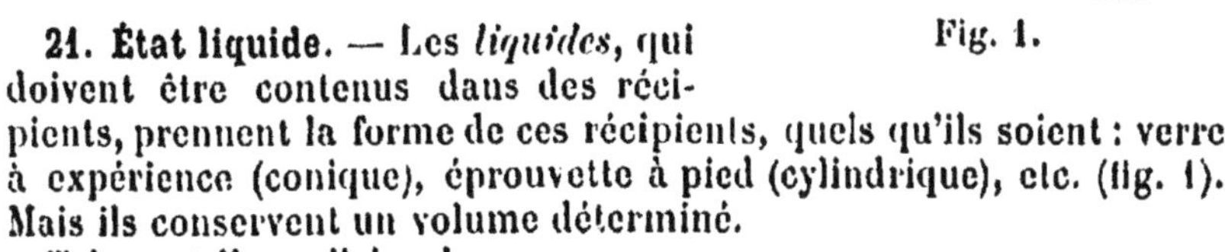

Fig. 1.

21. État liquide. — Les *liquides*, qui doivent être contenus dans des récipients, prennent la forme de ces récipients, quels qu'ils soient : verre à expérience (conique), éprouvette à pied (cylindrique), etc. (fig. 1). Mais ils conservent un volume déterminé.

Tels sont l'eau, l'alcool.

22. État gazeux. — Les *gaz* n'ont plus ni forme, ni volume déterminés; ils occupent entièrement le récipient qui les contient, quel qu'il soit. On peut le vérifier avec un gaz coloré, comme le chlore, qui est jaune verdâtre.

Tels sont l'air, le chlore.

23. États intermédiaires. — Beaucoup de corps se présentent sous des états intermédiaires entre les trois états physiques précédents.

24. Solides mous ou pâteux. — On connaît des solides *mous*, qui se déforment et se plient facilement, comme le plomb (fig. 2) et des

Fig. 2.

solides *pâteux*, comme la vaseline, que l'on peut facilement mouler par la pression sur les récipients qui les contiennent.

Mais, tant qu'un corps ne coule pas, il est solide.

25. Liquides visqueux. — Les liquides *visqueux*, comme les sirops et les huiles, ne prennent que lentement la forme de leurs récipients.

La plupart des liquides, l'eau elle-même, sont toujours un peu visqueux.

On appelle liquides mobiles ceux qui, comme l'alcool, l'éther, présentent une viscosité presque nulle.

Les liquides se distinguent toujours des gaz par l'existence d'une surface très nette de séparation entre le liquide et l'air : on l'appelle *surface libre*.

26. Gaz lourds. — Certains gaz, ou vapeurs, n'occupent pas complètement le volume de leur récipient et s'écoulent presque comme

Fig. 3.

des liquides, quand on renverse celui-ci. Ce sont des *gaz lourds* ou des *vapeurs lourdes*. Telle est la vapeur d'iode (fig. 3).

Mais la surface de séparation avec l'air n'est jamais nette comme dans les liquides.

27. Remarque générale. — Un même corps peut se présenter sous les divers états, suivant les circonstances.

L'eau, liquide dans les conditions ordinaires, devient solide par les

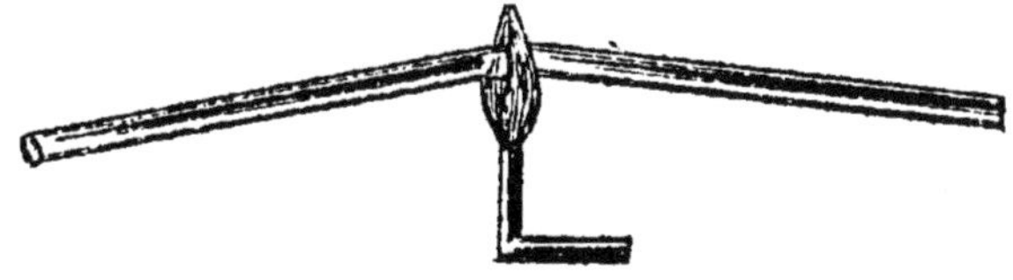

Fig. 4.

grands froids de l'hiver et se transforme en gaz lorsqu'elle est chauffée dans les chaudières.

Le verre, progressivement chauffé, passe par tous les états intermédiaires entre l'état solide et l'état liquide, ce qui en facilite beaucoup le travail. Ainsi, dans les laboratoires, en chauffant un tube de verre dans la flamme d'un bec de gaz, on le rend mou comme le plomb et l'on peut alors le courber (fig. 4).

28. Propriétés mécaniques des corps. — L'observation nous montre que les corps possèdent encore quelques propriétés générales importantes à connaître pour les applications.

29. Compressibilité. — La *compressibilité* est la propriété que possèdent les corps de diminuer de volume quand on les soumet à une pression.

Elle est mise en évidence, pour les solides, par la diminution de volume que subissent les métaux quand on les lamine, et pour les gaz par l'expérience du briquet à air. Cet instrument (fig. 5) est un cylindre en verre épais, plein d'air et dans lequel on enfonce un piston qui comprime l'air.

Les liquides ont une compressibilité très faible et généralement négligeable.

La compressibilité dégage de la chaleur, comme le montre, dans l'expérience du briquet à air, la combustion d'amadou ou d'un peu de coton poudre fixé à l'extrémité du piston.

30. Élasticité. — L'*élasticité* est la propriété que possèdent les corps de reprendre, quand la compression cesse, leur forme et leur volume primitifs.

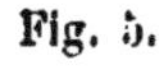

Fig. 5.

Elle est mise en évidence pour les solides par les ressorts en lame d'acier, auxquels on peut donner la forme de droite (fig. 6), ou de

Fig. 6.

spirale plate (fig. 7), ou d'hélice (fig. 8) à spires serrées : ce dernier s'appelle un ressort à boudin.

L'élasticité des liquides est mise en évidence, comme nous le verrons plus loin (142) par la transmission des pressions.

L'élasticité des gaz est rendue manifeste par le retour sur lui-même du piston du briquet à air (29) lorsqu'on l'abandonne, ou par le marteau d'eau. Le marteau d'eau (fig. 9) est un tube qui contient de l'eau,

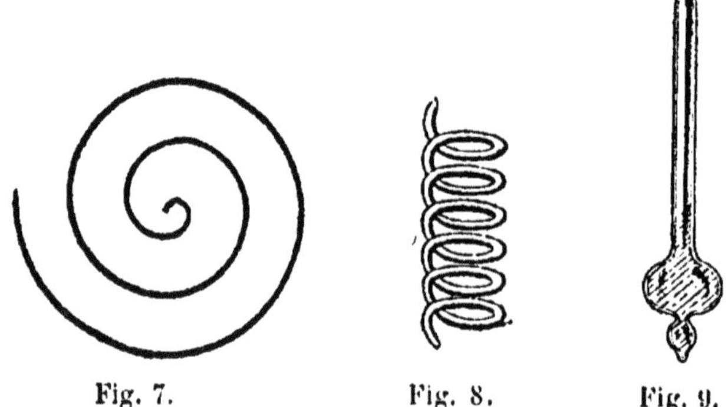

Fig. 7.   Fig. 8.   Fig. 9.

mais pas d'air, et qui, lorsqu'on le retourne fait entendre un bruit sec produit par le choc de l'eau contre la paroi, l'air n'étant plus là pour amortir le choc par son élasticité.

31. Limite d'élasticité. — Pour que l'élasticité d'un corps se manifeste, la déformation ne doit pas dépasser une certaine limite, qu'on appelle la *limite d'élasticité* du corps.

Si l'on dépasse cette limite, la déformation devient permanente.

32. Choc des corps élastiques. — Si un corps élastique en mouvement rencontre un obstacle, la déformation qui résultera du choc produira le même effet que si l'on frappait le corps avec une force capable de produire cette déformation même, et en sens inverse du mouvement. En d'autres termes, son élasticité le lancera dans le sens opposé à celui où son mouvement a lieu.

C'est ce que montre l'expérience d'une bille d'ivoire (fig. 10) tombant sur un carreau de marbre.

Si l'obstacle est lui-même élastique, il se déforme sous le choc du corps mobile et c'est à son extrémité et dans le sens du mouvement du mobile que le choc transmet le mouvement. C'est ce que l'on voit avec l'appareil à boules d'ivoire (fig. 11) : la boule de l'une des extrémités est soulevée et retombe sur la rangée des autres boules ; toutes restent immobiles, excepté celle de l'autre extrémité, qui est soulevée

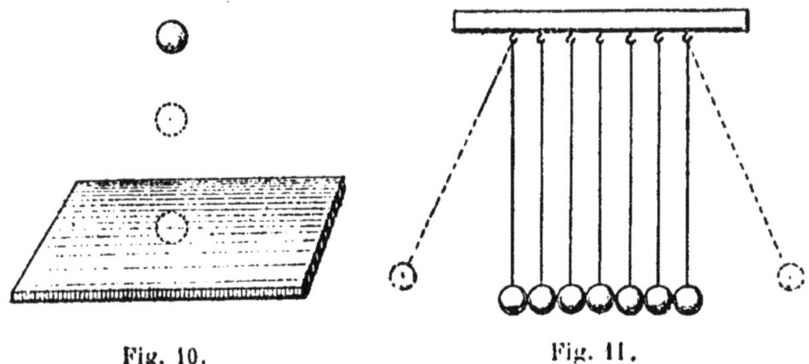

Fig. 10.   Fig. 11.

d'une quantité égale à la première, puis qui retombe et transmet de nouveau son mouvement à la première, et ainsi de suite.

§ 3. — CONSTITUTION MOLÉCULAIRE DES CORPS

33. Porosité. — Il est difficile d'expliquer la compressibilité des corps sans admettre qu'ils ne sont pas formés de matière d'une manière continue, mais de particules séparées les unes des autres par des espaces libres appelés *pores*.

Il est essentiel de bien préciser la signification de ce mot.

On appelle quelquefois pores des intervalles très visibles dans certains corps dits *corps poreux*, tels que l'éponge, la pierre ponce. On en voit encore en regardant de près à l'œil nu, ou à la loupe, le charbon, la porcelaine non vernie, le papier, la peau, la baudruche, le bois, etc. On peut mettre en évidence la porosité de la peau, ou du bois, par l'expérience de la pluie de mercure (fig. 12). Au haut d'un tube de verre est placée une cuvette dont le fond est en bois ou en peau de chamois et qui contient du mercure ; quand on fait le vide dans le tube, le mercure tombe en pluie.

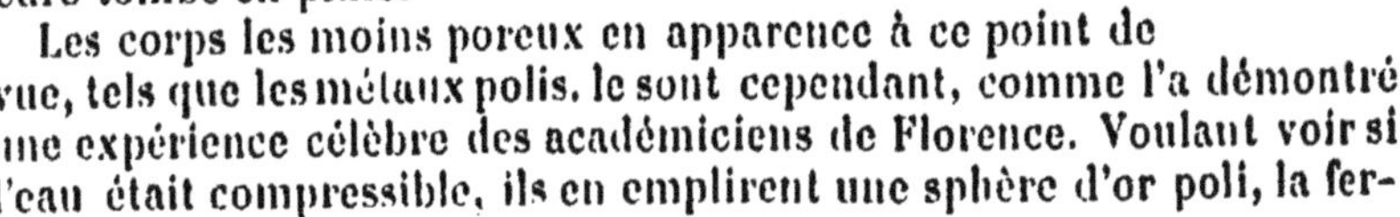

Fig. 12.

Les corps les moins poreux en apparence à ce point de vue, tels que les métaux polis, le sont cependant, comme l'a démontré une expérience célèbre des académiciens de Florence. Voulant voir si l'eau était compressible, ils en emplirent une sphère d'or poli, la fermèrent et frappèrent dessus avec un marteau : l'eau suinta au travers de la sphère.

Cette porosité est utilisée pour la filtration au moyen du papier (fig. 13), du charbon (fig. 14) ou de la porcelaine (fig. 15).

Mais ce n'est pas de cette porosité plus ou moins visible qu'il s'agit ici. La porosité dont nous parlons est impossible à mettre en évidence

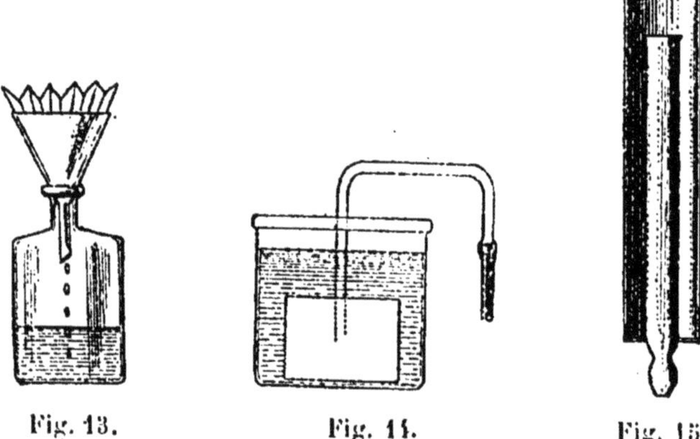

Fig. 13.   Fig. 14.   Fig. 15.

directement; sa notion résulte de la nécessité d'expliquer les variations de volume éprouvées par les corps sous les diverses actions mécaniques ou physiques.

34. Divisibilité. — La *divisibilité* des corps est la possibilité de les diviser en parties extrêmement petites. Elle peut être poussée très loin, comme le montre la confection des feuilles d'or, dont il faut dix mille superposées pour faire un millimètre, et aussi la coloration, au moyen d'une faible quantité d'indigo, d'un volume d'eau très considérable.

La divisibilité est une conséquence nécessaire de la porosité, telle que nous venons de la définir; c'est la désunion des particules séparées par les pores.

Théoriquement, la divisibilité est limitée aux particules, auxquelles on doit reporter la propriété essentielle de la matière d'être impénétrable. Mais ces particules ont des dimensions extrêmement petites, qui échappent à toute mesure, et pratiquement la divisibilité des corps est indéfinie.

35. Hypothèse moléculaire. — On appelle *molécules* les dernières parties des corps qui ne sont pas divisibles.

Un corps est donc formé de molécules, parties insécables, extrêmement petites, de dimensions telles que leur observation et leur détermination échappe à toute mesure et dont chacune présente toutes les propriétés du corps lui-même ; c'est pour ainsi dire le corps en miniature.

Ces molécules sont séparées par des intervalles, les pores ou espaces intermoléculaires, très grands par rapport aux dimensions des molécules.

La constitution moléculaire permet d'expliquer très facilement les propriétés des corps précédemment définies, telles que la compressibilité, la divisibilité, et d'autres que nous verrons plus loin, telles que la dilatation par la chaleur (236), la solubilité (312), etc.

36. Cohésion. — Pour expliquer que les corps ainsi constitués restent plus ou moins agrégés, on admet que leurs molécules sont maintenues dans le voisinage les unes des autres par une force appelée *cohésion*.

La cohésion est très grande dans les solides, où les molécules sont maintenues en des positions invariables et qui ne peuvent être déformés que par des efforts considérables, supérieurs à la force de cohésion.

Dans les liquides, la cohésion est beaucoup moins forte, et, si les molécules sont encore maintenues dans le voisinage les unes des autres, elles peuvent du moins tourner les unes autour des autres, ce qui permet au liquide de se mouler sur son récipient.

Enfin, dans les gaz, il ne paraît pas y avoir de cohésion ; les molécules semblent se repousser les unes les autres, forçant ainsi le gaz à occuper le volume total de son récipient et donnant lieu à ce qu'on appelle la force d'expansibilité, ou force élastique du gaz (171).

LIVRE PREMIER

PESANTEUR

CHAPITRE PREMIER
MOUVEMENT DE LA CHUTE DES CORPS

§ 1. — DÉFINITIONS PRÉLIMINAIRES

37. Mouvement. — On dit qu'un corps est en *mouvement* lorsqu'il occupe successivement plusieurs positions dans l'espace, on l'appelle *corps mobile* ou simplement *mobile*.

Le premier mouvement que l'on observe est celui de la chute des corps vers la surface de la terre. Tous les corps matériels, solides (20), liquides (21) et gaz (22) obéissent à ce mouvement.

38. Éléments d'un mouvement. — Dans un mouvement on considère les éléments suivants :

1° La *trajectoire*; c'est la ligne suivie par le corps dans son mouvement. Si m, m', m'' sont des positions successives du mobile (fig. 16), la ligne *ab*, qui passe par toutes ces positions, est la trajectoire.

La trajectoire peut être *rectiligne* ou *curviligne*, et, dans ce dernier cas *circulaire, elliptique, parabolique, hélicoïdale*, etc.;

2° Le *sens*; le mouvement est *continu*, lorsqu'il a lieu toujours dans le même sens; il est *alternatif*, lorsqu'il a lieu tantôt dans un sens, tantôt dans l'autre. Par exemple, le mouvement du tour est continu, celui de la scie est alternatif;

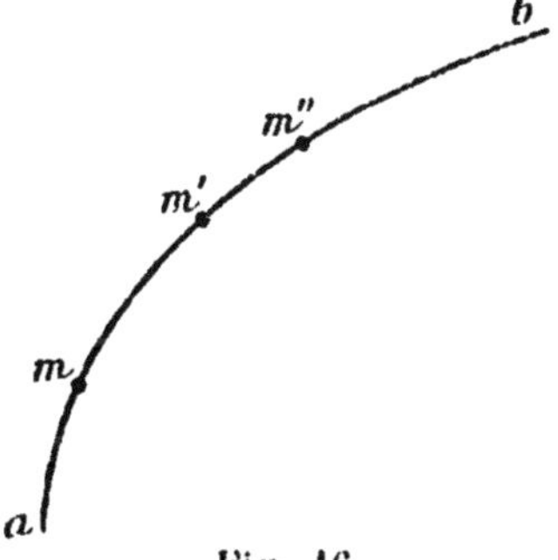

Fig. 16.

3° La *nature*; cet élément dépend de la relation qui existe entre l'espace parcouru par le mobile et le temps employé à le parcourir. A ce point de vue, le mouvement peut être *uniforme* ou *varié*.

39. Mouvement uniforme. — Le *mouvement uniforme* est celui dans lequel les espaces parcourus en des temps égaux sont égaux.

Si c_1 représente l'espace parcouru pendant la première seconde, l'espace parcouru pendant la deuxième seconde sera aussi c_1 et l'espace parcouru après les deux premières secondes sera $2c_1$; l'espace parcouru pendant la troisième seconde sera aussi c_1 et après les trois premières secondes il sera $3c_1$, et ainsi de suite.

Au bout du temps t, l'espace parcouru E sera donné par la formule :

$$E = c_1 \times t.$$

On peut donc encore définir le mouvement uniforme, celui dans lequel l'espace parcouru en un temps quelconque t est proportionnel au temps employé à le parcourir.

L'espace constant c_1 parcouru en une seconde s'appelle la *vitesse* du mouvement uniforme et se désigne ordinairement par v. La formule du mouvement uniforme est donc :

$$E = vt.$$

Cette formule permet de résoudre tous les problèmes que l'on peut poser sur le mouvement uniforme.

On en tire :
$$v = \frac{E}{t}.$$

La vitesse peut donc aussi se définir, le quotient de l'espace par le temps employé à le parcourir.

40. Mouvement varié. — Tout mouvement qui n'est pas uniforme est *varié*.

Nous en verrons bientôt un exemple dans le mouvement de la chute des corps (59).

41. Force. — On appelle *force* toute cause capable de produire un mouvement.

La première force que l'on observe est la *pesanteur;* c'est la cause qui produit la chute des corps vers la terre.

Un corps pesant est un corps qui tombe, à moins qu'il ne soit retenu pas un obstacle.

42. Poids. — Le *poids* d'un corps est l'effort exercé par lui sur l'obstacle qui l'empêche de tomber.

On le met en évidence en suspendant le corps à un ressort dont un point est fixe. Cet appareil, qu'on appelle un *peson*, ou bien encore un *dynamomètre* (du grec *dynamis*, force, et *metron*, mesure), parce qu'il sert aussi à mesurer les forces (45), peut avoir diverses formes.

Celle que nous reproduisons (fig. 17) est le dynamomètre de Poncelet.

Il est formé de deux lames d'acier A et B réunies à leurs extrémités par deux brides métalliques C et D. Au milieu de la lame supérieure, se trouve un anneau qui permet de relier l'appareil à un point fixe; à la lame inférieure est un crochet auquel on suspend le corps. Sous l'action du poids du corps suspendu, les lames s'écartent et leur écartement dépend du poids du corps. On le mesure au moyen de deux règles plates fixées respectivement à chacune

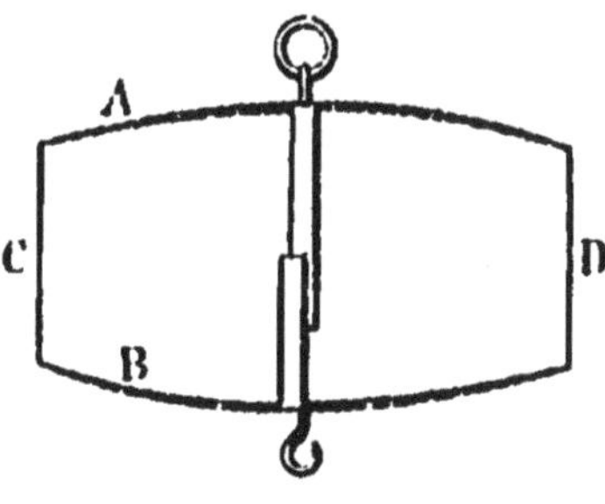

Fig. 17.

des deux lames de ressort et qui glissent l'une sur l'autre; l'une des règles porte une graduation et l'on regarde en quel point s'arrête l'extrémité de l'autre règle.

43. Masse. — Aux différents points de la terre, le même corps, suspendu au même peson, produit un écartement différent. Le poids d'un même corps est donc variable.

Il y a cependant dans le corps quelque chose de constant : c'est la *masse*, qui mesure la quantité de matière et que nous définirons mathématiquement plus loin (84).

44. Éléments d'une force. — Une force est déterminée par les éléments suivants :

1° Le *point d'application;* c'est le point du corps sur lequel elle agit directement;

2° La *direction;* c'est la direction dans laquelle elle tire et tend à entraîner son point d'application;

3° Son *intensité;* c'est la véritable mesure de la force.

45. Mesure des forces. — On mesure les forces en les comparant aux poids, par le moyen des dynamomètres.

Pour cela, on gradue d'abord l'appareil en suspendant au crochet des masses de 1, 2, 3... unités et en marquant 1, 2, 3... aux écartements ainsi produits. Puis on fait agir sur le crochet la force à mesurer et on lit sa valeur en regard de l'écartement correspondant.

L'unité choisie pour graduer le dynamomètre est généralement le *kilogramme.* On a donc ainsi l'intensité de la force en kilogrammes; nous verrons plus loin (87) comment on peut l'évaluer en *dyne,* qui est l'unité de force adoptée par les physiciens.

46. Représentation des forces. — On représente géométriquement une force par son point d'application A (fig. 18), sa direction AX et son intensité AF, longueur proportionnelle au nombre d'unités de force contenues dans la force considérée.

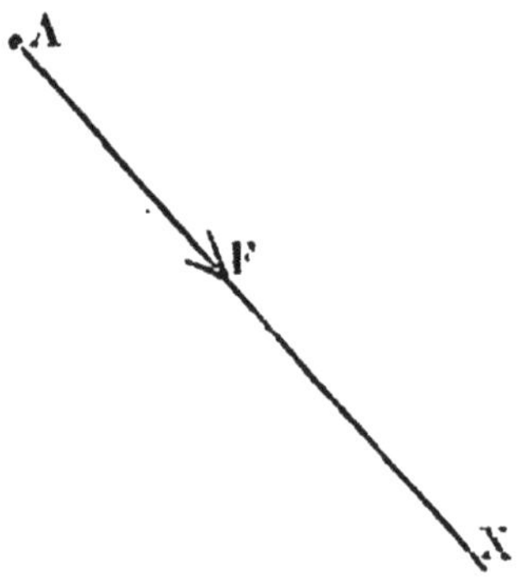

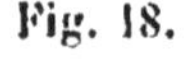

Fig. 18.

47. Eléments de la pesanteur. — Les éléments de la pesanteur sont :

1° Son point d'application, qu'on appelle le *centre de gravité* du corps (77);

2° Sa direction, qu'on appelle la *verticale*;

3° Son intensité, que nous apprendrons à mesurer en étudiant les lois du mouvement de la chute des corps (83).

48. Verticale. — La *verticale*, direction que suit un corps en tombant, est donnée matériellement par le fil à plomb (fig. 19). C'est un fil auquel est suspendu un corps lourd (plomb, pierre, etc.), qui tend le fil dans la direction où agit sur lui la pesanteur.

Toutes les verticales vont passer par le centre de la terre. Les verticales des différents points sont donc convergentes; mais, le rayon de la terre ayant une longueur de 6 000 kilomètres, des verticales de points peu éloignés l'un de l'autre sont sensiblement parallèles, ce que vérifie l'expérience.

49. Surface horizontale. — On appelle *surface horizontale*, la surface perpendiculaire à la verticale.

Nous démontrerons plus loin (138) qu'elle est donnée matériellement par la surface des eaux tranquilles.

Fig. 19.

50. Niveau des maçons. — Le *niveau* employé par les maçons pour

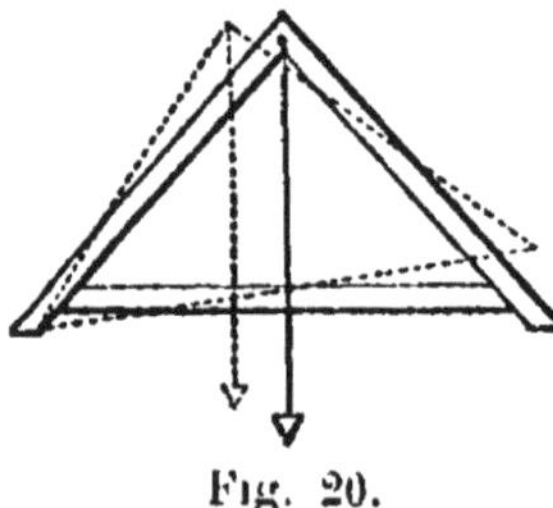

Fig. 20.

vérifier l'horizontalité des assises de pierres, est une application des définitions précédentes.

C'est un triangle isocèle (fig. 20) au sommet duquel est suspendu

un fil à plomb, toujours vertical; quand la base est horizontale, le fil
à plomb, qui lui est alors perpendiculaire, passe par son milieu, qui
est marqué par une encoche.

§ 2. — ÉTUDE EXPÉRIMENTALE DU MOUVEMENT DE LA CHUTE DES CORPS

51. Observations. — L'observation de tous les jours nous montre
que tous les corps tombent vers la terre.

Pour étudier les lois générales de la pesanteur, nous nous servirons
des solides. Nous aurons la nature du mouvement en cherchant (59)
la relation entre l'espace et le temps.

Galilée, en laissant tomber du haut de la tour penchée de Pise des
corps de masses très différentes, mais tous très lourds, avait observé
qu'ils tombaient sensiblement avec la même vitesse : c'est-à-dire que,
partis ensemble, ils arrivent ensemble au sol. Il expliquait ce fait par
le raisonnement suivant :

Si deux corps identiques, de même masse et de même volume,
A et A' tombent simultanément, ils tomberont avec la même vitesse;
en les réunissant en un seul, on aura un corps de masse 2A qui tom-
bera aussi avec la même vitesse. Cette vitesse sera la même que celle
d'un troisième corps A", identique aux deux premiers; en l'ajoutant
au précédent, on aura un corps de masse 3A, qui tom-
bera toujours avec la même vitesse, et ainsi de suite.

Cependant, certains corps particulièrement légers,
comme le papier, la plume, ne paraissent pas tomber avec
la même vitesse que les corps lourds, comme les métaux
et les pierres; quelques corps même, comme des ballons
gonflés de gaz d'éclairage, abandonnés dans l'air, s'élèvent de bas en haut.

52. Expériences. — 1° Si nous prenons (fig. 21) un tube
de verre d'environ 2 mètres, muni de garnitures métalliques avec robinet permettant d'y faire le vide de l'air
(tube de Newton), et si nous y faisons le vide après y avoir
introduit des corps de nature différente, balle de plomb,
grains de sable, morceau de papier, barbe de plume, nous
constatons en retournant plusieurs fois le tube que tous   Fig. 21.
ces corps y tombent avec la même vitesse; si on laisse
rentrer l'air, les corps tombent avec des vitesses différentes.

2° Si nous prenons un disque métallique et un disque de papier de
même diamètre et que nous les laissions tomber ensemble (fig. 22),
le disque de papier appliqué sur le disque métallique, ils tombent
avec la même vitesse. Si au contraire nous les laissons tomber sépa-

rément (fig. 23) leurs vitesses sont différentes, le papier tombe beaucoup moins vite.

3° Si l'on prend deux feuilles de papier fort, ou de carton léger, toutes deux de mêmes dimensions et qu'on les laisse tomber (fig. 24)

Fig. 22.   Fig. 23.   Fig. 24.

l'une sur la tranche, l'autre à plat, la première tombe plus vite que la seconde.

53. Résistance de l'air. — Nous concluons des expériences précédentes que l'air, dans lequel se meuvent les corps, oppose une *résistance* à leur mouvement.

54. Lois de la résistance de l'air. — Les lois de la résistance de l'air, déduites de l'expérience, sont les suivantes :

1° La résistance de l'air est indépendante du poids du corps. Il en résulte que son effet est relativement plus grand sur un corps de poids plus petit (52, 2°);

2° La résistance de l'air est proportionnelle à la surface du corps comptée perpendiculairement au mouvement (52, 3°);

3° La résistance est proportionnelle à une puissance de la vitesse, généralement au carré.

55. Conséquences. — Il résulte de ce qui précède que, pour étudier les lois du mouvement de la chute des corps dans le vide, on doit se débarrasser de la résistance de l'air. On détermine ainsi l'effet de la pesanteur seule et la loi du mouvement qu'elle imprime aux corps.

On ne peut annuler complètement la résistance de l'air, mais on peut la diminuer considérablement, en donnant au corps mobile soit un grand poids (54, 1°), soit une faible surface (54, 2°), soit un mouvement très lent ou de faible durée (54, 3°).

56. Machine d'Atwood. — Dans la *machine d'Atwood*, qui est la principale des machines employées à étudier la chute des corps, on ralentit le mouvement du mobile. En voici la description.

Principe. — Elle se compose en principe d'une poulie à gorge très légère et très mobile autour de son axe, que soutient un support quelconque. Sur cette poulie passe un fil très léger et peu extensible, de soie par exemple ; à ses extrémités sont suspendues deux masses égales, sur lesquelles les actions de la pesanteur se neutralisent. Sur l'une de ces masses on met une masse additionnelle, qui entraine sa chute, mais d'un mouvement très ralenti (fig. 25), devant une règle verticale graduée en centimètres.

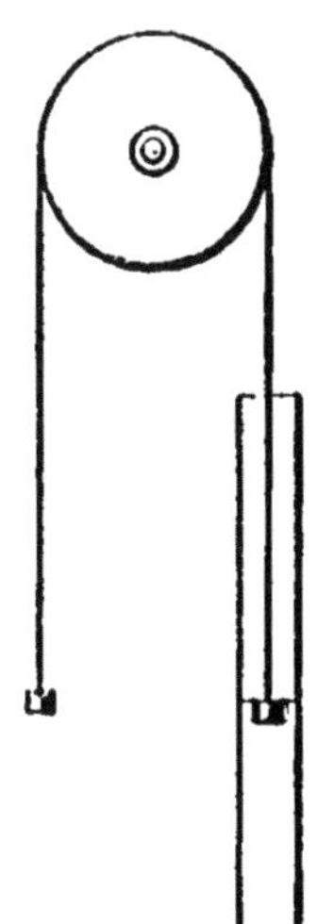

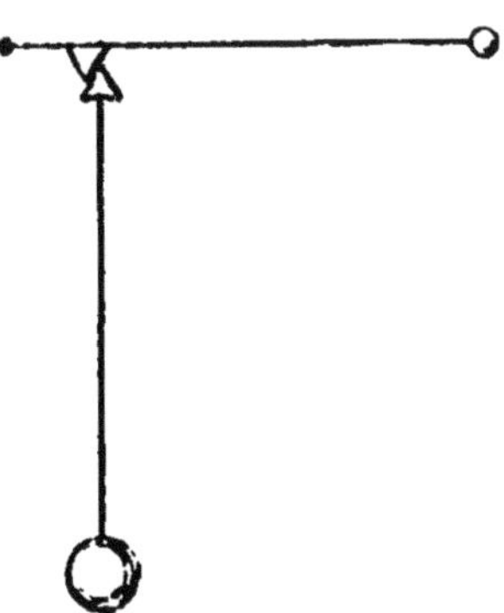

Fig. 25.

Fig. 26.

Mesure du temps. — On mesure le temps au moyen d'un pendule (fig. 26) battant la seconde ; pour ne pas être obligé d'observer une aiguille mobile sur un cadran, le pendule à chacune de ses oscillations produit le choc d'un marteau sur un timbre. Les secondes successives s'observent ainsi à l'oreille.

Mesure de l'espace. — On laisse le corps tomber au commencement d'une seconde, c'est-à-dire à un coup de timbre. Pour cela, le corps

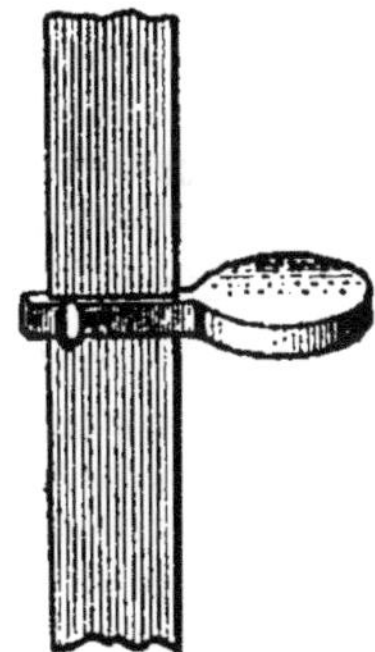

Fig. 27.

Fig. 28.

est placé sur une planchette à ressort (fig. 27), que l'on fait basculer au moment voulu par le moyen d'un levier.

Pour connaître exactement le point de la règle où arrive le corps mobile à un coup de timbre, on place une planchette, ou curseur, que l'on peut, au moyen d'une vis de pression, placer en un point quelconque de la règle (fig. 28); on la place par tâtonnement en un point tel que le choc du mobile sur la planchette coïncide avec le bruit du timbre.

L'espace, compris entre la planchette à bascule, qui est au zéro de la graduation de la règle, et le curseur sur lequel arrive le mobile, est alors parcouru en un nombre de secondes égal au nombre des coups de timbre, le premier coïncidant avec le départ du mobile.

Fonctionnement automatique. — Aujourd'hui, dans la plupart des machines, c'est le pendule lui-même qui, au moyen d'un système de levier (fig. 29) fait basculer la planchette supérieure, en même temps qu'il fait frapper au marteau le premier coup de timbre.

57. Résultat des mesures. — Prenons par exemple, une machine d'Atwood dans laquelle l'espace parcouru au bout d'une seconde est 12 centimètres.

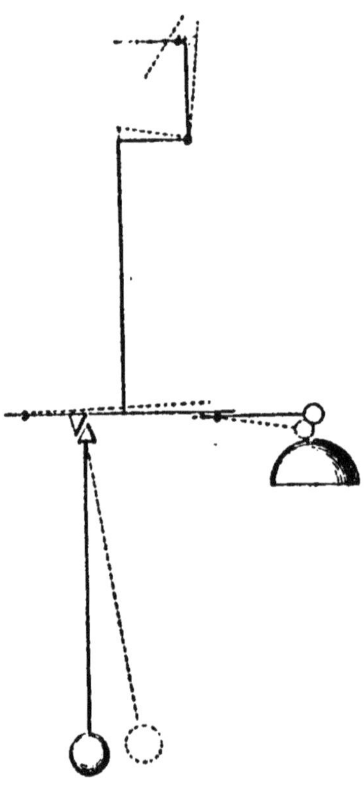

Fig. 29.

En mesurant, comme il est indiqué plus haut, les espaces parcourus au bout de 2, 3... secondes, nous trouverons que ces espaces sont : au bout de 2 secondes, 48 centimètres; au bout de 3 secondes, 108 centimètres; au bout de 4 secondes, 192 centimètres.

Nous pourrons alors former le tableau suivant :

Temps.	Carrés des temps.	Espaces.	
1 seconde.	1	12 cm.	
2	4	48	$= 12 \times 4$
3	9	108	$= 12 \times 9$
4	16	192	$= 12 \times 16$

58. Loi des espaces. — On voit, en comparant les espaces au temps, que l'on peut énoncer la loi suivante, appelée *loi des espaces* :
Les espaces parcourus par un corps qui tombe en chute libre sont

directement proportionnels aux carrés des temps employés à les parcourir.

Cette loi peut s'exprimer par une formule algébrique, si l'on désigne par E l'espace parcouru au bout du temps t, on aura :

$$E = Kt^2$$

K représentera l'espace parcouru au bout du temps 1, puisqu'en donnant à t la valeur 1, la valeur de l'espace E correspondant est égale à K.

§ 3. — NATURE DU MOUVEMENT DE LA CHUTE DES CORPS

59. Le mouvement est accéléré. — Le mouvement de la chute des corps n'est pas uniforme.

Si en effet, à l'aide du tableau précédent (57), on calcule les espaces parcourus dans la chute des corps pendant les secondes successives, on trouve :

Pendant la première seconde. .		12 cm.		
— deuxième	. .	48 — 12 = 36	= 12 × 3
— troisième	. .	108 — 48 = 60	= 12 × 5
— quatrième	. .	192 — 108 = 84	= 12 × 7

On voit que les espaces parcourus en une seconde ne sont pas égaux ; le mouvement n'est donc pas uniforme (39), il est varié.

Les espaces parcourus pendant les secondes successives vont en augmentant comme les nombres impairs consécutifs : le mouvement est *accéléré*.

60. Cause de l'accélération du mouvement. — Le mouvement de la chute des corps est accéléré, parce que la force qui produit le mouvement continue à agir sur le corps pendant son mouvement.

Si l'on supprime cette force à un instant donné, le corps continue son mouvement ; mais celui-ci devient rectiligne et uniforme et la vitesse est celle que possédait le corps au moment où l'on a supprimé la force.

61. Principe de l'inertie. — Ce fait est une conséquence du principe de l'inertie, qu'on énonce généralement de la façon suivante :

Un corps est incapable par lui-même, et si aucune force extérieure ne vient agir sur lui, de modifier son état mécanique de repos ou de mouvement.

Donc, si le corps est en repos, il reste en repos ; s'il est en mouvement, le mouvement conserve une direction invariable, il est rectiligne, et une vitesse invariable, il est uniforme.

62. Vérification expérimentale. — On peut le vérifier expérimentalement avec la machine d'Atwood.

On emploie pour cela, en plus des accessoires déjà décrits (56), un curseur annulaire et une masse additionnelle à ailettes (fig. 30), de telle sorte que lorsque le mobile en tombant traverse le curseur annulaire, la masse additionnelle est arrêtée.

On laisse tomber le corps chargé de la masse additionnelle, on

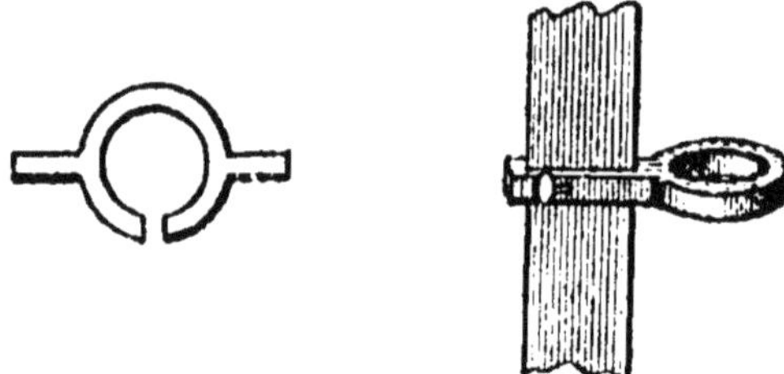

Fig. 30.

arrête celle-ci à un instant quelconque et l'on constate que le corps seul continue son chemin.

On mesure, à partir du moment où la masse additionnelle a été arrêtée et comme il a été indiqué précédemment (56), les espaces parcourus pendant chaque seconde par le corps tombant seul et l'on constate que les espaces sont égaux.

63. Vitesse dans le mouvement varié. — Le mouvement uniforme est déterminé par sa vitesse, espace parcouru en une seconde, qui est la même à tout instant du mouvement (39).

La vitesse d'un mouvement varié ne peut être définie de même, l'espace parcouru en une seconde variant aux divers instants du mouvement.

On distingue dans le mouvement varié deux vitesses, la vitesse moyenne entre deux instants donnés t et t' et la vitesse à l'instant t.

64. Vitesse moyenne. — On appelle *vitesse moyenne* entre deux instants t et t' le rapport de l'espace parcouru entre ces deux instants au temps employé à le parcourir, comme si le mouvement était uniforme.

Si l'on appelle E l'espace parcouru au bout du temps t et E' l'espace parcouru au bout du temps t', la vitesse moyenne entre ces deux instants sera :

$$\frac{E' - E}{t' - t}.$$

C'est généralement cette vitesse que l'on prend pour mesurer la vitesse des trains de chemins de fer et des véhicules quelconques.

65. Vitesse à un instant donné. — On appelle *vitesse à un instant donné* t, la limite de la vitesse moyenne pendant un temps $t' - t$ à partir de l'instant t, jusqu'à un instant voisin t', lorsque $t' - t$ tend vers 0. C'est la limite de $\dfrac{E' - E}{t' - t}$, lorsque $t' - t$ tend vers 0.

66. Application à la chute des corps. — Appliquons cette définition au cas de la chute du corps.

L'équation générale de l'espace (58) nous donne, en appelant E l'espace parcouru au bout du temps t et E' au bout du temps t' :

$$E' = Kt'^2$$
$$E = Kt^2.$$

D'où l'on tire :

$$E' - E = K (t'^2 - t^2)$$

et par suite :

$$\frac{E' - E}{t' - t} = K \frac{t'^2 - t^2}{t' - t}.$$

Mais on sait que :

$$t'^2 - t^2 = (t' + t)(t' - t).$$

Il vient donc :

$$\frac{E' - E}{t' - t} = K \frac{t'^2 - t^2}{t' - t} = K \frac{(t' + t)(t' - t)}{t' - t} = K\left(t' + t\right).$$

A la limite, lorsque $t' - t$ tend vers 0, t' devient égal à t, et l'on a :

$$\lim. \frac{E' - E}{t' - t} = K \times 2t = 2Kt.$$

C'est l'expression de la vitesse V à l'instant t :

$$V = 2Kt.$$

2 K représente la valeur de la vitesse au bout du temps 1, car si l'on fait $t = 1$, la valeur correspondante de V est 2 K.

67. Loi des vitesses. — On déduit de ce qui précède la loi suivante, connue sous le nom de *loi des vitesses* :

Les vitesses acquises par un corps qui tombe sont proportionnelles aux temps employés à les acquérir.

68. Vérification expérimentale. — On peut avec la machine d'Atwood vérifier expérimentalement cette loi des vitesses.

Nous avons vu (62) que si l'on arrête la masse additionnelle à un moment quelconque, le mobile continue son mouvement, mais ce mouvement est devenu uniforme et le mobile conserve constamment la vitesse qu'il avait au moment où la masse additionnelle a été arrêtée.

D'une manière générale, pour mesurer la vitesse au bout de n secondes, on place le curseur annulaire de manière que le corps, avec sa masse additionnelle, y arrive au bout de n secondes de chute, et le curseur plein de manière que le corps seul y arrive une seconde après que la masse additionnelle a été arrêtée.

La disposition est représentée dans la figure 31.

C'est chaque fois l'espace entre les curseurs qui représente la vitesse à l'instant considéré.

69. Résultat des mesures. — En prenant la machine d'Atwood avec les mêmes données au départ que pour mesurer les espaces (57), on obtient le tableau suivant :

Temps.	Vitesse.	
Au bout de 1 seconde.	24 cm.	
— 2	48	$= 24 \times 2$
— 3	72	$= 24 \times 3$
— 4	96	$= 24 \times 4$

Ce qui vérifie la loi précédemment énoncée.

70. Accélération. — On appelle *accélération*, dans le mouvement de la chute des corps, l'accroissement de vitesse par seconde.

Dans le mouvement obtenu avec la machine d'Atwood, qui nous a servi à vérifier les lois des espaces et des vitesses, l'accélération est donc de 24 centimètres.

Elle est constante, comme le montre l'expérience. Dans la formule de la vitesse (66) elle est égale à 2 K.

Un pareil mouvement, dans lequel la vitesse augmente de quantités égales à chaque seconde, s'appelle mouvement *uniformément accéléré*.

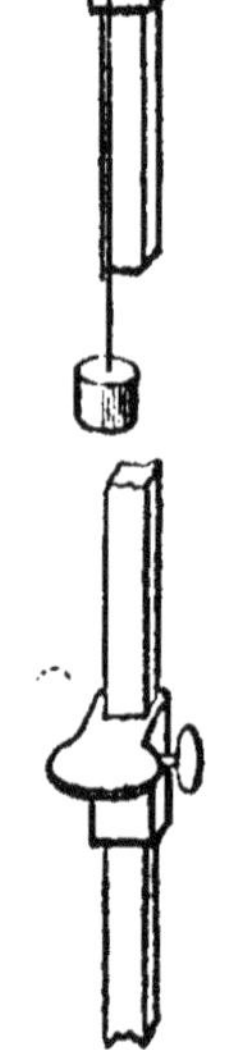

Fig. 31.

71. Formules générales. — On représente généralement par g l'accélération du mouvement des corps tombant en chute libre.

En remplaçant alors dans les formules des numéros 58 et 66 l'accélération 2 K par g et par conséquent K par $\frac{1}{2} g$, on a les formules suivantes :

$$E = \frac{1}{2} g t^2$$
$$V = g t.$$

Ce sont là les formules générales du mouvement de la chute des corps. Elles peuvent servir à résoudre tous les problèmes sur ce mouvement.

Supposons par exemple que l'on veuille connaître la vitesse acquise par un corps qui tombe d'une hauteur E. On peut, pour résoudre ce problème, chercher au moyen des formules précédentes, une relation entre l'espace E parcouru au bout du temps t et la vitesse V acquise au bout de ce même temps. Pour cela, on élimine t entre les relations précédentes.

De la deuxième, on tire la valeur de t :

$$t = \frac{V}{g}.$$

On l'élève au carré et on la porte dans la première, qui devient alors :

$$E = \frac{1}{2} g \times \frac{V^2}{g^2} = \frac{V^2}{2g}$$

ou encore :

$$V = \sqrt{2gE}.$$

Cette relation, conséquence des formules générales, est d'un usage constant dans l'étude de la pesanteur.

72. Mouvement ascendant des corps. — On appelle ainsi le mouvement que prend un corps lancé de bas en haut.

On peut l'étudier encore avec la machine d'Atwood.

Pour cela on fixe sur la règle un curseur annulaire à longue branche qui est traversé par le corps qui monte et sur lequel repose une masse additionnelle plus forte que celle qui fait descendre l'autre corps (fig. 32). A partir du moment où cette masse additionnelle est enlevée par le corps qui monte, il y a mouvement ascendant d'une masse égale à la différence des deux masses additionnelles.

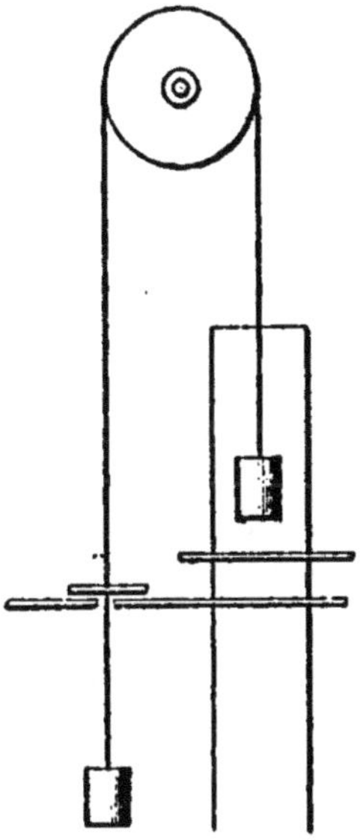

Au bout d'un certain temps, le mouvement s'arrête.

Pour que le mouvement ascendant puisse avoir lieu, il faut imprimer au corps une vitesse initiale V_0 de bas en haut. Ici cette vitesse initiale est égale à celle qu'a acquise

Fig. 32.

le poids qui tombe au moment où la masse additionnelle est enlevée par celui qui monte.

73. Mesure de l'espace. — En plaçant sous le poids qui tombe un curseur plein, on peut mesurer les espaces parcourus au bout des secondes successives.

On n'arrive pas à une loi aussi simple que pour le mouvement de la chute.

74. Formule de l'espace. — On peut appliquer à ce cas une méthode employée d'une façon très générale pour représenter les phénomènes physiques.

Elle consiste à exprimer la valeur de l'une des quantités qui varie dans le phénomène par un polynome ordonné par rapport aux puissances croissantes de l'autre quantité.

Ici par exemple, on exprimera l'espace par un polynome ordonné par rapport aux puissances croissantes du temps :

$$E = a + bt + ct^2 + dt^3 + \ldots$$

Les lettres a, b, c, d représentent des quantités constantes que l'on calcule en faisant des expériences.

a représente la valeur de l'espace quand le temps t est nul ; c'est l'espace déjà parcouru quand on commence à compter le temps. En général, on compte à partir du même instant l'espace et le temps ; donc a est nul.

En réduisant le second membre aux termes en t et t^2, il faut déterminer b et c. Pour cela on mesure dans deux expériences les valeurs de l'espace E_1 et E_2 et les valeurs correspondantes du temps t_1 et t_2. On a alors :

$$E_1 = bt_1 + ct_1^2$$
$$E_2 = bt_2 + ct_2^2.$$

On aura donc deux équations pour déterminer a et b. Ces deux valeurs une fois connues, l'expression générale :

$$E = bt + ct^2$$

devra donner pour toute valeur de t une valeur de E conforme à celle que donne l'expérience. Si cela n'a pas lieu, il faut prendre le troisième terme dt^3 et faire alors une troisième expérience donnant une troisième valeur E_3 de l'espace correspondant à une valeur t_3 du temps. On aura alors pour déterminer b, c et d les trois équations :

$$E_1 = bt_1 + ct_1^2 + dt_1^3$$
$$E_2 = bt_2 + ct_2^2 + dt_2^3$$
$$E_3 = bt_3 + ct_3^2 + dt_3^3$$

Si la formule générale

$$E = bt + ct^2 + dt^3$$

ne donne pas encore pour toute valeur de t une valeur de E conforme à l'expérience, il faudra prendre un quatrième terme et^4 et faire une quatrième expérience, et ainsi de suite.

Pour le mouvement ascendant des corps, on est conduit à s'arrêter au second terme, ce qui donne pour expression de l'espace :

$$E = bt + et^2$$

75. Formule de la vitesse. — On en déduit par la méthode déjà indiquée (65) :

$$v = b + 2et.$$

À l'origine du temps, pour $t = 0$, la valeur de la vitesse est la vitesse initiale v_0.

Donc :
$$b = v_0.$$

$2e$ représente l'augmentation de vitesse en une seconde. On peut la mesurer avec la machine d'Atwood et constater qu'elle est égale à $-g$.

Donc :
$$2e = -g$$
$$e = -\frac{g}{2}.$$

Les formules du mouvement ascendant deviennent alors :

$$E = v_0 t - \frac{1}{2} gt^2$$
$$V = v_0 - gt.$$

Ce mouvement, dans lequel la vitesse diminue à chaque seconde de la quantité constante g, est dit *uniformément retardé*.

76. Exercice. — Cherchons à quelle hauteur s'élève un corps lancé de bas en haut avec la vitesse initiale v_0.

Pour le trouver il faut éliminer t entre les deux équations précédentes.

De la seconde, on tire :

$$t = \frac{v_0 - v}{g}.$$

En portant cette valeur dans la première, on a :

$$E = v_0 \frac{v_0 - v}{g} - \frac{1}{2} g \frac{(v_0 - v)^2}{g^2}$$

$$E = \frac{v_0 - v}{g} \left[v_0 - \frac{1}{2} \left(v_0 - v \right) \right]$$

$$= \frac{v_0 - v}{2g} \left(v_0 + v \right)$$

$$= \frac{1}{2g} \left(v_0^2 - v^2 \right).$$

De plus, quand le corps arrive à son point culminant, la vitesse v est nulle. Donc :

$$E = \frac{v_0^2}{2g}$$

En retombant de cette hauteur E, il aura acquis en arrivant au sol la vitesse $\sqrt{2\,gE} = v_0$ (71).

Un corps lancé de bas en haut et qui retombe ensuite vers la terre, possède donc en revenant au sol la vitesse, mais en sens inverse, qu'on lui avait imprimée pour le lancer.

§ 4. — CENTRE DE GRAVITÉ

77. Définition. — On appelle *centre de gravité* d'un corps le point de ce corps où se trouve concentrée l'action de la pesanteur.

78. Position du centre de gravité. — Dans les corps homogènes (c'est-à-dire partout identiques à eux-mêmes) et de forme géométrique le centre de gravité est placé au point central.

Dans une droite homogène le centre est au milieu; dans un cercle, une sphère, il est au centre; dans un parallélogramme, au point de rencontre des diagonales; dans un triangle, au point de rencontre des médianes.

Dans un corps qui a un diamètre, le centre de gravité est sur le diamètre; dans un corps possédant un plan diamétral, il est dans ce plan diamétral.

On désigne généralement le centre de gravité par la lettre G.

79. Propriété du centre de gravité. — Le centre de gravité d'un corps tombe toujours le plus bas possible.

On peut, en utilisant cette propriété, produire des mouvements qui semblent contredire les lois de la pesanteur. Tel est par exemple le mouvement d'un double cône sur un plan incliné formé de deux planchettes qui sont réunies par une extrémité, de façon à former un angle (fig. 33). En mettant le double cône à l'extrémité inférieure du plan incliné formé par les bords supérieurs des planchettes, on le voit se diriger vers l'autre extrémité : il semble donc qu'il remonte sur le plan incliné, tandis qu'en réalité, par suite de l'écartement croissant des planchettes, le double cône repose sur elles par des points de plus

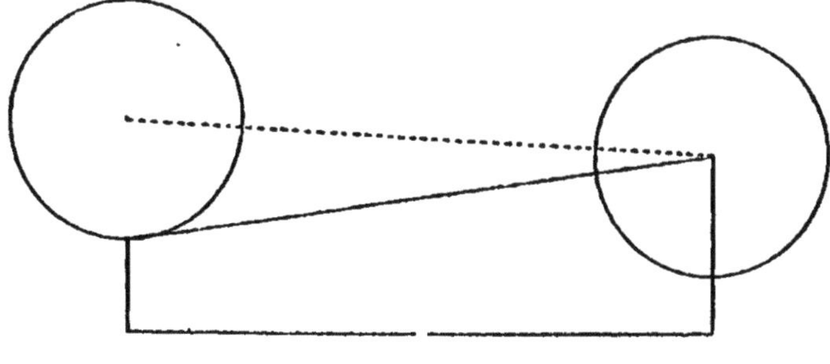

Fig. 33.

en plus voisins de ses sommets, c'est-à-dire que son centre de gravité tombe dans l'intervalle des planchettes.

80 Détermination expérimentale du centre de gravité. — On peut, en utilisant cette propriété du centre de gravité de se placer toujours le plus bas possible, déterminer expérimentalement sa position dans un corps de forme quelconque.

Pour cela, on suspend le corps par l'un de ses points (fig. 34). Le centre de gravité qui se place le plus bas possible est sur la verticale

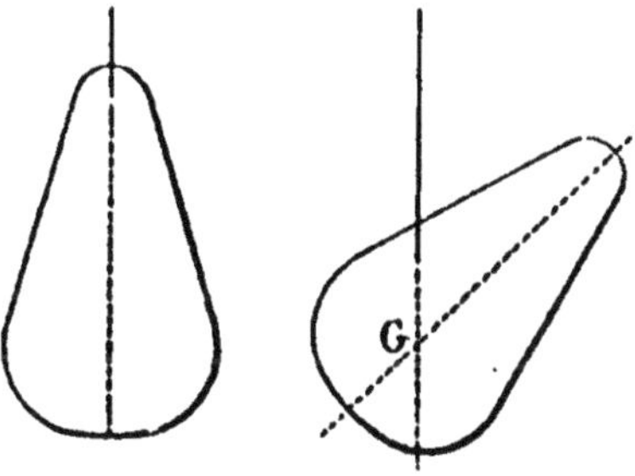

Fig. 34.

du point fixe et en traçant cette verticale on a une droite sur laquelle devra se trouver le centre de gravité.

En suspendant le corps par un autre point et répétant la même opération, on a une seconde droite sur laquelle doit encore se trouver ce centre. Il sera à l'intersection de ces deux droites.

§ 5. — POIDS ET MASSE D'UN CORPS
TRAVAIL DE LA PESANTEUR

81. Proportionnalité des forces aux accélérations. — Le mouvement de la chute des corps dans la machine d'Atwood étant ralenti, on s'est demandé si dans la réalité le mouvement en chute libre est bien de même nature.

On peut affirmer qu'il en est ainsi en se basant sur ce principe général de mécanique :

Des forces différentes agissant sur un même corps sont proportionnelles aux accélérations qu'elles lui communiquent.

On le vérifie avec la machine d'Atwood.

Pour cela, on prend la machine dans les mêmes conditions que pour vérifier la loi des vitesses (68) et l'on ajoute, à chacune des deux masses égales qui se font contrepoids, cinq masses additionnelles de 2 grammes, soit 10 grammes; la force produisant le premier mouvement est 4 grammes; on mesure l'accélération, c'est le double de l'espace parcouru au bout d'une seconde (71).

Puis on prend sur les masses qui s'élèvent une masse de 2 grammes qu'on porte sur les masses qui tombent; la masse totale du système n'aura pas changé, mais la force qui produira le mouvement sera alors 8 grammes. On mesure l'accélération, comme précédemment.

On transporte une nouvelle masse de 2 grammes du côté des masses qui tombent, la force est alors 12 grammes, on mesure l'accélération, et ainsi de suite.

On peut alors former le tableau suivant :

Masse	Force.	Accélération.
constante.	4	18
	8	36
	12	54

On voit facilement que l'on a :

$$\frac{4}{8} = \frac{18}{36} = \frac{1}{2} \qquad \frac{4}{12} = \frac{18}{54} = \frac{1}{3}$$

ce qui vérifie le principe énoncé.

82. Nature du mouvement en chute libre. — On déduit de ce qui précède que le mouvement en chute libre est de même nature que le mouvement étudié avec la machine d'Atwood.

Soit en effet P le poids de chacune des masses qui dans la machine se font contrepoids, p le poids de la masse additionnelle produisant le mouvement (56).

Dans la machine d'Atwood, le système tout entier est mis en mouvement par la force p et prend une accélération a; en chute libre, le système serait en mouvement sous l'action de son poids total $2P + p$ et prendrait une accélération g.

D'après le principe de proportionnalité, on a :

$$\frac{a}{g} = \frac{p}{2P + p}$$

D'où :

$$a = g\,\frac{p}{2P + p}.$$

P et p étant constants, a est proportionnel à g.

Donc, si a est constant, comme le vérifie l'expérience, c'est que g l'est aussi, et le mouvement en chute libre, dans lequel l'accélération est constante, est bien un mouvement uniformément accéléré.

83. Mesure de la force par l'accélération. — Les accélérations étant proportionnelles aux forces, on prend souvent l'une pour l'autre et l'on mesure les forces par les accélérations qu'elles communiquent à un corps.

Ainsi l'*accélération* g de la pesanteur s'appelle aussi *intensité* de la pesanteur.

On pourrait calculer la valeur de g au moyen de la formule précédente, dans laquelle on peut connaître les valeurs de a, P et p. Mais ce procédé ne présente aucune précision et serait très défectueux. C'est au moyen du pendule (101) qu'on détermine d'une façon exacte la valeur de g et l'on constate qu'elle varie aux différents points de la terre.

84. Définition mathématique de la masse. — Nous avons déjà indiqué (43) qu'il y a une différence entre la masse et le poids d'un corps. Nous allons maintenant définir ces deux quantités.

On appelle *masse* m d'un corps le rapport constant d'une force agissant sur ce corps à l'accélération qu'elle lui communique.

Si F, F', F″ sont des forces qui, agissant sur un corps de masse m, lui communiquent les accélérations a, a', a'', on sait (81) que les rapports $\frac{F}{a}$, $\frac{F'}{a'}$, $\frac{F''}{a''}$ des forces aux accélérations correspondantes sont constants.

On a, par définition :

$$\frac{F}{a} = \frac{F'}{a'} = \frac{F''}{a''} = \ldots = m.$$

On en tire pour les forces F, F', F″ les expressions :

$$F = am \qquad F' = a'm \qquad F'' = a''m\ldots$$

85. Poids d'un corps. — Le *poids* P d'un corps de masse m est le résultat de l'action de la pesanteur sur ce corps. C'est la force qui lui communique l'accélération g. On aura donc, d'après ce qui précède :

$$P = mg.$$

De cette formule on déduit les résultats suivants :

1° En un même point de la terre, où g est constant, les poids de différents corps sont proportionnels aux masses de ces corps.

On a, en en effet :

$$P = mg \qquad P' = m'g.$$

D'où :
$$\frac{P}{P'} = \frac{m}{m'}$$

2° En différents points de la terre, le poids P d'un corps de masse m varie proportionnellement à l'intensité de la pesanteur.

On a alors :
$$P = mg \qquad P' = mg'$$

D'où :
$$\frac{P}{P'} = \frac{g}{g'}$$

3° Si l'on considère en différents points de la terre des corps différents, leurs poids varient et proportionnellement à leurs masses et proportionnellement à l'intensité de la pesanteur.

On a en effet dans ce cas :

$$P = mg \qquad P' = m'g'$$

D'où :
$$\frac{P}{P'} = \frac{mg}{m'g'}.$$

86. Unités de poids et de masse. — Pour bien marquer la différence entre le poids et la masse, les physiciens prennent comme unité de masse le *gramme* et comme unité de poids la *dyne*; l'unité de longueur usitée en physique est le centimètre.

La dyne est la force qui agissant sur l'unité de masse (un gramme) lui communiquerait l'unité d'accélération (un centimètre).

Donc, dans les formules précédentes, P représentera le poids du corps en dynes, si la masse m du corps est exprimée en grammes et l'accélération de la pesanteur g en centimètres.

Comme $g = 981$ centimètres à Paris, on voit qu'en ce lieu une masse de 1 gramme pèse 981 dynes. En un autre point, le poids d'un gramme serait différent.

87. Unité de force. — Les forces étant mesurées en poids (45), la dyne, qui est l'unité de poids, est aussi l'unité de force.

88. Système C. G. S. — On voit par ce qui précède que le système d'unités employé en physique diffère notablement du système métrique.

D'abord, l'unité de longueur est le centimètre au lieu du mètre; puis le gramme est une unité de masse et non de poids.

Pour le distinguer du système métrique, on l'appelle système C.G.S. Ces lettres sont les trois initiales du nom des trois unités fondamentales : le *centimètre*, unité de longueur; le *gramme*, unité de masse; la *seconde*, unité de temps.

Le centimètre est défini la 100ᵉ partie du mètre étalon déposé aux archives.

Le gramme est la 1000ᵉ partie de la masse du kilogramme étalon des archives.

La seconde est la 86 400ᵉ partie du jour solaire moyen, dont la durée est déterminée par les astronomes et fournie par les chronomètres de précision.

De ces trois unités fondamentales, on déduit des unités dérivées, telles que l'unité de force et de poids, précédemment définie, et d'autres que nous définirons plus loin.

89. Travail de la pesanteur. — D'une façon générale, on appelle *travail* d'une force le produit de la force par le chemin que parcourt son point d'application, en supposant qu'il se déplace dans la direction de la force.

D'après cela, un corps de poids P tombant d'une hauteur E a produit un travail égal à $P \times E$.

Si le corps pesant tombe sur un plan incliné, c'est-à-dire dans une direction autre que celle où agit la force, représentée ici par le poids, le travail est égal au produit du poids par la distance verticale comprise entre les plans horizontaux qui passent par les points extrêmes.

90. Unité de travail. — Pendant longtemps on a employé une unité de travail empruntée au système métrique : le *kilogrammètre*, travail produit par un kilogramme tombant d'un mètre de hauteur.

Dans le système C.G.S., l'unité de travail est la *dyne-centimètre*, travail d'une dyne qui déplace son point d'application d'un centimètre. On l'appelle l'*erg* (du grec *ergon*, travail).

91. Force vive. — On peut exprimer le travail de la pesanteur $P \times E$ en fonction de la masse m du corps et de la vitesse acquise V; il suffit de remplacer P par la valeur tirée des formules précédentes et E par la valeur tirée des formules générales de la chute des corps.

On a alors :

$$\text{Travail de } P = P \times E = mg \times \frac{V^2}{2g} = \frac{mV^2}{2}.$$

. Or, l'expérience prouve qu'un corps pesant tombant d'une certaine hauteur est capable de produire des effets beaucoup plus énergiques que s'il était au repos et qui se manifestent par exemple dans le martelage (marteau de forge, marteau pilon). On dit que ce corps a acquis une *force vive*. La force vive augmente avec la masse et la vitesse du corps; on prend pour expression de cette quantité le produit $m \, V^2$.

92. Energie. — On appelle *énergie* d'un corps pesant le travail qu'il est capable de produire.

Lorsqu'un corps de poids P est suspendu à une hauteur A B au-dessus du sol (fig. 35) son énergie est $P \times AB$, puisqu'en tombant il est capable de produire ce travail; lorsqu'il est tombé d'une hauteur AC et qu'il ne lui reste plus à parcourir pour arriver au sol que la distance CB, son énergie est devenue $P \times CB$. Quand il arrive au sol, il n'a plus d'énergie, dans le sens où nous l'avons définie.

Il semble donc qu'à mesure que le corps tombe il perde de l'énergie; mais nous venons de voir que cette énergie n'est pas perdue, qu'elle se transforme en force vive.

Fig. 35.

Dans l'exemple ci-dessus, lorsque le corps est tombé de la hauteur AC, il a acquis une force vive égale à $m \, V^2$. La moitié de cette force vive est égale au travail $P \times AC$ produit par le corps en tombant.

93. Conservation de l'énergie. — L'énergie ne se perd donc pas, elle se transforme. C'est le *principe* de la *conservation de l'énergie*.

Pour l'exprimer mathématiquement, on appelle *énergie totale* du corps le travail maximum que peut produire le corps et qui est ici égal à $P \times AB$; *énergie potentielle*, l'énergie disponible, qui au point C est égale à $P \times CB$; *énergie actuelle*, l'énergie transformée en force vive et qui au même point c est égale à $P \times AC$.

On a évidemment :

$$P \times AB = P \times AC + P \times CB.$$

Ce qui se traduit ainsi :

Energie totale = énergie actuelle + énergie potentielle.

Le point C pour lequel ce résultat a été établi étant un point quelconque, la relation est générale.

94. Forces proportionnelles aux masses. — Des forces proportionnelles aux masses impriment à différents corps des accélérations égales.

En effet, si l'on désigne par F, F', F″ des forces agissant sur des masses, m, m', m'' et leur communiquant des accélérations a, a', a'', on sait que l'on a :

$$F = am \qquad F' = a'm' \qquad F'' = a''m''.$$

D'où :

$$\frac{F}{m} = a \qquad \frac{F'}{m'} = a' \qquad \frac{F''}{m''} = a''.$$

Mais par hypothèse on a :

$$\frac{F}{m} = \frac{F'}{m'} = \frac{F''}{m''}.$$

Donc :

$$a = a' = a''.$$

Les poids sont des forces proportionnelles aux masses (85) ; sous l'action de leur poids, les corps prennent tous la même accélération. C'est ce que vérifie l'expérience.

95. Rôle de la résistance de l'air. — Considérons deux disques de poids p et p' ($p > p'$), de même surface horizontale et tombant en chute libre ; ils subiront tous deux de la part de l'air la même résistance r.

Les forces qui produisent la chute des corps dans l'air sont donc $p - r$ et $p' - r$.

On avait :

$$\frac{p}{p'} = \frac{m}{m'}.$$

Le rapport $\dfrac{p - r}{p' - r}$ n'est plus égal à $\dfrac{m}{m'}$; en retranchant des deux termes de $\dfrac{p}{p'}$ la même quantité r, on a un rapport qui s'éloigne de 1.

Comme le rapport $\dfrac{p}{p'}$ est plus grand que 1 par hypothèse, le rapport $\dfrac{p - r}{p' - r}$ est plus grand que $\dfrac{p}{p'}$ ou $\dfrac{m}{m'}$.

Le rapport des forces n'est plus égal au rapport des masses. Il est plus grand, et la force $p - r$ communiquera au corps de poids p une accélération plus grande que la force $p' - r$ au corps de poids p'.

On voit ainsi pourquoi dans l'air les corps de poids plus grand tombent plus vite.

§ 6. — RÉGULARISATION DU MOUVEMENT

96. Régulateur à ailettes. — Dans un grand nombre de circonstances, on a besoin d'un mouvement uniforme et la plupart des moteurs, tels que les ressorts et en particulier la chute d'un poids, donnent des mouvements variés. La nécessité du mouvement uniforme se présente par exemple pour les cylindres des appareils enregistreurs servant de support aux feuilles de papier quadrillées, sur lesquelles s'inscrivent les phénomènes à observer, ou les quantités à mesurer.

Pour obtenir ce mouvement uniforme, on peut faire tourner le cylindre au moyen d'un mouvement d'horlogerie (102). Lorsque ce cylindre est mis en mouvement par un poids qui tombe et qui lui communiquerait un mouvement uniformément accéléré, on peut aussi employer le régulateur à ailettes, qui utilise la résistance de l'air. Pour cela, l'axe du cylindre est muni d'une vis sans fin qui engrène

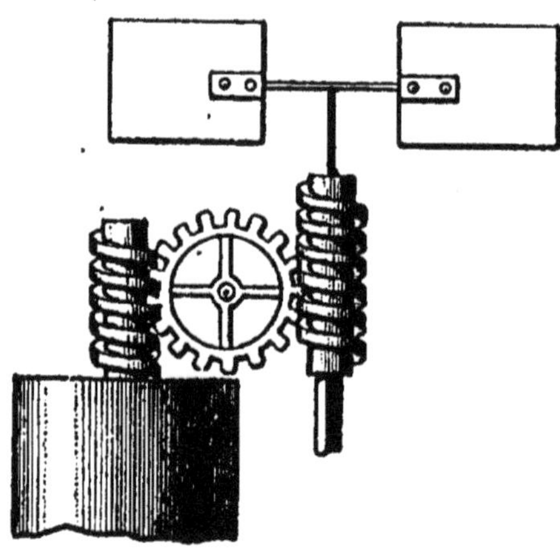

Fig. 36.

avec une roue dentée, entraînée dans le mouvement ; cette roue dentée engrène avec un autre axe, qu'elle entraîne aussi dans le mouvement et qui porte des ailettes planes et larges qui, en tournant, éprouvent de la part de l'air une grande résistance (fig. 36). A mesure que la vitesse augmente, la résistance de l'air augmente aussi, et plus rapidement (54,3°). Il arrive donc un moment où l'équilibre s'établit entre l'accélération du poids moteur et la résistance de l'air. Le mouvement du cylindre devient alors et reste uniforme.

Ce mode de régularisation est notamment employé dans la machine du général Morin.

97. Machine de Morin. — *Principe.* — La *machine de Morin* (fig. 37) est employée pour étudier les lois de la chute d'un corps tombant en chute libre. Il est simplement guidé par deux fils tendus verticalement et qui traversent des ailettes latérales dont le corps est muni. La résistance de l'air a un effet sensiblement nul, à cause du poids considérable du mobile, de sa forme cylindro-conique et du temps très court pendant lequel il tombe.

Enregistrement. — L'observation directe est impossible, l'appareil est enregistreur. Le corps mobile est muni d'un crayon ; celui-ci trace

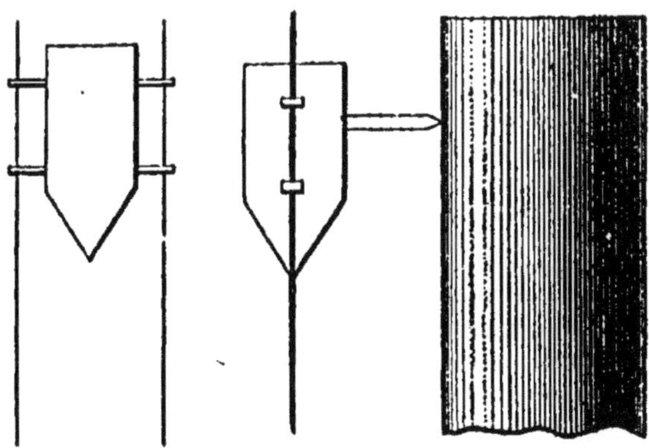

Fig. 37.

en tombant une ligne sur un papier, porté par un cylindre qui tourne d'un mouvement régulier.

A partir du moment où le mouvement du cylindre est uniforme, on laisse tomber le poid mobile, qui était retenu par un crochet : pour cela, il suffit de tirer sur une ficelle.

L'expérience terminée, on coupe la feuille de papier suivant une génératrice du cylindre, on la déroule et l'on étudie la courbe tracée (fig. 38).

Étude de la courbe. — Le mouvement du cylindre étant uniforme, des verticales équidistantes AY, BZ, CT, viendront à des intervalles de temps égaux à la place de la verticale suivant laquelle tombe le crayon.

Le corps mobile, d'abord en O, est au bout d'un certain temps en A' sur la verticale AY ; ils est donc tombé de AA'. Au bout d'un temps double, il est en B' sur la verticale BZ, il est donc tombé de BB'. Au bout d'un temps triple, il est en C', il est tombé de CC', etc.

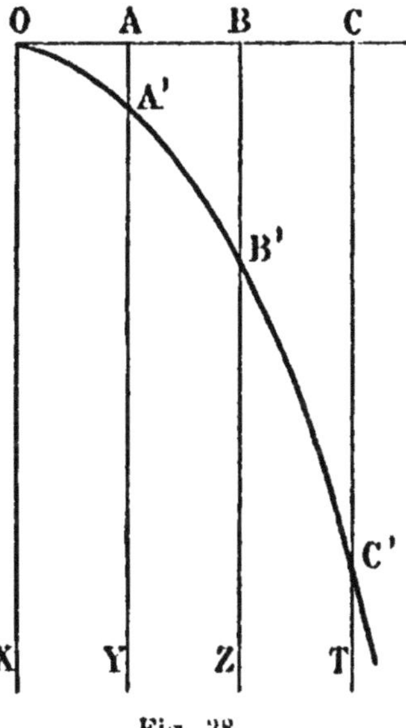

Fig. 38.

En mesurant ces longueurs, on trouve que :

$$BB' = 4\ AA'$$
$$CC' = 9\ AA', \text{etc.}$$

On vérifie donc ainsi de nouveau la loi des espaces :

Les espaces parcourus par un corps qui tombe sont proportionnels aux carrés des temps employés à les parcourir.

98. Pendule. — Un *pendule* est un corps quelconque suspendu à un axe autour duquel il peut tourner ; cet axe passe par un point du corps lui-même, ou bien il est relié au corps par l'intermédiaire d'un fil ou d'une tige rigide.

Le pendule est ordinairement constitué par une tige d'acier portant à sa partie inférieure une lourde lentille métallique (fig. 39). C'est sous cette forme qu'il constitue le *balancier*, qui sert à régulariser la marche des horloges.

Pour bien comprendre les usages du pendule, il faut d'abord connaître les lois du mouvement du pendule simple.

99. Lois du mouvement du pendule simple. — On appelle *pendule simple* celui qui serait formé d'un point matériel A, par exemple une molécule, suspendu à l'extrémité d'un fil sans poids, parfaitement flexible et inextensible ; dont l'autre extrémité O serait fixe (fig. 40).

Un pareil pendule est irréalisable, mais on s'en rapproche assez sensiblement en suspendant une sphère très pesante à l'extrémité d'un fil fin, dont l'autre extrémité est pincée dans un support.

Fig. 39.   Fig. 40.

Le pendule étant abandonné à lui-même, le fil se placera verticalement. Si l'on écarte le pendule de sa position d'équilibre et qu'on amène la boule en B (fig. 41) elle retombera vers la position plus basse A en décrivant l'arc de cercle B A, de centre O. Arrivée en A, elle dépassera ce point en vertu de la vitesse acquise et remontera de l'autre côté à la même hauteur B' ; puis elle retombera, remontera jusqu'en B, et ainsi de suite. C'est ce que l'on appelle un *mouvement d'oscillation*, ou *mouvement pendulaire*.

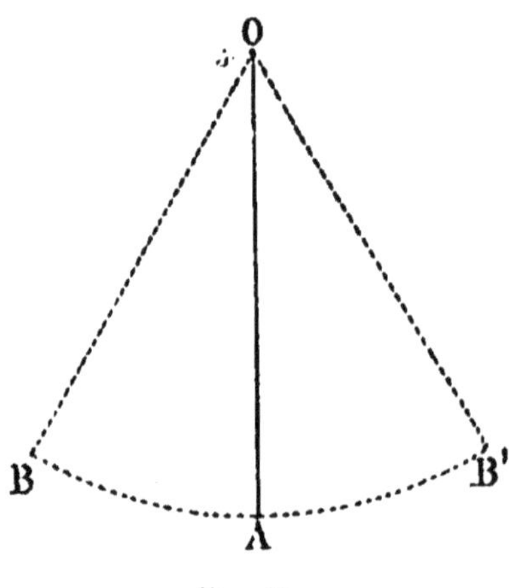
Fig. 41.

L'angle BOB' s'appelle l'*amplitude* de l'oscillation, la longueur OA s'appelle la *longueur* du pendule simple.

En traitant la question par le calcul, on trouve pour la durée des oscillations du pendule simple, d'amplitude assez petite (10 à 15 degrés), l'expression suivante :

$$t = \pi \sqrt{\frac{l}{g}}$$

dans laquelle t est la durée de l'oscillation, l la longueur du pendule, g l'accélération de la pesanteur au lieu de l'observation, π le rapport de la circonférence au diamètre.

Cette expression contient les lois suivantes :

1° *La durée des oscillations d'un pendule est indépendante de l'amplitude de ses oscillations.*

Cette loi n'est vraie que pour les petites amplitudes. Elle a été découverte expérimentalement par Galilée, qui dans la cathédrale de Pise observait un jour les oscillations d'un lustre. On l'appelle la *loi de l'isochronisme des petites oscillations.*

2° *La durée des oscillations de pendules faits avec des boules différentes est indépendante de la nature de ces boules.*

Cette loi ne se vérifie qu'incomplètement dans l'air, à cause de la résistance de l'air, dont l'effet est ici le même que dans la chute des corps.

3° *Les durées d'oscillation de pendules de longueurs différentes sont directement proportionnelles aux racines carrées des longueurs de ces pendules.*

Cette loi, appelée *loi des longueurs*, est facile à vérifier expérimentalement. On prend des pendules dont les longueurs sont proportionnelles aux nombres 1, 4, 9, on les fait osciller et on constate que les durées de leurs oscillations sont entre elles comme les nombres 1, 2, 3.

4° *Les durées d'oscillation d'un même pendule en différents points de la terre sont inversement proportionnelles aux intensités de la pesanteur en ces points.*

Cette loi très importante permet de mesurer au moyen du pendule les valeurs de l'intensité de la pesanteur aux différents points de la terre. De tous les procédés que l'on peut employer, c'est celui qui est susceptible de la plus grande précision.

100. Pendule composé. — Dans la pratique, tous les pendules sont *composés.*

Les lois du mouvement du pendule simple s'appliquent au pendule composé, si l'on considère le pendule simple correspondant, ou *synchrone* (du grec *sun*, avec, et *chronos*, temps).

On démontre en mécanique qu'il y a toujours un pendule simple oscillant dans le même temps qu'un pendule composé quelconque.

Si l'on considère dans le pendule composé un axe parallèle à l'axe de suspension et situé à une distance égale à la longueur du pendule simple synchrone, on a l'axe d'oscillation ; que le pendule composé oscille autour de l'un ou de l'autre de ces deux axes, sa durée d'oscillation sera la même.

La formule du pendule simple s'appliquera au pendule composé, à la condition de prendre pour valeur de l la longueur du pendule simple synchrone.

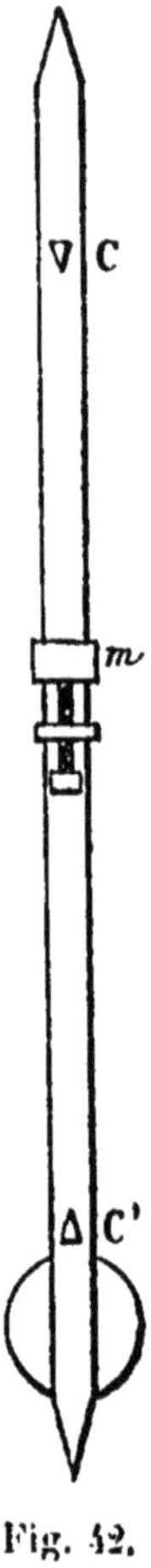

On peut le déterminer expérimentalement à l'aide d'un *pendule réversible*, dit *pendule de Kater*. Il porte deux couteaux C et C' (fig. 42), dont les arêtes se regardent, de telle sorte qu'on peut le faire osciller autour de l'un ou de l'autre. Vers le milieu de la tige est une masse mobile m, que l'on peut déplacer à la main, puis au moyen d'une vis de rappel ; au delà du couteau C' se trouve fixée une lourde lentille.

Après avoir fait osciller le pendule autour du couteau C, on le fait osciller autour du couteau C' et l'on déplace la masse m jusqu'à ce que la durée d'oscillation soit la même que la première : à ce moment, la distance CC' des deux couteaux est la longueur du pendule simple synchrone.

101. Mesure de l'intensité de la pesanteur. — La valeur de l'accélération, ou intensité de la pesanteur peut se mesurer au moyen du pendule.

De la formule :

$$t = \pi \sqrt{\frac{l}{g}}$$

on tire en effet :

$$g = \frac{\pi^2 l}{t^2}$$

π était un nombre constant, il suffit de déterminer avec soin la longueur l du pendule et la durée t de son oscillation.

Borda a fait avec le pendule d'importantes expériences, d'où il a conclu pour la valeur de g, à Paris, $9^m,8088$.

D'autres expérimentateurs ont déterminé de même la valeur de g, en d'autres points et l'on peut des diverses opérations déduire les valeurs suivantes :

Fig. 42.

A l'équateur. . . . . 978 cm.
Aux pôles 983
A Paris 981

102. Régularisation du mouvement des horloges. — Huyghèns le premier a indiqué l'emploi du pendule pour régler la marche des horloges.

On emploie généralement pour cela l'échappement à ancre (fig. 43). Sur l'axe des secondes, mis en mouvement par un moteur quelconque (poids, ressort), est calée une roue portant 60 dents; cette roue dentée est arrêtée dans son mouvement par les extrémités d'une ancre, que fait osciller un pendule battant la seconde. Les extrémités de l'ancre viennent successivement se placer de part et d'autre dans l'intervalle des dents, mais au moment où le pendule est vertical, une dent peut s'échapper. L'axe, et par conséquent l'aiguille des secondes,

tourne donc d'un $\dfrac{1}{60}$ de tour à chaque seconde,

et cela d'un mouvement très régulier, puisque le mouvement du pendule est isochrone.

Dans les montres, la régularisation s'obtient au moyen d'un ressort spiral, dont le mouvement alternatif est dû à un autre principe.

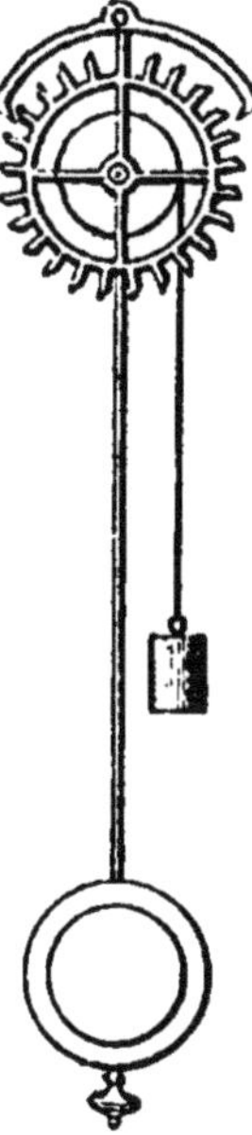

Fig. 43.

CHAPITRE II

MESURE DES POIDS ET DES MASSES

§ 1. — THÉORIE DU LEVIER

103. Définition du levier. — Le *levier* est une tige rigide, mobile autour d'un point fixe O, appelé *point d'appui*, et en deux points A et B de laquelle sont appliquées deux forces, l'une la *résistance* R,

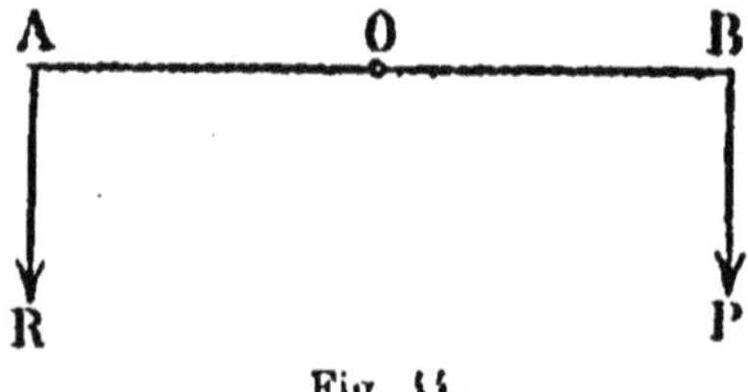

Fig. 44.

c'est la force à vaincre, le corps à peser et à soulever, l'autre la *puissance* P, c'est l'effort employé à vaincre la résistance (fig. 44).

On appelle *bras de levier* de la puissance et de la résistance les distances du point d'appui à chacune de ces deux forces.

104. Différents genres de levier. — On distingue trois genres de leviers, suivant les positions relatives du point d'appui et des points d'application de la puissance et de la résistance.

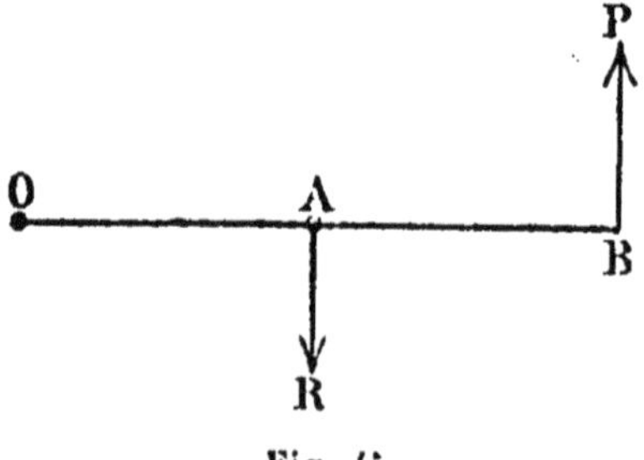

Fig. 45.

Le levier du *premier genre*, ou *inter-appui*, dans lequel le point d'appui est entre la puissance et la résistance (fig. 44). Exemple : les ciseaux, les tenailles ; chacune des branches est un levier du premier genre.

Le levier du *second genre*, ou *inter-résistant*, dans lequel c'est la résistance qui est entre le point d'appui et la puissance (fig. 45). Exemples : le casse-noix, la brouette, la rame.

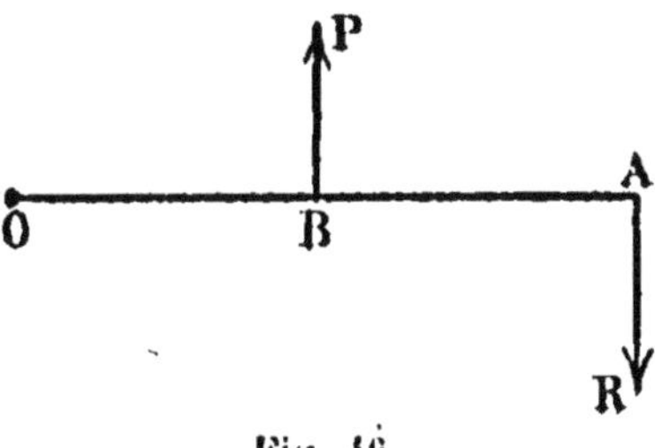

Fig. 46.

Le levier des maçons peut être employé soit comme levier du premier genre, soit comme levier du second genre.

Le levier du *troisième genre*, ou *inter-puissant*, dans lequel la puissance est entre le point d'appui et la résistance (fig. 46). Exemple : les pincettes.

105. Conditions d'équilibre du levier. — On dit qu'un levier est en *équilibre* sous l'action des forces qui lui sont appliquées, ou bien que les forces appliquées au levier se font équilibre, lorsque le levier se comporte comme si ces forces n'existaient pas.

Si l'on prend par exemple comme levier une tige droite, suspendue

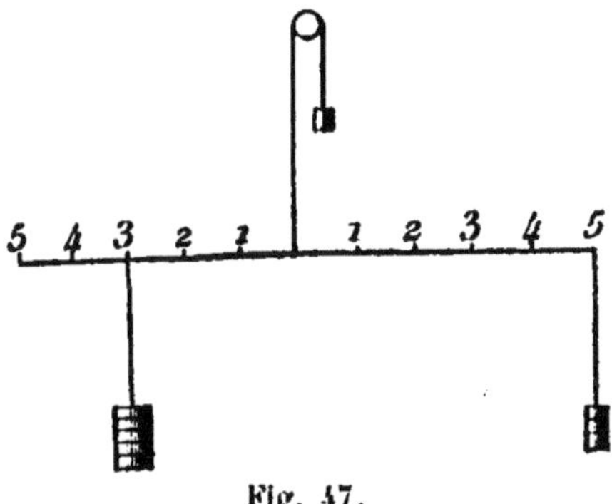

Fig. 47.

par son centre de gravité, qui se tient horizontale quand aucune force n'agit sur elle, deux forces appliquées à ce levier se font équilibre lorsque celui-ci reste horizontal sous l'action de ces deux forces.

La condition pour qu'un levier soit en équilibre sous l'action d'une puissance et d'une résistance données, c'est que ces deux forces soient *inversement proportionnelles à leurs bras de levier.*

On le vérifie expérimentalement par le *levier arithmétique.*

Cet appareil (fig. 47) est une règle droite, suspendue en son centre de gravité et portant de part et d'autre des pointes équidistantes. A ces pointes on peut faire agir des forces représentées par des poids égaux superposés, de telle sorte qu'on puisse les diviser à volonté. Ces poids sont de petits cylindres, présentant une ouverture latérale comme les masses additionnelles de la machine d'Atwood (fig. 48).

Fig. 48.

L'expérience prouve que pour équilibrer des forces représentées par 3 et 5 poids, il faut les suspendre respectivement en des pointes numérotées 5 et 3.

D'une façon générale, si l'on désigne par P la puissance et par l son bras de levier, par R la résistance et par l' son bras de levier, on doit avoir pour l'équilibre

$$\frac{R}{P} = \frac{l}{l'}$$

ou :

$$Pl = Rl'.$$

§ 2. — BALANCE ORDINAIRE

106. Description de la balance. — La *balance*, qui sert à peser les corps, est un levier. Elle se compose d'une tige rigide, appelée *fléau*

Fig. 49.

(fig. 49) et qui a la forme d'un losange très allongé. Au centre du losange se trouve un prisme triangulaire en acier, appelé *couteau,* qui le traverse de part en part et présente à la partie inférieure une arête tranchante, par laquelle le fléau repose sur son support, plan d'agate ou d'acier bien dressé.

Cette arête est l'*axe d'oscillation* du fléau.

Aux deux extrémités, se trouvent deux couteaux à arêtes tranchantes dirigées vers le haut et sur lesquelles reposent les *plateaux*.

Les distances du couteau central aux couteaux extrêmes s'appellent les *bras du fléau*.

Le fléau porte une aiguille mobile sur un cadran gradué : elle marque 0 quand le fléau est horizontal.

107. Poids et masse relatifs. — Le *poids relatif* d'un corps est le rapport du poids de ce corps au poids d'un égal volume d'un autre corps.

La *masse relative* d'un corps est le rapport de la masse de ce corps à la masse d'un égal volume d'un autre corps.

Les poids et masse relatifs d'un corps par rapport à un même autre sont égaux, les deux corps étant pris au même point de la terre, quel qu'il soit d'ailleurs.

On a en effet pour le premier corps, en appelant P son poids et M sa masse :

$$P = Mg$$

Pour le second corps, P' étant son poids et M' sa masse, on a aussi :

$$P' = M'g$$

En divisant ces égalités membre à membre, il vient :

$$\frac{P}{P'} = \frac{M}{M'}$$

ce qui démontre le résultat énoncé.

Avec la balance, on mesure les poids relatifs, ou plutôt les masses relatives des corps. Ainsi, quand on dit qu'un corps pèse 10 grammes, on veut dire qu'il pèse 10 fois plus que le gramme, ou que sa masse est 10 fois celle du gramme.

108. Unité de masse. — L'unité de masse est le *gramme*, millième partie de la masse du kilogramme, étalon déposé aux Archives.

109. Multiples et sous-multiples. — On emploie, suivant les besoins, des multiples ou sous-multiples du gramme qui sont les suivants :

Multiples le *décagramme*, l'*hectogramme*, le *kilogramme*, le *quintal*, la *tonne*.

Sous-multiples : le *décigramme*, le *centigramme*, le *milligramme*

110. Masses marquées. — Dans les opérations effectuées avec la balance, on emploie des *masses marquées*.

Ce sont de petits cylindres, généralement en cuivre, surmontés d'un bouton et sur lesquels est inscrite la valeur correspondante de la masse en grammes. Ils sont contrôlés par l'administration.

111. Boîtes de masses. — Pour ne pas s'encombrer d'un trop grand nombre de masses inutiles, on organise des *boîtes de masses*, de telle sorte qu'elles contiennent juste les masses nécessaires.

Voici la composition d'une boîte de masses pour peser de 1 à 1 000 grammes :

1 gr.	2	2	5	10	10
20	50	100	100	200	500

Les trois premières masses, 1, 2 et 2 permettent d'avoir toutes les masses de 1 à 5.

En y ajoutant la suivante 5, on peut avoir toutes les masses de 1 à 10, celles de 1 à 5 étant obtenues comme il vient d'être dit, et celles qui sont supérieures à 5 s'obtenant en ajoutant à 5 l'une des divisions précédentes.

En ajoutant seulement une masse de 10, on pourra aller de 1 à 20, et une nouvelle masse de 10 permettra d'aller de 1 à 30.

En ajoutant aux précédentes une masse de 20, on peut aller jusqu'à 50 ; les masses supérieures à 30 s'obtiennent en ajoutant à 20 les subdivisions précédentes.

Et ainsi de suite.

112. Conditions que doit remplir la balance. — La méthode de pesée couramment employée est la suivante : On place dans l'un des plateaux le corps à peser et dans l'autre on met des masses marquées jusqu'à ce que le fléau soit en équilibre, c'est-à-dire horizontal. Les masses marquées, qui font ainsi équilibre au corps, ont une masse totale M égale à la masse du corps.

Pour qu'on puisse avec une balance exécuter par cette méthode une pesée exacte, elle doit remplir plusieurs conditions. Elle doit être :

1° Stable ; 2° juste ; 3° sensible.

113. Stabilité. — Une balance est *stable* lorsque le fléau étant en équilibre dans la position horizontale, si on le déplace de cette position, il y revient par une série d'oscillations.

Pour qu'une balance soit stable, il faut que son centre de gravité soit au-dessous de l'axe d'oscillation du fléau, condition toujours facile à remplir.

Si la balance n'était pas stable, elle serait ou bien *instable*, ou *folle*, c'est-à-dire que le fléau se retournerait bout pour bout si le centre de gravité était au-dessus de l'axe du fléau ; ou bien *indifférente*, c'est-à-dire que le fléau resterait en équilibre dans toute nouvelle position, si le centre de gravité était exactement sur l'axe du fléau.

Tout ce qui précède résulte immédiatement de la propriété du centre de gravité d'un corps de se placer toujours le plus bas possible. Lorsque le centre de gravité de la balance est au-dessous de l'axe d'oscillation, en déplaçant le fléau, on relève le centre de gravité ; quand on abandonne le fléau à lui-même, le centre de gravité

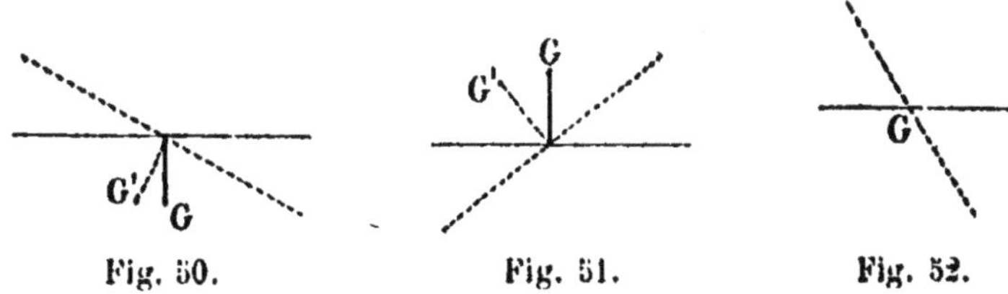

Fig. 50.   Fig. 51.   Fig. 52.

retombe, c'est-à-dire que le fléau revient vers sa première position (fig. 50).

Quand le centre de gravité est au-dessus de l'axe, le déplacement du fléau l'abaisse et il tend à s'abaisser davantage (fig. 51).

Enfin, si le centre de gravité est sur l'axe, le déplacement du fléau n'a aucune action sur sa position (fig. 52).

114. Justesse. — Une balance est *juste* lorsque des poids égaux placés dans les deux plateaux se font équilibre.

Pour qu'une balance soit juste, il faut que les deux bras du fléau soient égaux. C'est une conséquence immédiate des conditions d'équilibre du levier (106). Si l et l' désignent les deux bras du fléau, P et P' les poids des masses placées dans les deux plateaux, on doit avoir :

$$Pl = P'l'$$

et si l'on suppose que $P = P'$ la condition d'équilibre exige que $l = l'$.

115. Double pesée. — Si la condition de stabilité est facile à remplir, il n'en est pas de même de la condition de justesse. Il est difficile qu'il n'y ait entre les deux bras du fléau aucune différence de longueur et l'on peut dire qu'il n'existe pas de balance rigoureusement juste.

On peut cependant, avec une balance quelconque, exécuter une pesée très exacte. On emploie pour cela les méthodes dites de *double pesée*. La plus simple est celle de Borda.

On met le corps à peser dans l'un des plateaux et on l'équilibre très exactement en mettant dans l'autre de la tare, grenaille de plomb, sable, etc. Puis on remplace le corps par des masses marquées, jusqu'à ce que l'équilibre soit de nouveau parfaitement atteint. La valeur M de ces masses marquées est exactement la masse du corps.

En effet, en désignant par X la masse du corps dont le poids est alors Xg, par l le bras de levier du corps, ou, ce qui est la même chose, celui de la masse M, de poids Mg, et par l' le bras de levier de la tare T, on doit avoir pour l'équilibre :

$$Xg \times l = l'T$$
$$Mg \times l = l'T$$

D'où :
$$Xg \times l = Mg \times l$$

et par conséquent :
$$X = M.$$

116. Double pesée sous tare constante. — Cette méthode se prête très bien à la pesée d'une série de corps *sous tare constante*, toutes les pesées étant alors effectuées avec le même degré de précision.

Dans ce cas, on commence par équilibrer le corps le plus lourd avec une tare, qui reste constante pour toutes les autres opérations. On détermine comme précédemment, la masse de ce corps.

Puis on le remplace successivement par chacun des autres corps, en mettant dans le plateau à côté de chacun d'eux des masses marquées pour équilibrer la tare. On a par différence le poids de chaque corps.

Si l'on désigne en effet par T la tare et par l' son bras de levier, par X, Y, Z... les masses des différents corps, par l leur bras de levier, par M la masse marquée qui remplace le corps X et par M', M"... les masses marquées qu'il faut mettre à côté des corps Y, Z... pour maintenir l'équilibre, on pourra écrire :

$$lXg = l'T$$
$$lMg = l'T$$
$$l(Y + M')g = l'T$$
$$l(Z + M'')g = l'T$$

D'où l'on déduit :
$$X = M$$
$$Y + M' = M \qquad Y = M - M'$$
$$Z + M'' = M \qquad Z = M - M''$$

117. Sensibilité. — Une balance est plus ou moins *sensible*. La sensibilité se mesure par la surcharge à mettre dans l'un des plateaux pour faire osciller le fléau.

Les balances du commerce sont sensibles au gramme, les bascules pour les gros poids au décagramme ou à l'hectogramme, les balances de laboratoire au milligramme et même à une fraction du milligramme.

On augmente la sensibilité de la balance en prenant un fléau évidé et léger, comme on le fait dans la balance de précision (fig. 53) et en rapprochant le centre de gravité de l'axe du fléau. De plus, pour que la sensibilité soit indépendante de la charge, c'est-à-dire de la somme des poids placés dans les plateaux, il faut que les axes des

Fig. 53.

trois couteaux, le couteau central et ceux qui servent à suspendre les plateaux soient dans un même plan.

Ces conditions sont faciles à remplir.

Pour ne pas altérer la sensibilité d'une balance, il faut ne pas peser de corps dont le poids surpasse la force indiquée sur la balance; sans cela on pourrait déformer le fléau, et la condition précédente ne serait plus remplie.

§ 3. — FORMES DIVERSES

118. Différentes formes de balance. — Outre la balance ordinaire, on emploie souvent des balances de diverses formes.

Les principales sont les suivantes :

119. Balance de Roberval. — Dans la *balance de Roberval*, les plateaux sont au-dessus du fléau, ce qui, en relevant le centre de gravité.

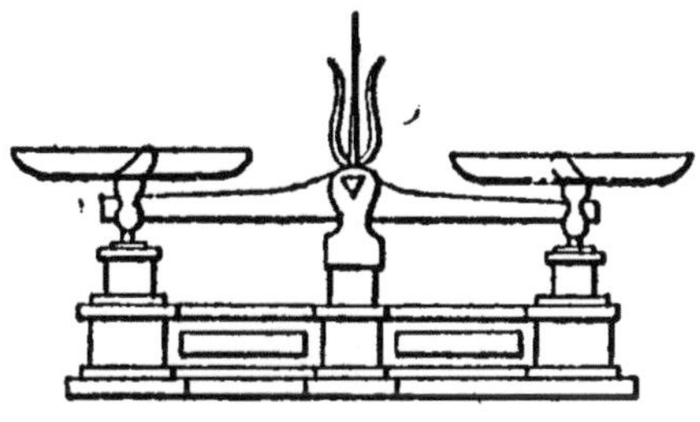

Fig. 54.

augmente la sensibilité de la balance. Mais pour que leur support reste vertical, cela exige un mode de suspension spécial.

Aux extrémités du fléau sont articulées les deux tiges qui servent de support aux plateaux (fig. 54), et pour que ces tiges restent verticales, elles se prolongent dans le socle de l'appareil, où elles sont articulées en bas à un contre-fléau, mobile autour d'un point fixe situé sur la même verticale que l'axe du fléau.

Le tout forme un parallélogramme articulé.

120. Balance romaine. — La *balance romaine* est une balance portative, dans laquelle on évite l'emploi et le transport de nombreux poids en se servant pour équilibrer le corps à peser d'une masse unique que l'on déplace sur la tige du fléau (fig. 55).

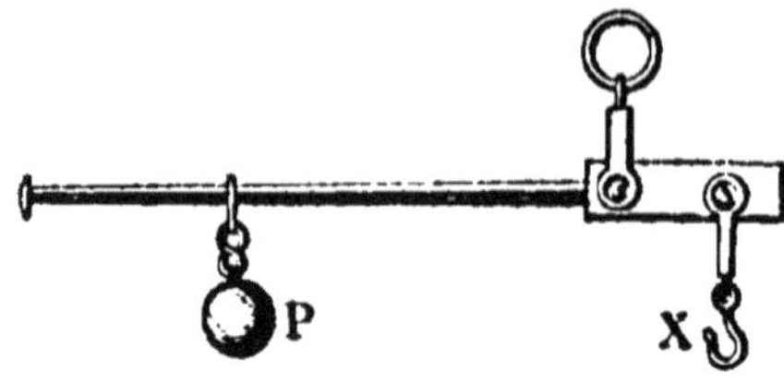

Fig. 55.

En se basant sur la condition d'équilibre du levier (105), on équilibre une masse variable X, placée à l'extrémité d'un bras de levier fixe *l*, à l'aide d'une masse invariable M, placée à l'extrémité d'un bras de levier variable *d*. On a :

$$lXg = dMg$$

On gradue la balance en suspendant au crochet des masses de 1, 2, 3... kilogrammes et en marquant 1, 2, 3... aux points où l'on doit placer la masse invariable pour les équilibrer.

On marque O au point où il faut placer la masse pour que le fléau se tienne horizontal quand il n'y a rien après le crochet.

121. Bascule de Quintenz. — La *bascule de Quintenz* (fig. 56) est destinée à peser les lourds fardeaux, tels que les colis de chemin de fer.

Elle se compose d'un levier AB mobile autour d'un point O, relié

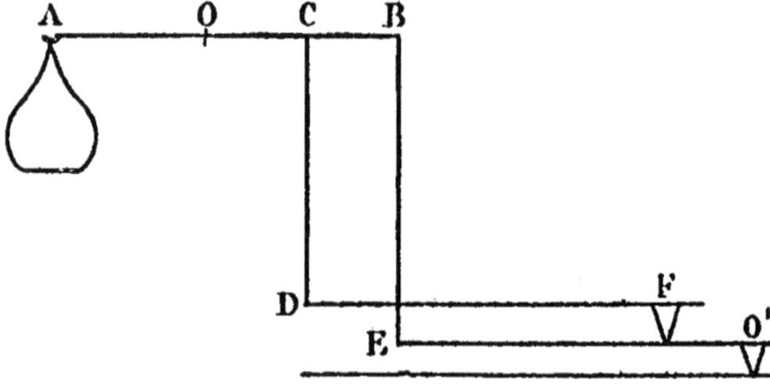

Fig. 56.

par une tige articulée BE à un levier inférieur EO' mobile autour d'un point O'. Sur ce levier EO', repose par l'intermédiaire de deux cou-

teaux projetés en F un plan, ou tablier, sur lequel on pose les objets
à peser et qui agit en D, au moyen de la tige articulée DC, sur le
levier supérieur. Ce système de levier est combiné de telle façon que
des masses placées dans le plateau A équilibrent un corps dix fois
plus lourd placé sur le tablier.

Au lieu de masses marquées, on emploie quelquefois le système de
la balance romaine, c'est-à-dire une masse invariable que l'on déplace
sur une tige graduée.

§ 4. — Densités et poids spécifiques

122. Poids spécifique et densité absolus. — L'expérience nous
montre que tous les corps, pris sous le même volume, n'ont pas la
même masse, ni par conséquent le même poids, en un même point
de la terre. C'est ce que l'on exprime vulgairement en disant que le
plomb pèse plus que le liège, ce qui, pris d'une façon absolue, n'a
pas de sens.

La masse de l'unité de volume d'un corps et son poids en un point
de la surface terrestre varient avec la nature du corps et constituent
des caractères qui permettent de reconnaître cette nature. On appelle
poids spécifique le poids de l'unité de volume.

La masse de l'unité de volume s'appelle *masse spécifique* ou *densité*.

On a, entre le poids spécifique p et la densité d d'un corps, la
relation générale qui existe entre le poids et la masse d'un corps
quelconque :

$$p = d \times g$$

g étant l'accélération de la pesanteur.

Le poids spécifique et la densité ainsi définis s'appellent poids spécifique et densité absolus.

123. Poids spécifique et densité relatifs. — On mesure en général
le poids spécifique, ou la densité, par rapport à un certain corps,
l'eau pour les solides et les liquides, l'air pour les gaz.

Si l'on désigne alors par p et d le poids spécifique et la densité du
premier corps, par p' et d' le poids spécifique et la densité du second,
on a :

$$p = dg$$
$$p' = d'g$$

et par conséquent :

$$\frac{p}{p'} = \frac{d}{d'}.$$

Donc, le poids spécifique et la densité *relatifs* sont égaux, à la condiffon que l'on prenne les unités correspondantes de poids spécifique et de densité.

C'est ce qui a lieu pour les solides et les liquides par rapport à l'eau, l'unité de volume d'eau ayant l'unité de masse.

Mais cela n'a plus lieu pour les gaz et l'air, comme nous le verrons plus loin (130), parce que l'unité de volume d'air n'a plus pour masse 1, mais 1^{gr},293.

124. Détermination des densités. — D'après la définition même, il suffit de peser un volume quelconque du corps, puis de déterminer la masse d'un égal volume d'eau, ou d'air, suivant que le corps considéré est solide, liquide ou gazeux.

125. Densité des solides. — Pour déterminer la *densité* d'un solide, on pourra par exemple le peser, puis le plonger dans un vase gradué contenant de l'eau. Le nombre de centimètres cubes dont le volume de l'eau a augmenté donne en grammes la masse de l'eau déplacée, ou la masse d'un volume d'eau égal au volume du corps.

En divisant le premier nombre par le second, on a la densité.

126. Méthode du flacon. — Les déterminations de volume étant toujours beaucoup moins précises que les mesures de masse effectuées avec la balance, on cherche à déterminer aussi par une pesée la masse du volume d'eau égal au volume du corps.

On place sur le plateau de la balance un flacon plein d'eau (fig. 57) et, à côté, le corps dont on veut déterminer la densité. On les équilibre avec de la tare et on remplace le corps par des masses marquées, qui maintiennent l'équilibre : on a ainsi la masse du corps.

Fig. 57.

On enlève ensuite les masses marquées, on introduit le corps dans le flacon, on l'essuie bien, on enlève toute l'eau déplacée et on remet le flacon contenant le corps sur le plateau de la balance. L'équilibre est rompu et les masses marquées qu'il faut mettre à côté du flacon pour le rétablir donnent la masse de l'eau déplacée par le corps.

La densité s'obtient en divisant la masse du corps par la masse de l'eau déplacée.

127. Densité des liquides. — Pour déterminer la densité d'un liquide, on remplit un flacon (fig. 58), très exactement jusqu'à un trait de repère, du liquide, puis d'eau et l'on détermine dans les deux cas la masse du liquide, puis de l'eau, qui remplit le flacon.

Pour ne pas avoir à peser le flacon, ce qui est inutile, on peut opérer ainsi :

On place sur le plateau de la balance le flacon vide et autour de lui des masses marquées très divisées, c'est-à-dire très nombreuses et de valeur très petite. On s'arrange de façon que leur masse totale soit à coup sûr plus grande que celle du plus dense des liquides remplissant le flacon. Puis on équilibre avec de la tare. Les masses qu'il faudra retirer pour rétablir l'équilibre quand le flacon sera plein de liquide représenteront la masse de ce liquide. On opérera de même avec l'eau et l'on divisera la première masse ainsi déterminée par la seconde : on aura la densité.

128. Formule relative à la densité (solides et liquides). — Si l'on appelle M la masse d'un volume V d'un corps solide ou liquide, et m la masse d'un même volume d'eau, $\dfrac{M}{m}$ est la masse spécifique relative du corps ; elle est égale à sa densité relative D et l'on a :

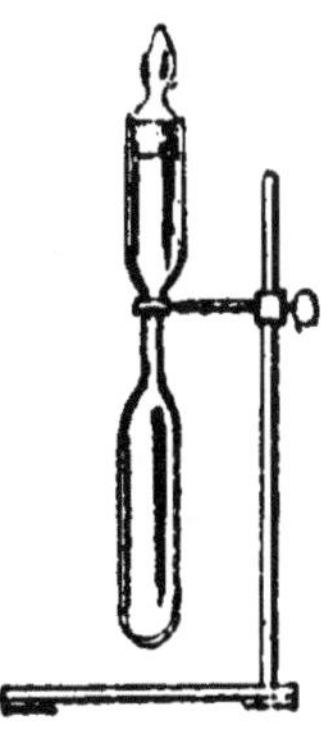

Fig. 58.

$$D = \frac{M}{m}.$$

Mais, d'après le choix des unités dans le système métrique, si l'on a soin de prendre des unités de masse et de volume correspondantes (gramme et centimètre cube par exemple), les nombres qui représentent la masse et le volume d'une même quantité d'eau sont égaux.

On a donc, numériquement :

$$m = V$$

D'où :

$$D = \frac{M}{V}.$$

et par conséquent :

$$M = V \times D$$

et pour le poids P de la masse M du corps :

$$P = V \times D \times g.$$

129. Densité des gaz. — La densité des gaz par rapport à l'air se détermine comme celle des liquides par rapport à l'eau.

On prend un ballon de verre, que l'on remplit successivement de gaz et d'air, et l'on détermine dans chaque cas la masse de gaz et la masse d'air qui remplissent le ballon. On divise le premier nombre par le second, ce qui donne la densité cherchée.

Mais, pour des raisons que nous verrons plus loin (278), il y a de nombreuses précautions à prendre.

130. Formule relative à la densité (gaz). — De même que précédemment, si l'on désigne par M la masse d'un volume V de gaz, par m la masse du même volume d'air et par D la densité relative du gaz, on a :

$$D = \frac{M}{m}.$$

Mais pour les gaz, afin de ne pas avoir de nombres trop faibles, on fait correspondre au gramme, unité de masse, le litre comme unité de volume, et le litre d'air a pour masse $1^{gr},293$, dans les conditions ordinaires comme nous le verrons plus loin (280). Donc V litres d'air ont pour masse :

$$m = V \times 1^{gr},193$$

On a, par suite :

$$D = \frac{M}{V \times 1^{gr},293}$$

D'où :
$$M = V \times D \times 1^{gr},293.$$

Telle est pour les gaz la valeur de la masse du volume V.
Le poids P de ce volume sera :

$$P = V \times D \times 1^{gr},293 \times g.$$

CHAPITRE III

ÉQUILIBRE DES SOLIDES PESANTS

§ 1ᵉʳ. — DÉFINITIONS GÉNÉRALES

131. Equilibre des corps soumis à la pesanteur. — Un solide pesant
est *en équilibre* lorsqu'il ne tombe pas.

Pour empêcher un corps de tomber, on le suspend par l'un de ses
points, ou bien on le fait reposer sur un plan horizontal.

Le corps ainsi fixé à un point, ou reposant sur un plan, s'immobi-
lise dans une position déterminée, qu'on appelle sa *position d'équilibre.*

132. Premières observations. — Observons par exemple ce qui
arrive avec un corps mobile autour d'un point
fixe, un triangle fixé à un point par exemple
(fig. 59).

Si ce point est quelconque, le triangle, placé
la base en bas, se met dans une position d'équilibre telle que, si on l'en écarte, il y revient; au
contraire, la pointe en bas, il peut aussi, très
difficilement, être mis en équilibre, mais quand
on l'en écarte, il s'en écarte davantage.

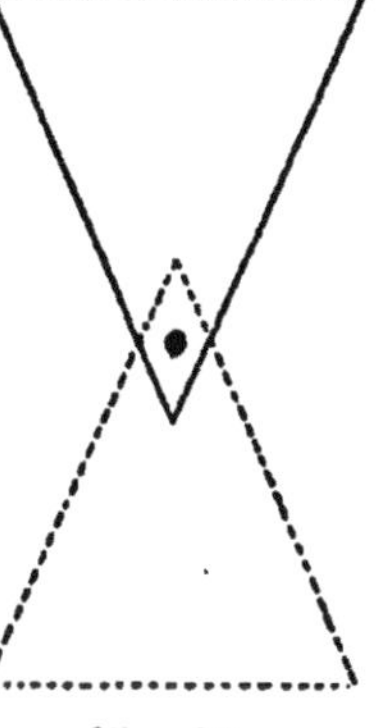

Fig. 59.

Observons maintenant ce qui arrive avec un
corps pesant reposant sur un plan horizontal.

Prenons par exemple un cône en bois et pla-
çons-le la base en bas (fig. 60); il est en équilibre et si on l'écarte de cette position, il y revient. Sur la pointe, il est difficile de le faire
tenir en équilibre, et au moindre écart le cône tombe. Enfin, si on
le fait reposer sur une génératrice, il est en équilibre dans n'importe
quelle position.

Un cylindre reposant sur la base, ou sur une génératrice, se comporte comme le cône dans les mêmes conditions.

Une sphère est toujours en équilibre sur un plan.

En cherchant si le triangle précédent peut aussi rester toujours en
équilibre, on trouve que, si le point de suspension est le centre de
gravité, le triangle est en équilibre dans n'importe quelle position.

133. Différents genres d'équilibre. — Lorsqu'un corps pesant est dans sa position d'équilibre et qu'on l'en écarte, on observe donc qu'il peut se présenter trois cas :

1º Le corps, écarté de sa position d'équilibre et abandonné à lui-même, y revient. On dit alors que l'équilibre est *stable*.

2º Le corps, écarté de sa position d'équilibre et abandonné à lui-

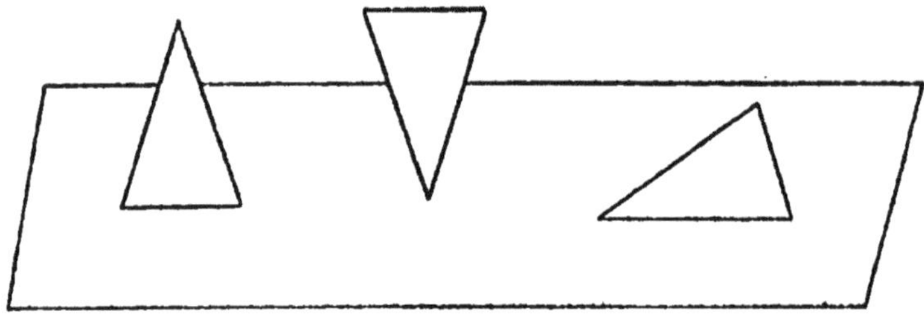

Fig. 60.

même, s'en éloigne davantage. On dit alors que l'équilibre est *instable*.

3º Le corps, écarté de sa position d'équilibre et abandonné à lui-même, reste en équilibre dans sa nouvelle position. On dit alors que l'équilibre est *indifférent*.

§ 2. — CONDITIONS D'ÉQUILIBRE

134. Equilibre d'un corps pesant mobile autour d'un point fixe. — Dans l'étude de l'équilibre des solides pesants, la considération du centre de gravité, déjà défini précédemment (77), joue un rôle important.

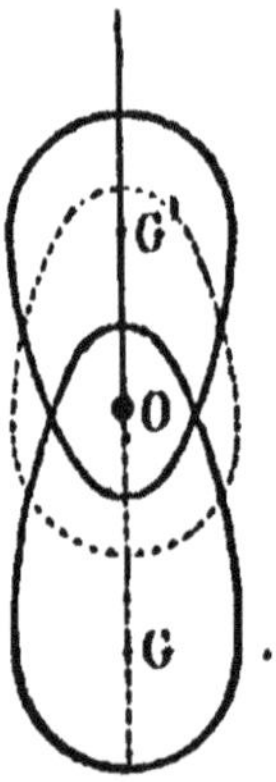

D'après la propriété fondamentale de ce point, la condition générale, nécessaire et suffisante, pour l'équilibre d'un corps pesant est que le centre de gravité ne puisse pas tomber plus bas.

Dans le cas d'un corps mobile autour d'un point fixe, l'équilibre aura lieu lorsque la verticale du centre de gravité passera par le point fixe (fig. 61).

Si le centre de gravité est au-dessus du point fixe, l'équilibre est instable ; s'il est au-dessous, l'équilibre est stable. S'il coïncide avec le point fixe, l'équilibre est indifférent.

Fig. 61.

135. Equilibre d'un corps reposant sur un plan horizontal. — Dans le cas d'un corps reposant sur un plan horizontal, pour que le centre de gravité ne puisse pas tomber plus bas, il faut et il suffit que la verticale de ce point ne passe pas en dehors de la *base de sustentation*, par laquelle le corps reposé sur le plan (fig. 62).

L'équilibre est stable si la verticale du centre de gravité passe dans l'intérieur de la base de sustentation, et d'autant plus stable qu'elle passe plus près du milieu. Il est instable, si le centre de gravité

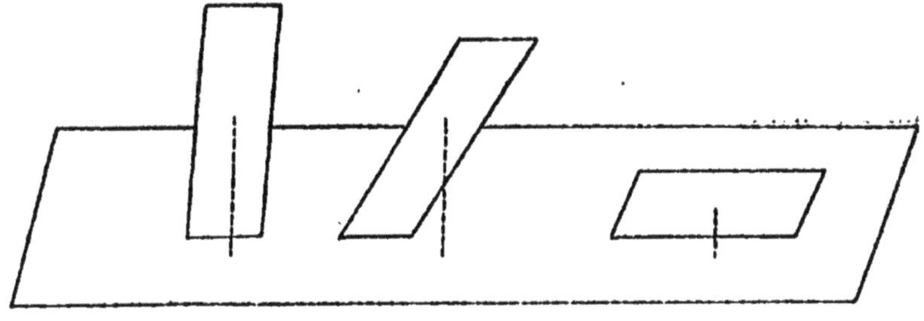

Fig. 62.

tombe sur le bord de cette base ; indifférent, si dans toutes les positions le centre de gravité est placé de la même façon par rapport au plan horizontal.

136. Applications. Stabilité des corps pesants. — Il résulte de ce qui précède que l'on augmente la *stabilité* d'un corps en abaissant

Fig. 63.

Fig. 64.

son centre de gravité, ou en augmentant la surface de la base de sustentation.

Le fait est mis expérimentalement en évidence par les expériences du poussah et de l'équilibriste.

Le *poussah* est une figurine (fig. 63) dont la partie inférieure, large et arrondie, est alourdie par du plomb ; quand on la couche, elle se relève.

L'*équilibriste* est une figurine que l'on fait reposer sur un support par la pointe du pied. Il est impossible de la maintenir dans cette position, si l'on n'a soin de lui attacher, au moyen de tiges, deux boules lourdes qui arrivent à un niveau inférieur à celui du point d'appui (fig. 64).

Dans la pratique, on a soin de rendre plus pesantes les bases des supports des appareils ; les murs des constructions ont plus d'épaisseur à la base.

LIVRE II

HYDROSTATIQUE (ÉQUILIBRE DES FLUIDES)

CHAPITRE PREMIER

PRESSION DANS LES LIQUIDES PESANTS

§ 1er. — SURFACE LIBRE

137. Définition. — L'hydrostatique est l'étude des fluides en équilibre : liquides et gaz.

138. 1° Liquides. — Les *liquides*, qui ont la propriété de *couler* doivent être contenus dans des récipients.

A sa partie supérieure, le liquide est limité par sa surface libre, qui le sépare de l'air environnant.

139. Surface libre d'un liquide en équilibre. — La *surface libre* d'un liquide pesant en équilibre est horizontale.

En effet, si elle ne l'était pas, elle serait inclinée (fig. 65) et les molécules du liquide, qui sont très mobiles, tomberaient le long de cette surface, ce qui serait contraire à l'hypothèse de l'équilibre.

Si le récipient présente plusieurs ouvertures et que la surface libre soit composée de plusieurs parties, ces différentes parties seront dans un même plan horizontal.

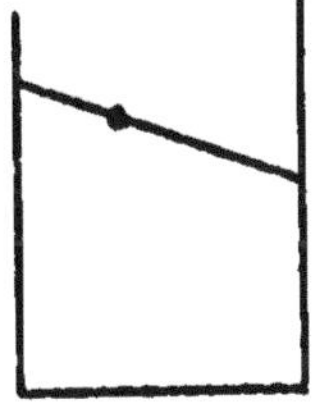

Fig. 65.

140. Application. Niveau d'eau. — On utilise cette propriété de la surface libre d'un liquide pour relever le profil d'un terrain, opération qu'on appelle un *nivellement*.

L'appareil employé à cet effet s'appelle *niveau d'eau*. Il se compose (fig. 66) d'un tube en fer-blanc recourbé à ses deux extrémités et portant deux fioles de verre sans fond. De l'eau colorée versée dans cet appareil donne deux surfaces libres qui sont toujours placées dans un même plan horizontal.

A ce niveau est joint une règle divisée en centimètres, le long de laquelle on fait glisser une mire rectangulaire.

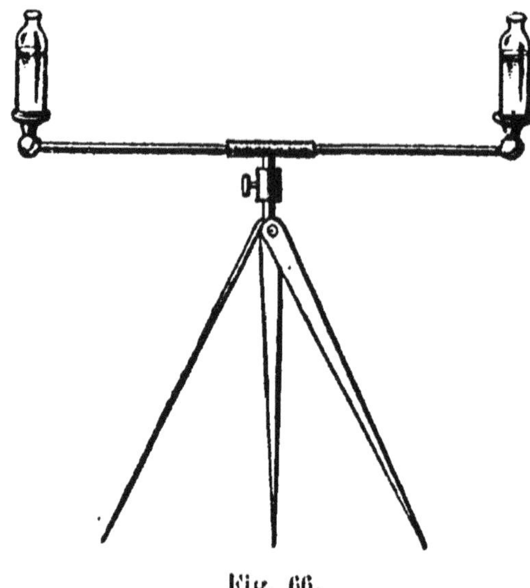

Fig. 66.

Pour faire un nivellement, pour déterminer, par exemple, la différence de niveau de deux points A et B d'un terrain (fig. 67), un opé

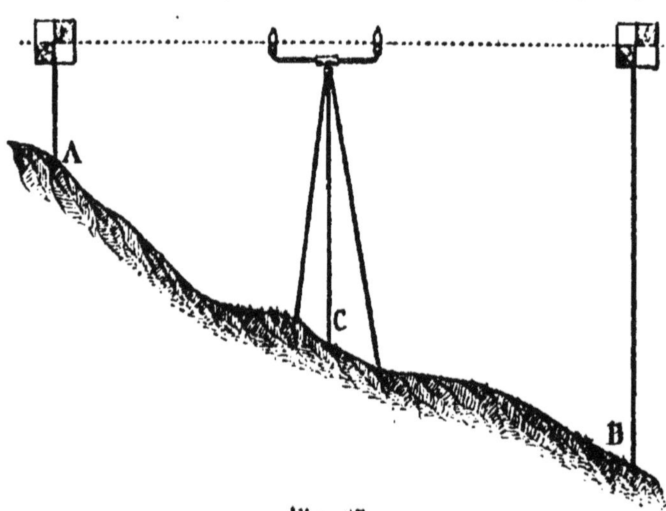

Fig. 67.

rateur se place avec le niveau en un point C intermédiaire ; un autre opérateur se place en A avec la règle et sa mire et, sur les indications du premier, il place la mire de façon que son centre soit dans le plan horizontal du niveau, et il lit sur la règle la distance du point A à ce niveau.

La même opération étant recommencée pour le point B, la différence d'altitude des deux points A et B est la différence de leurs distances au plan horizontal du niveau lues sur la règle.

§ 2. — PRESSIONS INTÉRIEURES

141. Pression. — Si l'on considère à l'intérieur d'une masse liquide en équilibre une petite surface horizontale s, elle doit supporter une pression produite par le poids du liquide qui la surmonte.

Si h est la hauteur verticale du liquide au-dessus de s, d la densité du liquide et g l'accélération de la pesanteur, cette pression a pour valeur $s h d g$.

Pour qu'elle ne tombe pas sous l'action de cette pression, il faut que celle-ci soit équilibrée par une pression égale et contraire, c'est-à-dire dirigée de bas en haut.

Fig. 68.

L'existence de cette pression de bas en haut et son égalité avec la pression de haut en bas sont mises en évidence par l'expérience suivante :

On prend un tube cylindrique de verre ouvert aux deux bouts, on ferme l'une des extrémités en y appliquant bien un disque, ou *obturateur*, tenu par une ficelle et on introduit l'appareil ainsi établi dans un vase contenant de l'eau (fig. 68). On peut alors lâcher la ficelle sans que le disque tombe. Pour la détacher, il faut verser dans le tube de l'eau à la même hauteur que dans le vase extérieur.

Pour rendre l'expérience plus visible, on peut colorer l'eau que l'on verse dans le tube.

Quand on parle de la pression sur une surface prise à l'intérieur d'un liquide, on entend la pression dans un sens aussi bien que dans l'autre.

142. Surfaces de niveau. — Avec l'appareil précédent, on peut vérifier ce principe, qui est fondamental dans toutes les questions d'hydrostatique : *Des surfaces égales prises dans un même plan horizontal d'un liquide pesant en équilibre supportent la même pression, qui est* égale au poids d'une colonne de liquide ayant pour base l'une des surfaces considérées et pour hauteur la distance du plan horizontal à la surface libre.

Tout plan horizontal s'appelle une *surface de niveau*.

143. Surfaces quelconques. — Une surface quelconque, inclinée, prise dans l'intérieur d'un liquide en équilibre, supporte également une pression de la part du liquide, ou plutôt deux pressions égales et contraires, perpendiculaires à la surface considérée.

Elles sont normales à la surface, sans quoi les molécules du liquide, qui sont très mobiles, se mettraient en mouvement dans le sens de la pression, en glissant sur les molécules voisines ; elles sont égales et contraires, sans quoi il ne pourrait y avoir équilibre.

Si l'on considère des surfaces très petites, les pressions qu'elles supportent sont indépendantes de l'orientation.

144. Liquides superposés. — Lorsqu'il y a simultanément dans un même récipient des liquides incapables de se mélanger, par exemple du mercure, de l'eau et de l'huile, ces liquides se superposent par ordre de densité décroissante de bas en haut.

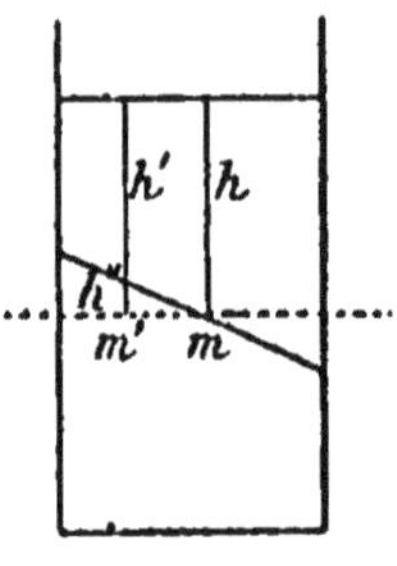

Fig. 69.

La surface libre est horizontale, ainsi que nous l'avons précédemment démontré (139).

La surface de séparation des deux premiers liquides est horizontale ; car, si l'on mène un plan horizontal qui coupe cette surface de séparation en m et si l'on prend dans ce plan horizontal deux surfaces égales, l'une en m, l'autre en m' (fig. 69), elles devront supporter des pressions égales (142).

La pression supportée par m est $mhdg$, d étant la densité du premier liquide ; la pression supportée par m' est $m'h'dg + m'h''d'g$, d' étant la densité du second liquide. On doit donc avoir :

$$mhdg = m'h'dg + m'h''d'g$$

ou, m étant égal à m', et h'' à $h - h'$,

$$hd = h'd + h''d'$$
$$(h - h')d = h''d'$$
$$h''d = h''d'$$
$$h''(d' - d) = 0$$

Les deux liquides étant supposés de densité différente, $d' - d$ ne peut être nul et il faut que $h'' = 0$, ce qui démontre la proposition.

On démontrerait de même, la première surface de séparation étant horizontale, que la seconde doit l'être aussi, et ainsi de suite.

145. Vases communicants. Cas d'un seul liquide. — On appelle vases communicants des vases quelconques qui communiquent ensemble par une tubulure inférieure, de forme quelconque.

Si l'on verse un liquide dans des vases communicants, il se met

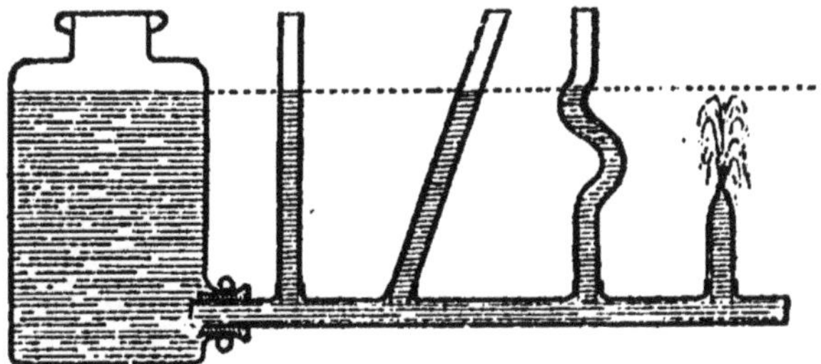

Fig. 70.

au même niveau dans tous ces vases : les diverses portions de la sur-

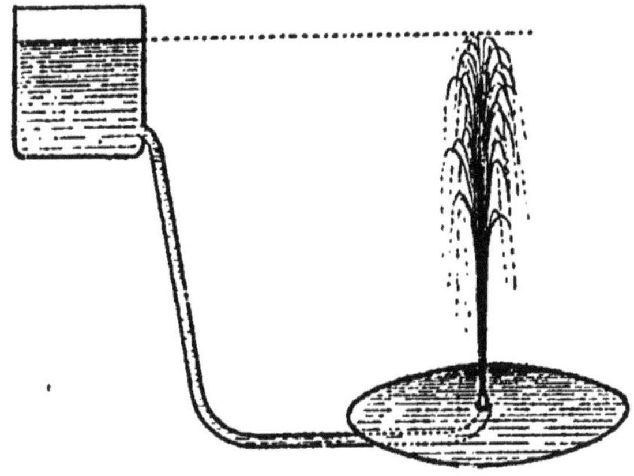

Fig. 71.

face libre que présente chacun des vases devant être dans un même

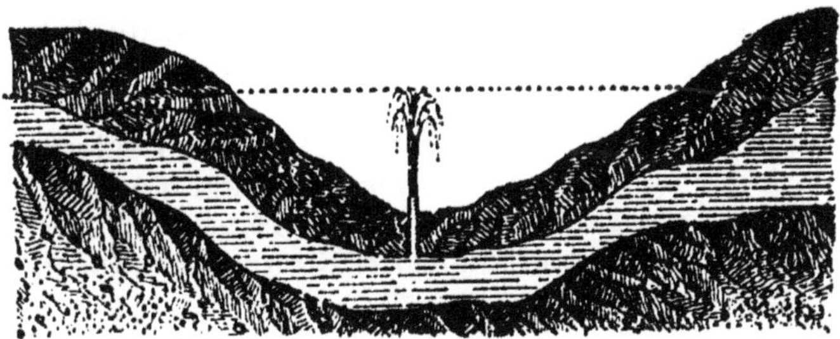

Fig. 72.

plan horizontal (139). On montre expérimentalement qu'il en est bien ainsi au moyen de l'appareil représenté figure 70.

Si l'un des vases n'est pas assez élevé pour que le liquide puisse y atteindre le niveau qu'il a dans les autres, ce liquide sortira du vase en jaillissant. C'est le principe par lequel on obtient les jets d'eau (fig. 71) et les puits artésiens (fig. 72).

146. Cas de deux liquides. — Si dans deux tubes verticaux communicants on verse d'abord du mercure puis d'un côté de l'eau, les surfaces libres des deux liquides sont horizontales, ainsi que la surface de séparation. Mais les surfaces libres ne sont plus dans un même plan horizontal. Leurs distances à la surface de séparation sont inversement proportionnelles aux densités des liquides.

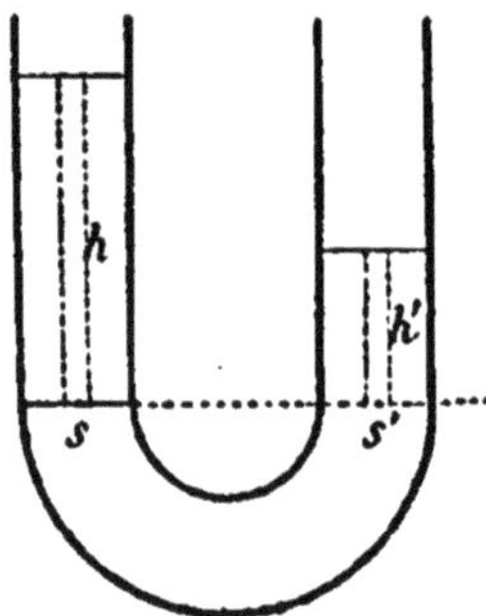

Fig. 73.

En effet, si l'on prend dans le plan horizontal de la surface libre deux surfaces égales s et s' dans chacune des deux branches, les pressions supportées doivent être égales (fig. 73). Elles ont pour expression $shdg$ et $s'h'd'g$. D'où :

$$shdg = s'h'd'g$$

ou, comme $s = s'$

$$hd = h'd'$$

C.q.f.d.

C'est là ce que l'on entend ordinairement par le principe des vases communicants.

§ 3. — Pressions sur les parois

147. Pression sur le fond des vases. — Les liquides, disait Pascal, pressent sur le fond des vases qui les contiennent en raison de leur hauteur.

On peut, avec plus de précision, énoncer le résultat suivant : *La pression exercée par un liquide sur le fond horizontal d'un vase qui le contient est égale au poids d'une colonne cylindrique de liquide ayant pour base le fond du vase et pour hauteur la distance verticale du fond à la surface libre.*

On le vérifie à l'aide de l'appareil de Masson, qui est un perfectionnement d'un appareil inventé autrefois par Pascal.

C'est un support formé d'un morceau de tube sans fond, sur lequel on peut visser des vases de formes différentes (fig. 74). Le fond commun de tous ces vases est un disque de verre, que l'on attache par le moyen d'un fil au plateau d'une balance hydrostatique, dont le fléau peut être élevé ou abaissé au moyen d'une vis agissant sur une crémaillière. On met de la tare dans l'autre plateau et l'on relève le fléau de manière que le disque, ou obturateur, soit fortement appliqué contre les bords du vase. On verse de l'eau jusqu'à ce que l'ob-

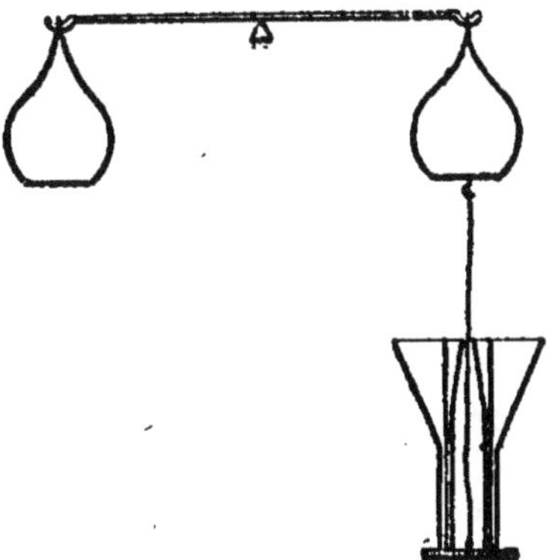

Fig. 74.

turateur cède, on note cette hauteur au moyen d'un index porté par l'appareil.

En vissant sur le support successivement les différents vases, on voit que pour détacher l'obturateur il faut toujours verser la même hauteur d'eau.

On mesure la pression que supportait l'obturateur figurant le fond du vase en le détachant et mettant dans le plateau des poids marqués qui fassent équilibre à la tare.

148. Pression sur les parois latérales. — Le liquide exerce des pres-

Fig. 75.

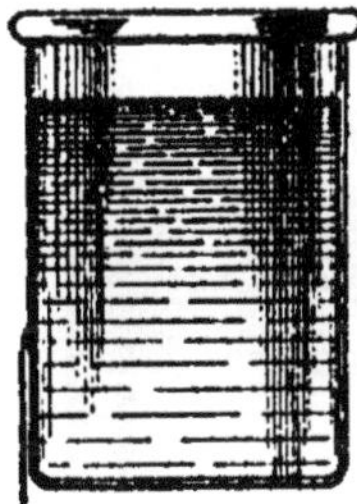

Fig. 76.

sions non seulement sur le fond, mais aussi sur les parois latérales de son récipient.

L'existence et la direction des pressions sur les parois latérales d'un vase sont mises en évidence par ce fait que, lorsqu'on pratique une ouverture dans la paroi d'un vase, le liquide s'écoule en se dirigeant d'abord perpendiculairement à la paroi (fig. 75). S'il n'y avait pas de pression, le liquide tomberait tout de suite verticalement (fig. 76) ; mais sous l'influence de la pression et de la pesanteur, le liquide décrit une parabole.

La pression sur un élément de paroi latérale est égale au poids d'un cylindre de liquide ayant pour base l'élément considéré et pour hauteur sa distance à la surface libre.

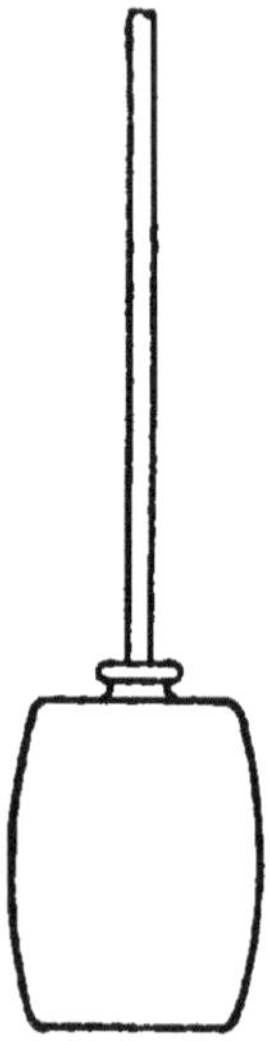

Ceci est une conséquence de ce que la pression sur un élément de surface est indépendante de l'orientation de cet élément.

Il en résulte que la pression exercée sur deux éléments de paroi situées dans un même plan horizontal sont égales. Si, en tenant compte de la direction de la pression, on choisit deux éléments sur lesquels les pressions soient égales et opposées, et qu'on pratique à la place de l'un d'eux une ouverture par laquelle le liquide s'écoule, la pression de ce côté n'existant plus, le récipient se mettra en mouvement sous l'influence de la pression égale et opposée, c'est-à-dire en sens inverse de l'écoulement du liquide.

C'est ce qui arrive avec le *chariot hydraulique* (fig. 78) et avec le *tourniquet hydraulique* (fig. 79).

Pascal a montré par une expérience célèbre, l'expérience dite *du tonneau de Pascal*, que l'on peut avec très peu d'eau, occupant une grande hauteur, exercer une pression considérable sur les parois d'un vase. En implantant sur

Fig. 77.

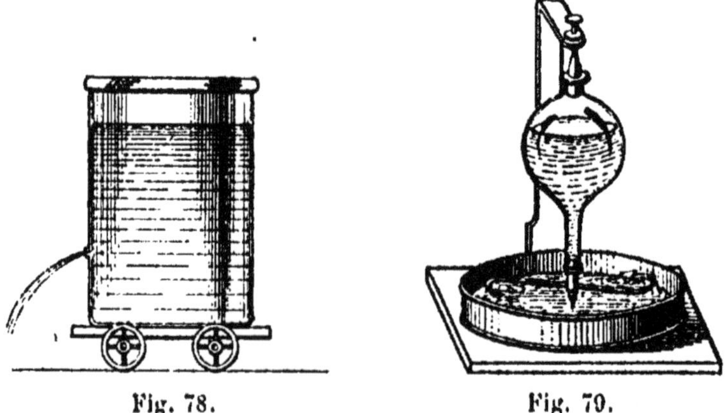

Fig. 78.   Fig. 79.

un tonneau un long tube de verre dans lequel on verse de l'eau, le tonneau éclate (fig. 77).

149. Paradoxe hydrostatique. — La pression sur le fond d'un vase peut être égale, inférieure, ou supérieure au poids du liquide contenu dans le vase (fig. 80).

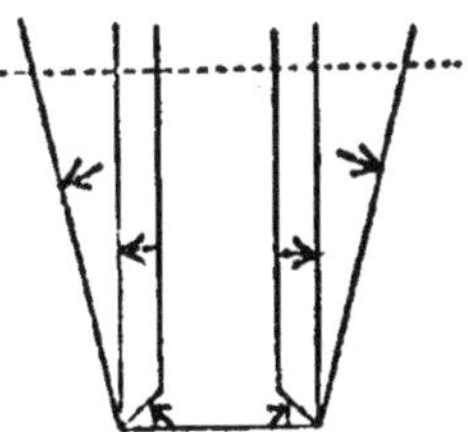

Fig. 80.

Il peut paraître extraordinaire que le poids, c'est-à-dire l'effort exercé sur le plateau de la balance, soit différent de la pression exercée sur le fond. Mais, si l'on tient compte de la direction des pressions sur les parois, on voit que dans le vase cylindrique les pressions latérales sont égales et opposées et se neutralisent ; dans le vase plus large en haut, les pressions latérales sont dirigées vers le bas et ajoutent leur effet à celui de la pression sur le fond ; tandis que dans le vase plus étroit en haut, les pressions latérales sont dirigées vers le haut et retranchent leur effet de celui de la pression sur le fond.

CHAPITRE II

TRANSMISSION DES PRESSIONS

§ 1. — PRINCIPE DE PASCAL

150. Principe de Pascal. — La façon dout les pressions s'exercent et se transmettent dans les liquides ont conduit Pascal à énoncer un principe, qui est le fondement de l'hydrostatique et qui résume tous les résultats précédents. On lui donne généralement aujourd'hui la forme suivante :

Toute pression exercée sur une surface d'un liquide en équilibre se transmet normalement et intégralement sur toute surface égale.

On vérifie que la pression se transmet *normalement* avec la sphère de Pascal. C'est une sphère munies d'un tube dans lequel se meut un piston (fig. 81) ; en différents points de la sphère sont pratiquées des ouvertures munies de petits tubes à ouvertures très fines, de manière que, la sphère étant pleine d'eau, celle-ci ne s'écoule pas par ces ouvertures. Si l'on enfonce le piston, l'eau s'écoule par toutes les ouvertures à la fois, et sa direction primitive est en chaque point perpendiculaire à la paroi.

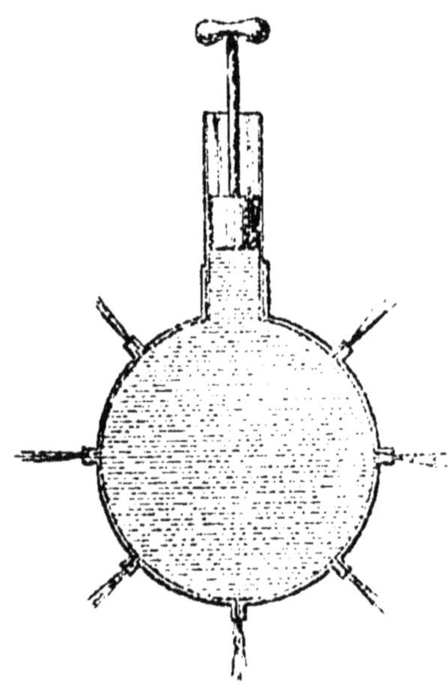

Fig. 81.

On vérifie que la pression se transmet *intégralement*, c'est-à-dire avec la même valeur, sur toute surface égale avec un appareil formé de deux cylindres de sections inégales, qui communiquent par un tube inférieur et dans lesquels peuvent se mouvoir deux pistons (fig. 82).

Si l'un des deux pistons a une surface quatre fois plus grande que celle de l'autre, et si l'on presse le plus petit piston avec une masse de 1 kilogramme, le grand piston supportera sur chacun de ses quarts une pression égale, la pression totale sur sa surface sera donc quatre fois plus grande et il faudra pour l'empêcher de monter presser sur lui avec une masse de 4 kilogrammes.

Il semble par là que l'on peut multiplier à volonté la force à l'aide de cet appareil ; mais, si le petit piston s'enfonce de 40 centimètres, l'eau envoyée dans l'autre cylindre, où la section est quatre fois plus grande ne s'élèvera que de 10 centimètres et le piston correspondant

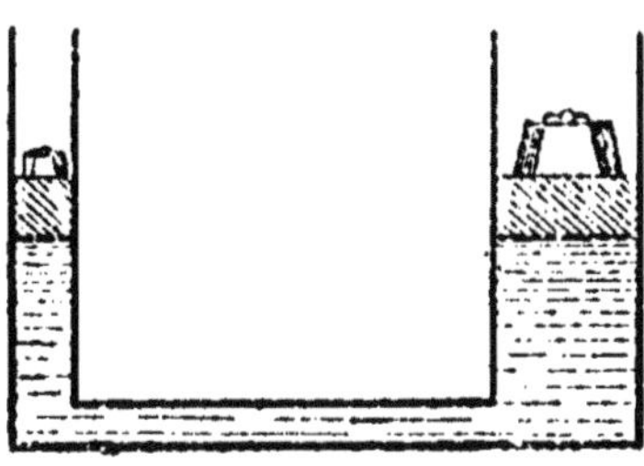

Fig. 82.

aussi. On vérifie dans un cas particulier ce principe général de mécanique, que *ce que l'on gagne en force on le perd en chemin parcouru, ou en vitesse.*

Pratiquement, l'expérience n'est pas concluante : ou bien les pistons ne tiennent pas bien, et le liquide passe entre les cylindres et les pistons ; ou bien, les pistons tiennent bien, mais il y a alors un frottement considérable.

151. Presse hydraulique. — Le principe de Pascal trouve une application immédiate dans la *presse hydraulique.*

Cet appareil (fig. 83) se compose de deux cylindres de diamètres très différents dans lesquels se trouvent des pistons. Pour éviter les fuites, ces pistons ne sont pas du même diamètre que le cylindre correspondant, ils sont plongeurs, c'est-à-dire qu'ils sont de diamètre moindre que celui du cylindre, et ils passent tout simplement dans des boîtes plus étroites qui ferment le cylindre à la partie supérieure. Du côté du piston le plus large, où la pression est beaucoup plus forte et où il faut éviter toute perte de liquide, on emploie un cuir embouti (fig. 84) en forme de rigole dont le fond est dirigé vers le haut et que l'on place dans une cavité de même forme disposée dans le haut du cylindre. Le liquide en pressant sur ce cuir en applique fortement les parois contre le cylindre et contre le piston et cela d'autant plus fort que la pression est plus forte.

Les deux cylindres communiquent par un tuyau, le tout est plein d'eau et le petit cylindre est muni à la partie inférieure d'un système de pompe aspirante (230) qui puise l'eau dans un réservoir à mesure que le large piston s'élève. Celui-ci est surmonté d'un plateau sur lequel on dispose le corps à presser, qui se trouve placé ainsi entre le piston et un butoir supérieur fixe.

Le petit cylindre est mis en mouvement par une tige de levier, mobile autour d'un point O. Le bras de levier de la main de l'opérateur est beaucoup plus grand que celui de la tige du piston. La

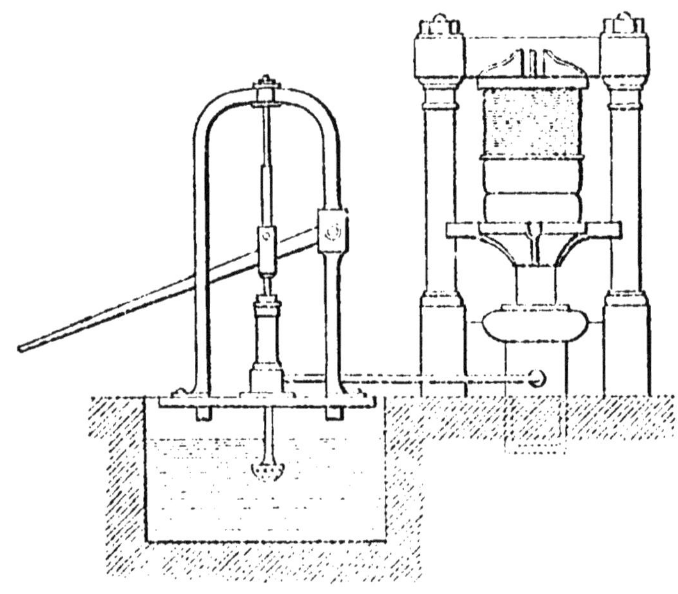

Fig. 83.

pression exercée est déjà amplifiée. Celle qui se trouve exercée sur le grand piston est encore considérablement amplifiée, dans le rapport des surfaces des deux pistons, d'après le principe de Pascal.

152. Accumulateurs. — Dans les usines, lorsqu'on veut exercer par le moyen d'une presse hydraulique une pression constante, on interpose entre la pompe d'alimentation et la presse, un appareil appelé *accumulateur*.

Fig. 84.

Il est surtout employé pour transmettre la pression constante à diverses presses, que l'on fait fonctionner d'une façon intermittente.

L'accumulateur se compose d'un corps de pompe vertical, long et étroit, dans lequel se meut un piston; la tige en est reliée par des brides horizontales et de longs boulons verticaux à un manchon cylindrique qui entoure le corps de pompe et que l'on peut charger de rondelles pesantes, plus ou moins nombreuses suivant la pression à obtenir. A sa partie inférieure, le corps de pompe communique par des conduits avec les pompes d'alimentation et les presses.

Les pompes d'alimentation envoient de l'eau au corps de pompe de l'accumulateur, tant que le piston de celui-ci n'est pas au point le plus haut de sa course. On transmet la pression aux presses en ouvrant les robinets des conduits qui les font communiquer avec l'accumulateur.

§ 2. — PRINCIPE D'ARCHIMÈDE

153. Poussée. — Lorsqu'un corps est plongé dans un liquide, chacun des éléments de sa surface extérieure supporte de la part du liquide une pression qui peut se calculer d'après les principes déjà énoncés.

Il en résulte sur le corps plongé une pression totale, dont la valeur a été donnée par Archimède qui a énoncé le théorème suivant, appelé *principe d'Archimède:*

Fig. 85.

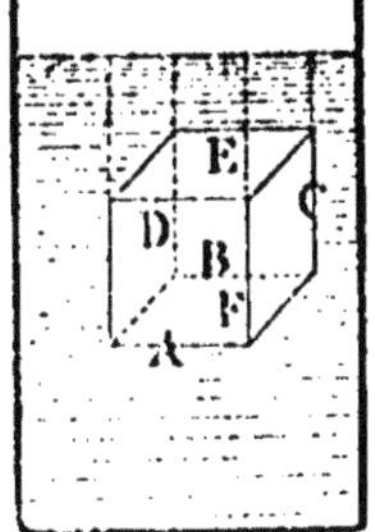

Fig. 86.

Tout corps plongé dans un liquide éprouve une poussée verticale de bas en haut égale au poids du liquide déplacé.

On peut s'en rendre compte théoriquement en remarquant que le corps A (fig. 85) tient la place d'une masse de liquide de même volume extérieur, qui subissait de la part du liquide environnant une pression égale à celle qu'éprouve le corps solide. Or, la masse liquide était en équilibre, sous l'action de son poids et de cette pression ; donc la pression de la part du liquide était égale et directement opposée au poids du liquide.

On s'en rend compte d'une façon plus précise encore en considérant un solide ayant la forme d'un cube (fig. 86), en calculant d'après les lois de l'hydrostatique les pressions supportées par chacune de ses faces et en en faisant la somme algébrique.

Les faces opposées A et B, C et D, placées à la même profondeur dans le liquide et parallèles entre elles, supportent des pressions égales et directement opposées, qui se détruisent. La face supérieure E supporte une pression verticale de haut en bas, égale au poids d'un prisme de liquide ayant pour base la surface s et pour hauteur h, soit

$s\,h\,d\,g$; la face inférieure F supporte une pression verticale de bas en haut, égale au poids d'un prisme de liquide de même surface s et de hauteur h', soit $s\,h'\,d\,g$. La somme algébrique de ces deux pressions est

$$shdg - sh'dg = s(h - h')dg = - s(h' - h)dg$$

$h - h'$ étant la hauteur du cube, cette expression représente le poids d'un cube de liquide égal au cube considéré, le signe indiquant que la pression a lieu de bas en haut.

Le *centre de poussée* est le point d'application de la pression exercée par un liquide sur un corps. Il coïncide, d'après ce qui précède, avec le centre de gravité du liquide déplacé.

154. Contre-poussée. — En même temps que le corps plongé éprouve une poussée verticale de bas en haut, il réagit sur le liquide et lui imprime une poussée verticale de haut en bas égale à la poussée qu'il éprouve lui-même, c'est-à-dire au poids du liquide déplacé.

Cet effet se traduit par une augmentation de la pression exercée par le liquide sur les parois de son récipient, égale au poids du liquide déplacé par le corps.

Il est facile de se rendre compte de cette augmentation de pression par ce fait qu'en plongeant le corps dans le liquide on fait monter le niveau du liquide dans le vase et on augmente son volume apparent extérieur du volume du corps plongé.

155. Vérification expérimentale. — On peut, par l'expérience, vérifier simultanément le principe d'Archimède et la contre-poussée.

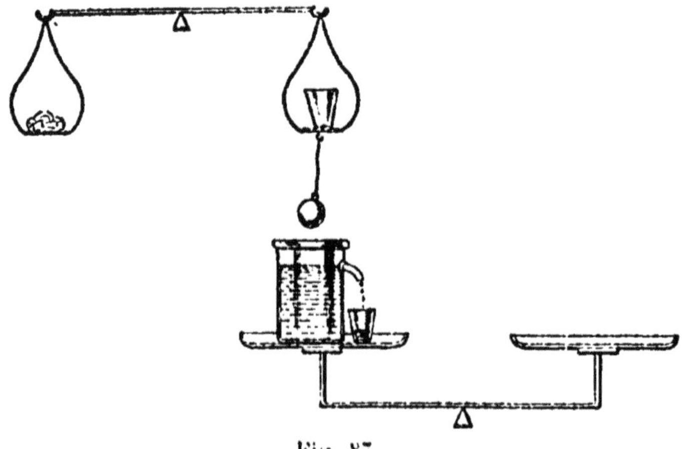

Fig. 87.

Pour cela, on suspend un corps quelconque sous le plateau d'une balance hydrostatique et l'on met sur le plateau d'une balance de

Roberval un vase en verre exactement plein d'eau jusqu'à un niveau donné par un trop-plein (fig. 87) ; deux verres identiquement de même poids sont placés l'un sur le plateau de la balance hydrostatique

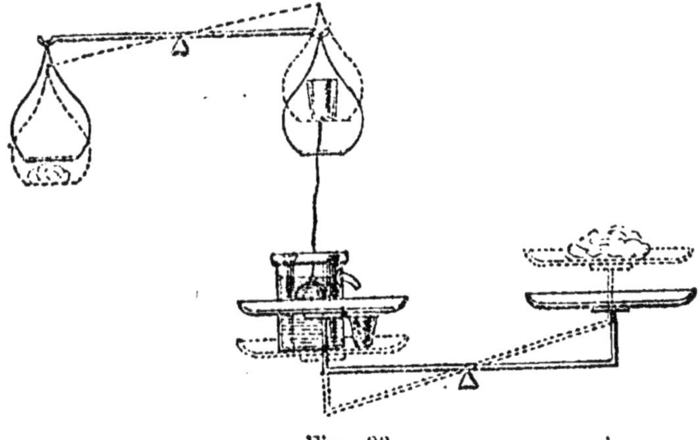

Fig. 88.

auquel est attaché le corps, l'autre sur le plateau de la balance de Roberval, à côté du vase plein d'eau et de manière à recevoir l'eau qui s'écoulera par le trop-plein.

Les choses étant ainsi disposées, on équilibre sur chacune des balances avec de la tare le système correspondant. Puis on abaisse le fléau de la balance hydrostatique de façon à faire plonger le corps dans l'eau : aussitôt l'équilibre est rompu sur les deux balances

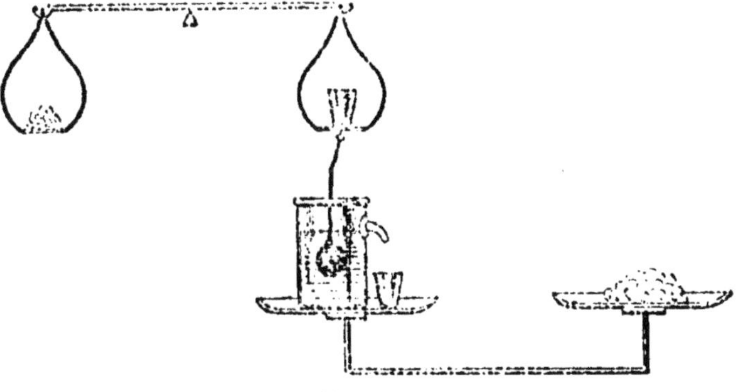

Fig. 89.

(fig. 88). La balance hydrostatique s'incline du côté de la terre, accusant une poussée de bas en haut sur le corps plongé, et la balance de Roberval s'incline du côté du vase, mettant en évidence une contre-poussée de haut en bas sur le liquide.

Lorsque le corps est entièrement plongé et que tout le volume de liquide déplacé s'est écoulé dans le verre, il suffit pour rétablir l'équilibre d'échanger le verre vide avec le verre où s'est écoulé le liquide (fig. 89) ce qui démontre le principe énoncé.

156. Conséquences. — Lorsqu'un corps est plongé dans un liquide, il est donc soumis à deux forces opposées : son poids P, appliqué à son centre de gravité G, et la poussée P' appliquée au centre de gravité C du liquide déplacé (fig. 90).

Trois cas peuvent se présenter :

Si $P > P'$, le corps tombe dans le liquide sous l'action d'une force égale à $P - P'$.

Si $P = P'$, le corps reste en équilibre au milieu du liquide.

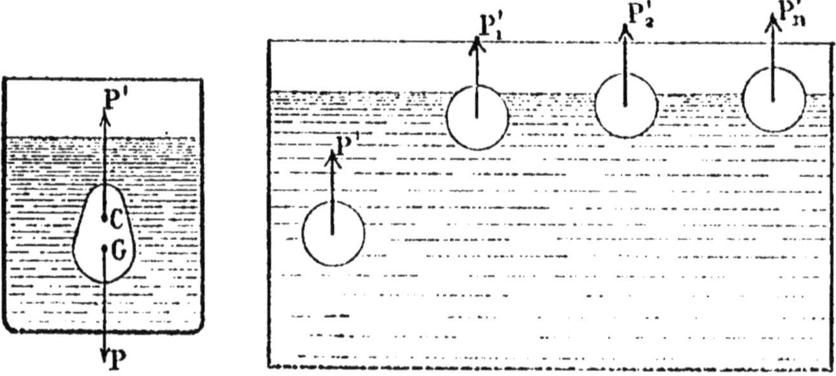

Fig. 90.   Fig. 91.

Enfin, si $P < P'$, le corps s'élève dans le liquide sous l'action de la force $P' - P$, tant qu'il est entièrement plongé.

A partir d'un certain moment, il commence à sortir de l'eau. Les poussées P'₁, P'₂, P'₃... vont alors en diminuant (fig. 91). Il s'arrête et flotte quand on a : $P'n = P$.

§ 3. — CORPS FLOTTANTS

157. Principe des corps flottants. — Un corps *flotte* lorsqu'il est en équilibre à la surface d'un liquide, une partie étant immergée dans le liquide et une autre partie dans l'air. Par exemple, un morceau de liège sur l'eau, un morceau de fer sur le mercure.

D'après les conséquences du principe d'Archimède (156), *lorsqu'un corps flotte, son poids est égal à la poussée qu'éprouve de la part du liquide la partie immergée.*

Cet énoncé porte en physique le nom de *principe des corps flottants.*

158. Vérification expérimentale. — On peut le vérifier expérimentalement avec l'appareil de M. Boudréaux (fig. 92).

On suspend sous le plateau de la balance hydrostatique, et au-dessus d'un vase à déversoir plein de liquide jusqu'au trop-plein, un corps capable de flotter sur ce liquide. On place sur le plateau un verre et

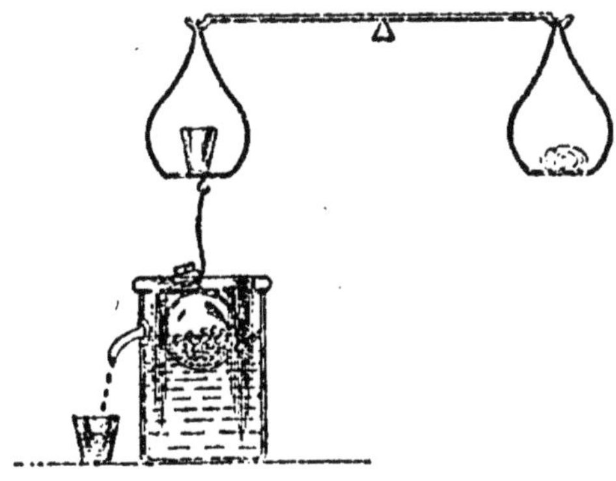

Fig. 92.

un autre identiquement de même poids à côté du vase à déversoir et de manière à recueillir le liquide. On équilibre avec de la tare le système du corps suspendu et du verre sur le plateau, puis on abaisse le fléau de la balance hydrostatique de façon à faire flotter le corps dans le liquide. Le liquide déplacé par la partie immergée du corps flottant s'écoule dans le verre, l'équilibre de la balance est rompu par suite de la poussée qu'éprouve cette partie immergée, et pour rétablir l'équilibre il suffit de remplacer sur le plateau de la balance le verre vide par le verre où s'est écoulé le liquide et de détacher le corps flottant. Ce qui démontre le principe.

159 Equilibre des corps flottants. — Un corps flottant est soumis

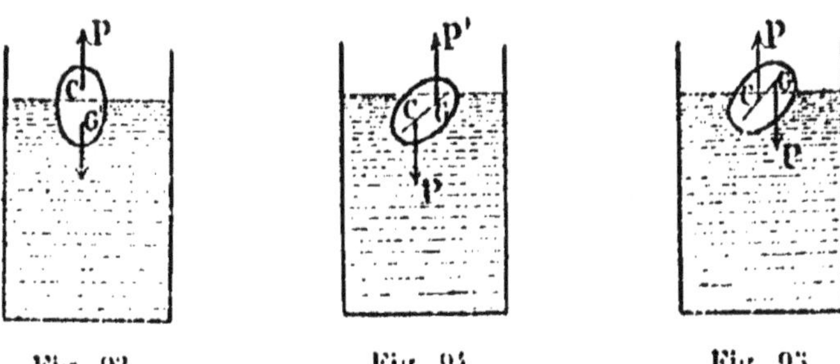

Fig. 93.   Fig. 94.   Fig. 95.

à deux forces : son poids P, dirigé de haut en bas et appliqué à son centre de gravité G, et la poussée, dirigée de bas en haut et appliquée au centre de gravité C du liquide déplacé.

Pour qu'il y ait équilibre, il faut et il suffit que ces deux forces se détruisent; c'est-à-dire qu'elles soient égales et directement opposées, que le centre de poussée soit sur la verticale du centre de gravité du corps (fig. 93).

L'équilibre sera stable, si le centre de gravité est au-dessous du centre de poussée, parce qu'alors (fig. 94) le corps écarté de la position d'équilibre tend à y revenir.

L'équilibre sera instable, si le centre de gravité est au-dessus du centre de poussée, parce qu'alors (fig. 95) le corps écarté de sa position d'équilibre tend à s'en écarter davantage.

Enfin l'équilibre est indifférent si le centre de gravité coïncide avec le centre de poussée. Cela est évident.

§ 4. — APPLICATIONS

160. Détermination des densités. — Le principe d'Archimède trouve principalement son application dans la détermination des densités et les divers usages des aréomètres.

Nous avons en effet défini la densité d'un corps (122) le rapport de la masse de ce corps à la masse d'un égal volume d'eau. Or, cette dernière peut être évaluée en mesurant la masse d'eau équivalente à la poussée que le corps éprouve dans ce liquide.

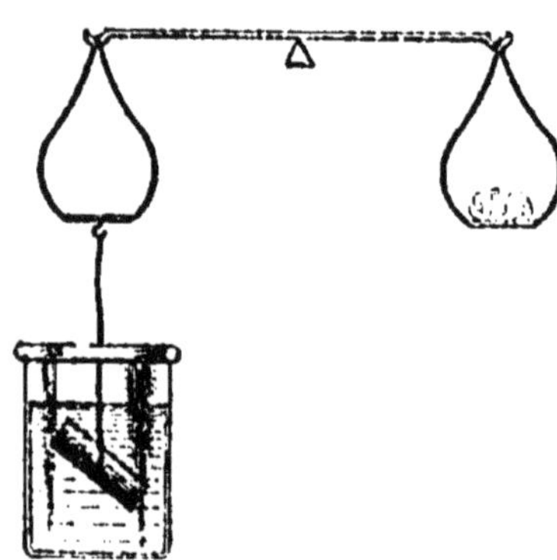

Fig. 96.

161. Méthode de la balance hydrostatique. — Avec la balance hydrostatique en particulier, il est facile d'évaluer en grammes la poussée éprouvée par un corps plongé. On peut donc utiliser cet appareil à mesurer la densité des corps.

S'il s'agit d'un *solide*, on opère ainsi: On suspend le corps sous le plateau de la balance (fig. 96), on l'équilibre avec de la tare, puis on l'enlève et on le remplace par des masses marquées, de valeur M, qui rétablissent l'équilibre; M est la masse du corps.

On enlève les masses marquées, on suspend de nouveau le corps et on abaisse le fléau de la balance de façon à faire plonger le corps dans l'eau; l'équilibre est rompu, et pour le rétablir, il faut mettre dans le plateau des masses marquées m, qui représentent la masse du volume d'eau déplacé par le corps.

$$\frac{M}{m} \text{ est la densité du corps.}$$

S'il s'agit d'un *liquide*, on suspend sous l'un des plateaux de la balance hydrostatique une boule en verre lestée avec du mercure et dont il est inutile d'avoir le poids. On l'équilibre avec de la tare (fig. 97).

On abaisse le fléau de manière à faire plonger la boule dans le liquide dont on veut déterminer la densité. L'équilibre est rompu et pour le rétablir il faut mettre dans le plateau des masses marquées M qui représentent la masse du volume de liquide déplacé par la boule.

On enlève les masses M et l'on fait plonger la boule dans l'eau. Pour rétablir l'équilibre, il faut cette fois mettre dans le plateau des masses m qui représentent la masse du volume d'eau déplacé par la boule.

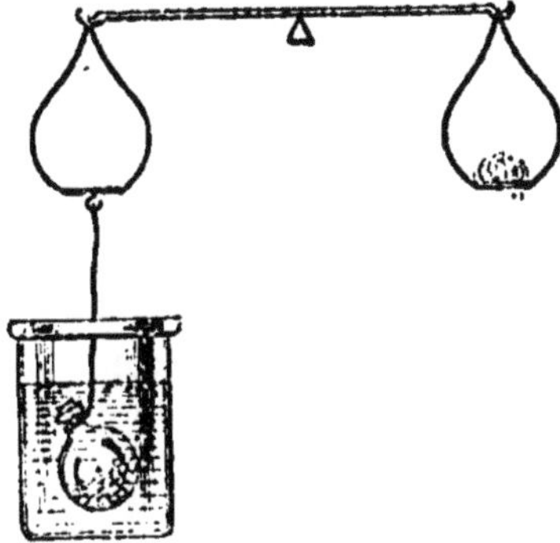

Fig. 97.

$$\frac{M}{m} \text{ est la densité du liquide.}$$

162. Aréomètres en général. — Les *aréomètres* sont des appareils flotteurs, que l'on plonge dans l'eau et dans les différents liquides, et qui, d'après leur construction, peuvent donner sur ces liquides des renseignements variés.

Leur usage est fondé le plus généralement sur le principe des corps flottants.

On les divise en deux groupes bien distincts :

1° Les aéromètres à *volume constant* qui doivent dans les différents liquides affleurer toujours en un même point et qu'il faut pour cela surcharger plus ou moins, suivant la densité des liquides où on les plonge.

A ce groupe appartiennent les aréomètres de Nicholsonn et de Fahrenheit, qui servent à déterminer la densité des solides et des liquides.

2° Les aréomètres à *poids constant*, qui sont simplement lestés de manière à flotter dans les divers liquides et qui ne reçoivent jamais de surcharges; ils enfoncent alors de quantités différentes dans les différents liquides et on les gradue en traçant sur eux des échelles établies d'après certaines règles que nous verrons plus loin.

163. Aréomètre de Nicholsonn. — *L'aréomètre de Nicholsonn,* employé pour déterminer la densité des solides, se compose d'un cylindre en fer-blanc verni, terminé par deux cônes de même substance. Le cône supérieur est muni d'une tige qui supporte un plateau ; au cône inférieur on peut attacher une petite corbeille très lourde, qui leste l'appareil (fig. 98).

Pour déterminer la densité d'un solide, on place l'appareil dans de l'eau que contient un récipient quelconque ; la boite en fer-blanc qui contient l'aréomètre peut remplir cet office. On met sur le plateau supérieur un morceau du corps à étudier et on ajoute de la tare pour produire l'affleurement de l'appareil dans l'eau à un trait marqué sur la tige. On retire alors le corps et on le remplace par des masses marquées M, qui rétablissent l'affleurement. M est la masse du corps.

On enlève ensuite ces masses M et on met le corps dans la corbeille inférieure. L'affleurement au trait marqué ne se produit plus, parce que le corps n'agit plus sur l'appareil qu'avec son poids diminué de la poussée dans l'eau. Pour le rétablir, il faut ajouter dans le plateau supérieur des masses marquées *m*, qui représentent en grammes la valeur de la poussée, ou la masse du volume d'eau déplacé.

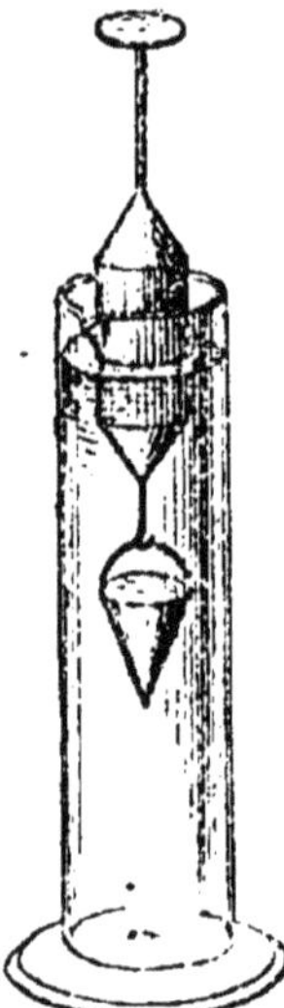

Fig. 98.

$$\frac{M}{m} \text{ est la densité du corps.}$$

164. Aréomètre de Fahrenheit. — *L'aréomètre de Fahrenheit,* employé pour déterminer la densité des liquides, se compose d'une boule en verre soufflé, à laquelle on a donné une forme allongée et qui est lestée avec du mercure ; à la partie supérieure, une tige, sur laquelle est marqué un trait de repère, supporte un plateau (fig. 99).

Pour déterminer la densité d'un liquide quelconque, on plonge l'appareil dans ce liquide et on ajoute sur le plateau supérieur des masses marquées *m*, de façon à produire l'affleurement au trait marqué. Si M est en grammes la masse de l'appareil seul, $M + m$ représente, d'après le principe des corps flottants, la masse de liquide dont le volume est égal à celui de l'appareil jusqu'au trait marqué.

Fig. 99.

On enlève ensuite les masses marquées *m*, on sort l'appareil C du liquide et on l'essuie soigneusement. On le plonge dans l'eau et on le surcharge de masses *m'* pour produire de nouveau l'affleurement.

D'après le même principe, la masse d'eau déplacée est représentée par $M + m'$.

La densité de liquide est donc $\dfrac{M + m}{M + m'}$.

On remarquera qu'avec l'aréomètre de Fahrenheit, il est indispensable de connaître la masse M de l'appareil, tandis que cela est inutile pour se servir de l'aréomètre de Nicholsonn.

164. Aréomètres à poids constant. — Les aréomètres *à poids constant* sont tous formés d'un tube de verre, terminé en bas par une partie renflée, au-dessous de laquelle est une boule ; cette boule contient le lest, mercure ou grains de plomb, introduit une fois pour toutes au moment de la construction et dont le poids ne change pas dans les diverses circonstances où l'on emploie l'appareil (fig. 100). Le tube de verre supérieur, ou tige, aussi exactement cylindrique que possible, est gradué d'après les quantités que l'on veut mesurer.

On peut d'une façon générale diviser les aréomètres à poids constant en trois classes :

1° Les aréomètres de Baumé, *pèse-acides*, *pèse-liqueurs*, qui font connaître le degré de concentration d'un mélange d'acide et d'eau, d'une solution saline, d'un mélange d'alcool et d'eau, etc.

2° Les *densimètres*, gradués pour faire connaître directement la densité des liquides.

Fig. 100.

3° Les *alcoomètres*, dont le seul usité en France est l'*alcoomètre centésimal* de Gay-Laussac, qui fait connaître dans un mélange d'alcool et d'eau le tant p. 100 d'alcool.

166. Aréomètres de Baumé. — Les *aréomètres* de Baumé, encore très employés dans le commerce et les laboratoires, peuvent se diviser en deux groupes : les pèse-acides et les pèse-liqueurs.

Les *pèse-acides* ou *pèse-sels*, destinés aux liquides plus denses que l'eau, se graduent en lestant l'appareil de manière à ce qu'il enfonce dans l'eau jusque vers le haut de la tige, en un point où l'on marque 0 ; puis on le plonge dans un mélange de 15 parties de sel pour 85 d'eau et au point où il affleure on marque 15. On divise l'intervalle en 15 parties égales et on prolonge les divisions vers le bas de la tige. C'est avec ces appareils que l'acide sulfurique concentré marque 66°.

Les *pèse-liqueurs* ou *pèse-esprits*, employés pour les liquides moins denses que l'eau, sont d'abord lestés de façon à s'enfoncer jusque vers le bas de la tige dans un mélange de 10 parties de sel marin pour 90 d'eau; au point d'affleurement, on marque 0. Puis on le plonge dans l'eau pure et au point d'affleurement, supérieur au précédent, on marque 10. L'intervalle est divisé en 10 parties égales et les divisions prolongées vers le haut de la tige.

Les pèse-liqueurs sont beaucoup moins employés que les pèse-acides ou pèse-sels. Pour les alcools, on emploie l'alcoomètre.

167. Densimètres. — Pour graduer un aréomètre en *densimètre*, si l'on suppose qu'il est entièrement cylindrique, on le plonge dans l'eau et on le leste de façon à ce qu'il affleure en un point où l'on marque 1000. Puis on divise la tige en 1000 parties égales (fig. 10).

La densité d d'un liquide où il affleure à la division n est $\dfrac{100}{n}$.

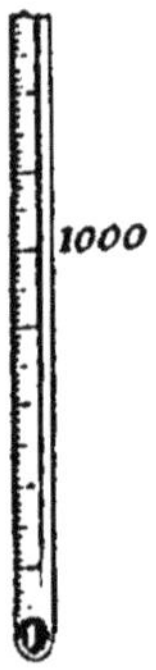

En effet, si M est la masse de l'appareil et v le volume d'une division on a :

$$M = 1\,000\, v \times 1$$
$$M = nv \times d$$

Donc :
$$1\,000\, v = nv \times d$$

D'où :
$$d = \frac{1\,000}{n}.$$

Dans la pratique, pour éviter une trop grande longueur de tige, on prend un tube renflé à la partie inférieure. On le plonge alors non seulement dans l'eau, mais aussi dans un liquide de densité connue, et la formule indique à quelle division s'arrêterait l'appareil. On divise l'intervalle des deux affleurements en un nombre de divisions qui convient.

Fig. 101.

Malgré leur commodité, ces appareils beaucoup trop peu précis ne sont plus guère employés.

168. Alcoomètre centésimal de Gay-Lussac. — L'*alcoomètre centésimal* de Gay-Lussac est l'instrument légal en France pour évaluer la teneur en alcool des mélanges d'alcool et d'eau.

On le gradue en le plongeant successivement dans l'eau pure, où l'on marque 0, puis dans un mélange d'eau et de 5 p. 100 d'alcool, où l'on marque 5, dans un mélange d'eau et de 10 p. 100 d'alcool, où l'on marque 10, dans un mélange d'eau et de 15 p. 100 d'alcool, où l'on marque 15, et ainsi de suite de 5 en 5.

Ces opérations sont fort longues. Mais, lorsqu'on a un appareil déjà gradué ainsi, il suffit, pour en graduer un autre, de déterminer sur celui-ci deux points, les points 0 et 25 par exemple, et de placer les tiges des deux appareils parallèlement (fig. 102) ; on joint alors les points correspondants 0 et 25 des deux appareils, et par le point de rencontre de ces deux lignes, on mène des droites qui passent par les points de division de la tige graduée. Aux points où ces droites rencontrent la tige de l'autre appareil, on marque les points correspondants.

Quand on veut se servir de l'alcoomètre centésimal, il faut remarquer deux choses.

D'abord, les indications de l'appareil ne sont exactes qu'à la température à laquelle il a été gradué. Dans le liquide, on plonge à la fois un alcoomètre et un thermomètre ; une table de correction à double entrée, dans laquelle la ligne horizontale supérieure porte les températures et la ligne verticale de gauche les degrés de l'alcoomètre

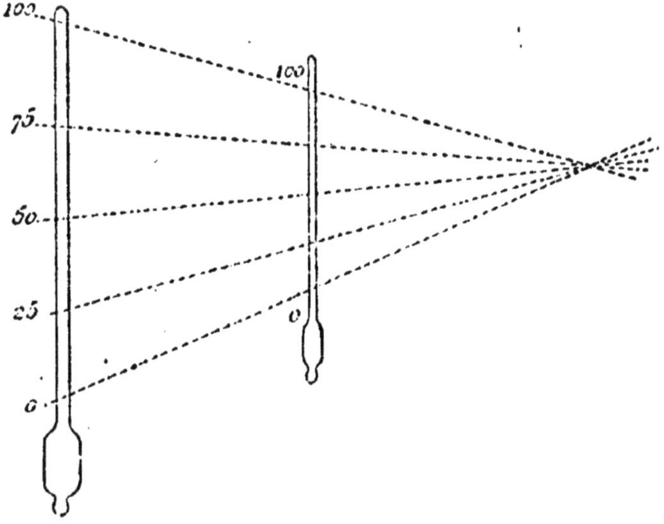

Fig. 102.

fait connaître, au point d'intersection de la ligne et de la colonne indiquées par les appareils, le degré à prendre.

En second lieu, l'alcoomètre ne doit servir que pour des mélanges d'alcool et d'eau. Si l'on veut l'employer pour déterminer le degré d'un vin, il faut distiller un certain volume de ce vin, et, quand tout l'alcool est passé, c'est-à-dire quand on a distillé le tiers ou les deux tiers, on ajoute de l'eau de façon à parfaire le volume primitif. C'est dans ce liquide qu'on plonge l'alcoomètre.

CHAPITRE III

PRESSION DANS LES GAZ

§ 1. — PROPRIÉTÉS GÉNÉRALES

169. Gaz. — Un corps, à l'*état gazeux*, n'a ni forme, ni volume déterminé. Il est doué d'une force d'expansibilité en vertu de laquelle il occupe le volume tout entier de son récipient.

Cette force d'expansibilité est mise en évidence par l'expérience de la vessie dans le vide (fig. 103). Une vessie, ou un sac de caoutchouc, munie d'un tuyau que ferme un robinet, est aplatie de manière à ne

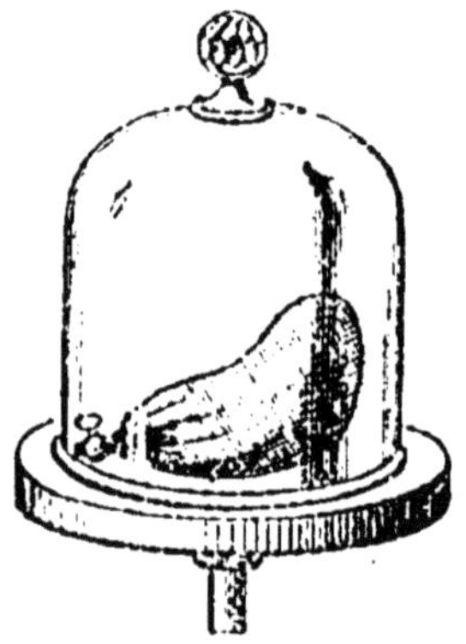

Fig. 103.

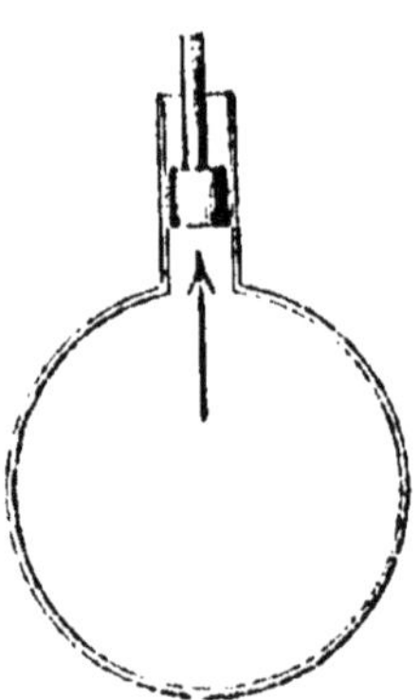

Fig. 104.

plus contenir que très peu d'air. Le robinet étant fermé, on la place sous la cloche d'une machine pneumatique (198) et l'on fait le vide. La vessie gonfle et remplit toute la cloche ; si on laisse rentrer l'air dans la cloche, la vessie s'aplatit de nouveau.

Dans le vide, la force d'expansibilité de l'air fait gonfler la vessie ; quand l'air remplit de nouveau la cloche, il s'oppose à l'expansion de la vessie.

170. Force élastique et pression. — En vertu de cette *force d'expansibilité* le gaz exerce sur les parois de son récipient un effort qu'on appelle sa *force élastique*. Les parois résistent par suite de leur solidité ; si en certains points il y a des portions de paroi mobile, des pistons par exemple (fig. 104), elles doivent, pour ne pas se déplacer, être poussées en sens inverse avec une force égale : c'est la *pression* exercée sur le gaz.

La force élastique et la pression étant égales et contraires, on les confond souvent dans l'étude des gaz.

171. Mesure de la force élastique. — Pour mesurer la force élastique d'un gaz, on adapte à son récipient un tube coudé contenant un liquide. Ce liquide est d'un côté (fig. 105) en contact avec le gaz con-

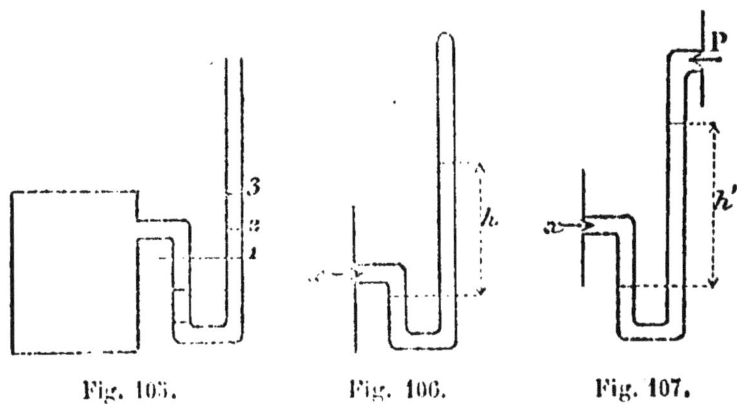

Fig. 105.   Fig. 106.   Fig. 107.

sidéré et de l'autre il s'élève plus ou moins haut dans un tube gradué, qui peut être ouvert ou fermé.

Distinguons deux cas.

Supposons d'abord que le tube est fermé et qu'il était primitivement plein de liquide, de telle sorte qu'il n'y a rien au-dessus du liquide dans la branche fermée (fig. 106).

Considérons le plan horizontal qui passe par le niveau du liquide du côté du gaz et dans lequel les pressions sur des surfaces égales sont égales, d'après un théorème fondamental de l'hydrostatique (142). Du côté du gaz la pression est x ; si dans l'autre branche la hauteur du liquide est h et si d est sa densité, la pression sur l'unité de surface est hdg.

Si dans le second cas, la branche du tube, que nous avons supposé fermée et vide, communique avec un autre gaz de pression connue P' (fig. 107) la pression sera, dans le même plan horizontal

$$P + h'dg.$$

Un pareil tube coudé destiné à mesurer les pressions s'appelle un *manomètre*. Nous étudierons plus loin ces appareils (197).

172. Unité de pression. — Les pressions peuvent être évaluées :

1° En *hauteur de liquides*, comme dans les baromètres (179), alors l'unité est le centimètre.

2° En *atmosphères*, comme dans les manomètres (197), alors l'unité est la pression moyenne de l'atmosphère, correspondant à 76 centimètres de mercure.

3° En *kilogramme par centimètre carré*, comme dans les chaudières à vapeur. La pression d'une atmosphère, que l'on peut calculer d'après la formule

$$p = shd$$

est de 1 kg. 033 par centimètre carré.

4° En *dyne par centimètre carré*, ce qui est la manière la plus rationnelle d'évaluer la pression. Cette unité a seulement l'inconvénient d'être très faible.

Il est toujours facile, quel que soit le système adopté pour évaluer les pressions, de les transformer en dynes par centimètre carré d'après la formule :

$$p = hdg$$

173. Action de la pesanteur. — Tous les gaz sont pesants. On peut mettre ce résultat en évidence en prenant un ballon à garniture

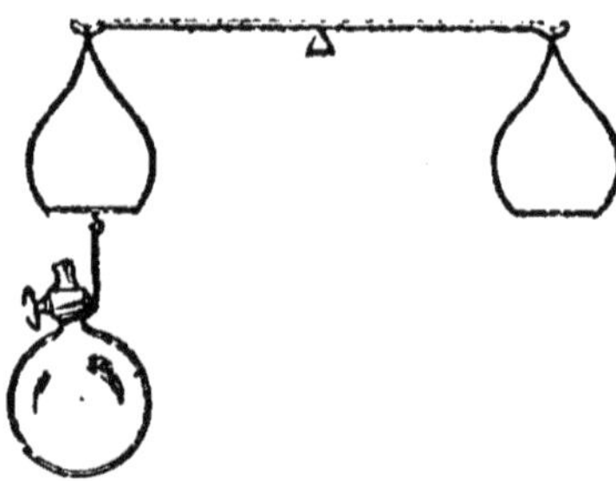

Fig. 108.

métallique dans lequel on a fait le vide avec une machine pneumatique, le suspendant sous le plateau d'une balance et l'équilibrant avec de la tare (fig. 108).

Si l'on ouvre le robinet du ballon, dans l'air, l'équilibre est rompu et la balance s'incline du côté du ballon, ce qui prouve que l'air est pesant.

En reliant le robinet avec un récipient qui contient un gaz quelconque, on pourrait refaire la même expérience.

On en conclut que tous les gaz sont pesants.

§ 2. — PRESSION ATMOSPHÉRIQUE

174. Atmosphère. — Nous vivons au milieu d'une enveloppe gazeuse, qui entoure le globe terrestre et qu'on appelle *atmosphère*.

L'air atmosphérique est un fluide pesant, comme le montre l'expérience précédente. Il y a donc dans la masse de ce gaz des pressions, analogues à celles que l'on met en évidence dans la masse d'un liquide pesant en équilibre.

175. Action de l'atmosphère. — Tous les corps plongés dans l'air supportent une pression qu'on appelle la pression atmosphérique.

Nous n'en sentons pas les effets, pas plus que les animaux vivant au fond de la mer ne ressentent la pression exercée par la masse d'eau considérable située au-dessus d'eux, parce que notre corps est baigné d'air, qui exerce de dedans en dehors et de dehors en dedans des pressions égales sur nos organes.

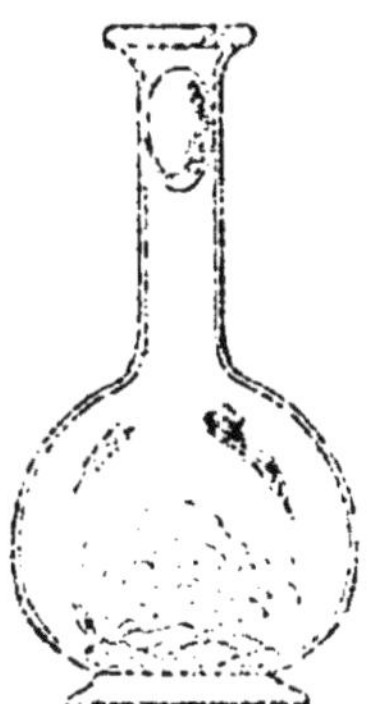

Fig. 109.

Fig. 110.

Pour mettre en évidence la pression atmosphérique, il faut faire des expériences dans lesquelles elle ne se produit que dans un sens.

Ainsi, on manifeste les effets de la pression atmosphérique de haut en bas en posant un œuf dur, préalablement débarrassé de sa coquille, sur le goulot d'une carafe, où l'on vient de brûler un peu de papier. L'œuf, poussé par la pression atmosphérique, traverse le goulot et pénètre dans la carafe (fig. 109).

On manifeste les effets de la pression atmosphérique de bas en haut, en remplissant très exactement un verre d'eau, plaçant dessus une feuille de papier, et la maintenant avec la main bien appliquée contre les bords pendant qu'on retourne le verre. Une fois le verre renversé, on peut enlever la main ; la feuille de papier, poussée de bas en haut par la pression atmosphérique, soutient l'eau du verre (fig. 110).

On peut faire encore sur ce sujet beaucoup d'autres expériences, que nous verrons à propos de la machine pneumatique.

176. Expérience de Toricelli. — Toricelli a fait une expérience qui

montre l'existence de la pression atmosphérique et permet d'en
mesurer la valeur.

Pour la répéter, on prend un tube de verre d'environ 80 centimètres
de long, fermé à un bout ; on le remplit entièrement de mercure, on
le bouche avec le doigt, on le retourne, on plonge la partie bouchée
dans un récipient contenant du mercure, et on enlève alors le doigt,
le tube restant plongé dans le mercure (fig. 111).

Le liquide descend un peu dans le tube, mais il reste suspendu à
une hauteur d'environ 76 centimètres.

C'est là un effet de la pression atmosphérique, qui s'exerçant de

Fig. 111.

haut en bas sur le mercure du récipient, se transmet dans tous les
sens à l'intérieur du liquide et en particulier de bas en haut sur le
mercure du tube, qui est ainsi soulevé à une certaine hauteur.

177. Expériences de Pascal. — Pour bien montrer que cette ascension du liquide est due à la pression atmosphérique, Pascal a fait
diverses expériences.

Dans une première série d'expériences, il construisit des appareils
analogues à celui de Toricelli, mais avec des liquides de densités très
différentes, huile, vin, eau ; les liquides montaient beaucoup plus
haut.

Dans une seconde série, il mesurait l'ascension du mercure dans
l'appareil de Toricelli à des altitudes diverses.

Lui-même opéra à Paris, en bas et au sommet de la tour Saint-
Jacques et il constata une petite différence de hauteur du mercure.
Mais, pour avoir un résultat plus concluant, il fit faire cette expé-
rience à Clermont-Ferrand, à la base et au sommet du Puy-de-
Dôme.

Toutes ces expériences ont bien mis en évidence que l'ascension
des liquides dans les tubes étaient dus à l'action de la pression atmosphérique.

178. Mesure de la pression atmosphérique. — L'appareil de Toricelli peut servir à mesurer la pression atmosphérique.

Le poids de la colonne verticale de mercure sur un centimètre carré est égal au poids de l'atmosphère pressant sur un centimètre carré de la surface du mercure dans la cuvette.

Si h est la hauteur du mercure, d sa densité, g l'accélération de la pesanteur au lieu considéré, la pression est

$$P = hdg.$$

La pression se mesure soit en centimètres de mercure, ce qui donne h, d'où l'on déduit P ; soit en atmosphères, c'est la pression exercée par une colonne de mercure de 76 centimètres.

La mesure de la pression atmosphérique se fait à l'aide d'appareils appelés *baromètres*.

§ 3. — BAROMÈTRES

179. Principes de l'appareil. — Un *baromètre* est un appareil destiné à faire connaître la pression atmosphérique.

On lui a donné des formes très diverses, dans le détail desquelles nous n'entrerons pas, beaucoup d'entre elles étant d'ailleurs tombées en désuétude.

Actuellement, on emploie deux sortes de baromètres : les *baromètres à liquide*, toujours à mercure, pour diminuer la hauteur de l'appareil, et qui sont en principe des appareils de Toricelli, et les *baromètres métalliques*, fondés sur la déformation que subissent, sous l'action des variations de pression, des récipients vides à parois métalliques très minces.

180. Baromètre normal. — Le *baromètre normal* (fig. 112) est un appareil de Toricelli construit avec toutes les précautions nécessaires.

Un tube d'au moins 2 centimètres de diamètre intérieur et long de 80 centimètres est rempli de mercure pur, et placé ensuite sur un fourneau incliné qui porte le liquide à l'ébullition, pour chasser l'air et l'eau ; il est alors rempli complètement et avec beaucoup de

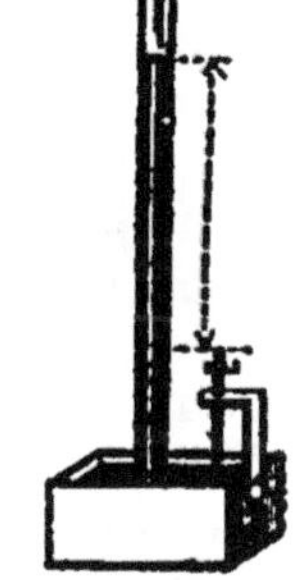

Fig. 112.

soin de mercure pur, puis retourné sur une cuve pleine de mercure bouilli et assujetti enfin dans une position invariable.

La pression atmosphérique est donnée par la hauteur verticale de la colonne de mercure dans le tube au-dessus du niveau de la cuvette.

Dans les appareils de précision, cette mesure se fait au moyen d'une lunette mobile le long d'un axe vertical : on vise d'abord le sommet d'une vis à 2 pointes, qui affleure le mercure par l'une de ses extrémités et dont l'autre sort au-dessus du bord de la cuvette, puis on vise le niveau supérieur du mercure dans le tube. A la distance ainsi mesurée, on ajoute la longueur de la vis, déterminée à l'avance.

Dans les baromètres ordinaires, on fait la lecture de la hauteur du mercure sur une règle graduée, portée par l'appareil ; la précaution essentielle à prendre c'est que la graduation soit bien verticale.

Pour diminuer la quantité de mercure à employer, on construit aussi des baromètres, à siphon (fig. 113).

Fig. 113.

181. Baromètre de Fortin. — Le baromètre précédent n'est pas transportable. Pour certains usages (ascension en ballon), il faut un appareil facile à emporter ; on emploie alors le baromètre de Fortin, ou les baromètres métalliques.

Le *baromètre de Fortin* (fig. 114) est un baromètre à petite cuvette cylindrique en verre et bois, à fond mobile, que l'on peut relever ou abaisser au moyen d'une vis placée en dessous ; le tout, tube et cuvette, est contenu dans une enveloppe de cuivre, avec une ouverture pour laisser voir la surface du mercure dans la cuvette.

La graduation, portée par l'enveloppe du tube, est fixe et part d'un zéro marqué par l'extrémité d'une pointe d'ivoire, dans la cuvette.

Pour transporter l'appareil, on relève le fond de la cuvette jusqu'à ce que le mercure remplisse la cuvette et le tube ; de cette façon, l'air n'ayant pas d'endroit où se loger, n'entre pas.

Fig. 114.

Pour faire une observation, on suspend l'appareil de façon à ce qu'il se place bien verticalement, on agit sur la vis inférieure pour faire descendre le mercure dans le tube et dans la cuvette, de façon à ce que le mercure arrive à la pointe d'ivoire et on lit sur la graduation du tube la hauteur du mercure.

Pour que le tube se place bien verticalement, on peut suspendre l'appareil soit à un crochet, par le moyen d'un anneau, que la gaine métallique porte à sa partie supérieure, soit par un mode de suspension, dit *à la Cardan*, qui est adopté à bord des navires pour les lampes, boussoles, etc.

182. Baromètres métalliques. — Le baromètre métallique de Vidie (fig. 115) se compose d'une boîte métallique plate, à parois très minces, ondulée sur ses deux faces et dans laquelle on a fait le vide.

Les variations de la pression atmosphérique et l'élasticité des faces ondulées produisent des alternatives de rapprochement et d'éloignement de ces deux faces.

La face supérieure, par l'intermédiaire d'une tige qui lui est fixée, transmet ces mouvements à l'une des extrémités d'un gros ressort R, dont l'autre extrémité est fixe ; ce ressort agit lui-même par le moyen d'un système de leviers et de chaîne a, b, c, sur l'axe A d'une aiguille, qu'un ressort spiral r entraîne en sens inverse.

Ce baromètre est gradué par comparaison avec un baromètre à mercure.

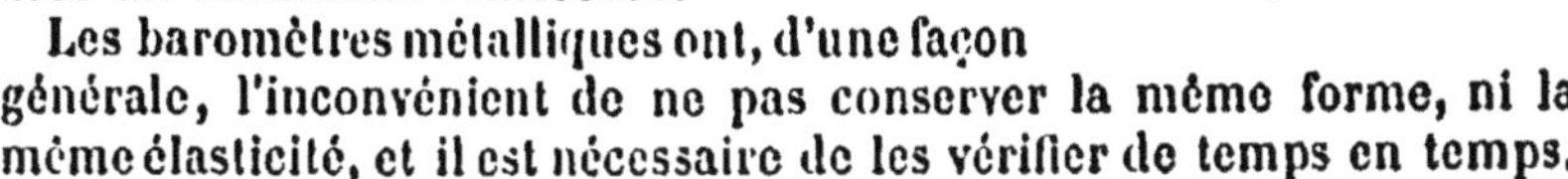

Fig. 115.

Les baromètres métalliques ont, d'une façon générale, l'inconvénient de ne pas conserver la même forme, ni la même élasticité, et il est nécessaire de les vérifier de temps en temps.

183. Baromètre enregistreur. — Le *baromètre enregistreur* fait connaître quelle a été à chaque instant la valeur de la pression atmosphérique.

Le plus employé est le baromètre Richard.

Il se compose (fig. 116) de plusieurs petites caisses de Vidie super-

Fig. 116.

posées, dont la plus élevée agit à l'extrémité d'un levier, qui lui-même actionne une longue aiguille portant à son extrémité une plume enduite d'encre. De cette façon, l'action de la pression atmosphérique sur une des caisses se trouve considérablement amplifiée, et les mouvements de l'extrémité de l'aiguille sont très sensibles.

La plume enduite d'encre se déplace sur une feuille de papier, qui porte un cylindre, animé d'un mouvement uniforme par le moyen d'un système d'horlogerie. La feuille de papier est quadrillée : les lignes verticales indiquent les divisions de la semaine et du jour, les lignes horizontales correspondent aux valeurs de la pression.

La courbe tracée par la plume que porte l'aiguille représente ainsi les variations de la pression atmosphérique.

184. Usages du baromètre. — Le baromètre est employé à divers usages. Faisant connaître la pression atmosphérique il donne des indications sur les phénomènes qui sont liés aux variations de cette pression.

Ainsi, la pression atmosphérique varie avec l'état d'humidité de l'atmosphère et avec la vitesse du vent. Quand le temps est sec et calme, le baromètre monte, quand le temps est humide et qu'il fait du vent, le baromètre baisse. Une observation prolongée a fait reconnaître dans nos climats le temps probable correspondant à chaque pression et l'on écrit les indications correspondantes (beau, variable, pluie, etc.) sur le baromètre en regard des pressions. Mais ces indications ne doivent pas être considérées comme très exactes.

Le baromètre peut servir à mesurer les altitudes : il baisse quand on l'élève et monte quand on le redescend vers le sol. Si l'air avait partout la même densité, il suffirait, pour calculer la hauteur de l'atmosphère, d'appliquer le principe des vases communicants. Mais la densité de l'air diminuant rapidement quand l'altitude augmente, les physiciens ont dû établir pour ce calcul des formules empiriques, fondées sur les variations de la densité de l'air déduites d'observations.

Enfin, le baromètre permet de connaître la marche des tempêtes. Les points où, au même instant, la pression est la plus faible sont ceux où le vent est le plus violent, ce sont des centres de tempête. En traçant chaque jour les lignes d'égale pression de la surface terrestre, connues par les mesures que s'envoient les Observatoires, on peut connaître la trajectoire de ces tempêtes et prévenir d'avance les habitants des endroits où elles doivent passer.

Ce sont là des applications actuellement d'une grande importance.

§ 4. — PRINCIPE D'ARCHIMÈDE APPLIQUÉ AUX GAZ

185. Poussée de l'air. — Les gaz, qui sont des fluides pesants, suivent les lois de l'hydrostatique des liquides, et les corps qui y sont plongés éprouvent des poussées de bas en haut, comme dans les liquides. L'existence de cette poussée est mise en évidence par le baroscope.

186. Baroscope. — Il se compose d'un fléau de balance (fig. 117) supportant à ses extrémités deux boules de diamètres très différents dont l'une peut être déplacée : on règle sa position de telle sorte que les boules s'équilibrent dans l'air.

On place l'appareil sous la cloche de la machine pneumatique à faire le vide (204) et, dès les premiers coups de piston, on voit le fléau s'incliner du côté de la grosse sphère ; le fléau s'infléchit de plus en plus à mesure qu'on raréfie l'air davantage. Si on laisse rentrer l'air sous la cloche, l'équilibre se rétablit.

Dans l'air, l'équilibre a lieu entre les poids des boules, diminués de la poussée exercée par l'air ; dans le vide, c'est la boule qui éprouvait la plus grande poussée qui l'emporte, parce que son poids est en réalité plus grand que celui de l'autre boule.

187. Principe d'Archimède. — On peut énoncer pour les corps plongés dans les gaz le même principe que pour les corps plongés dans les liquides :

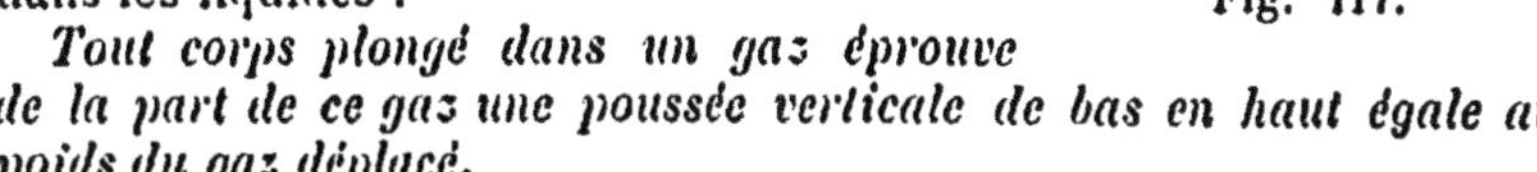

Fig. 117.

Tout corps plongé dans un gaz éprouve de la part de ce gaz une poussée verticale de bas en haut égale au poids du gaz déplacé.

Ce principe se vérifie à l'aide d'un appareil dû à M. Métral. Il se compose de deux cylindres creux, très légers, en cuivre nickelé, ayant

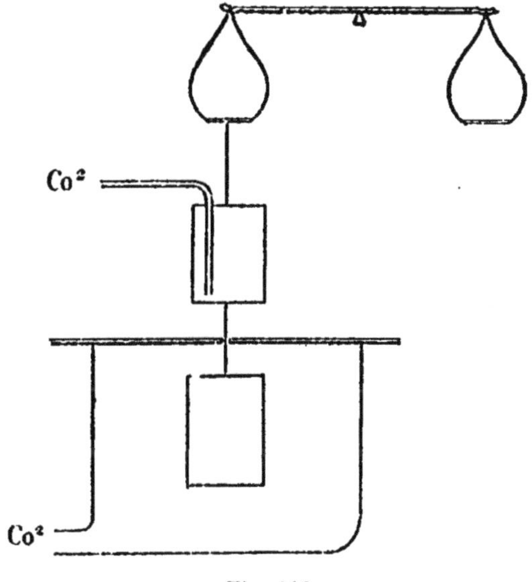

Fig. 118.

12 centimètres de hauteur et 12 centimètres de diamètre ; ils sont complètement fermés et l'un d'eux porte une ouverture permettant d'y introduire un gaz quelconque.

Pour opérer avec un gaz plus dense que l'air, le gaz carbonique par exemple, on suspend sous l'un des plateaux d'une balance hydrostatique d'abord le cylindre qui porte une ouverture, puis l'autre au-dessous (fig. 118) et l'on équilibre le système avec de la tare dans l'autre plateau. On place alors sous le cylindre inférieur une cloche dans laquelle il plonge entièrement et qui est munie en bas d'une tubulure horizontale permettant d'introduire le gaz. A mesure que la cloche se remplit, l'équilibre se trouve rompu et la balance s'incline du côté de la tare ; quand la cloche est pleine, on amène du gaz dans le cylindre supérieur, et l'équilibre se rétablit quand le gaz remplit le

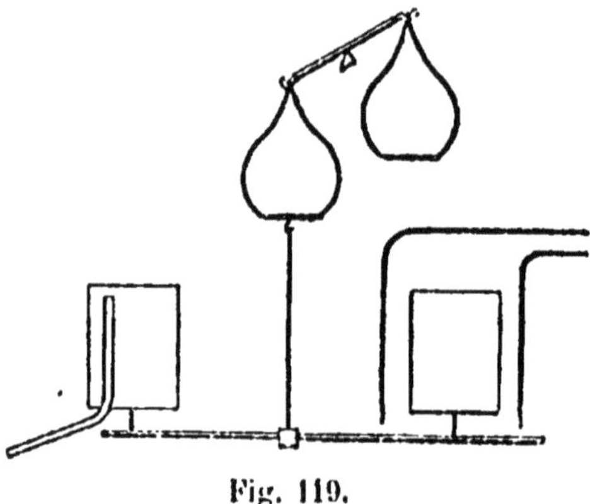

Fig. 119.

cylindre. Si à ce moment on couvre la cloche avec un morceau de carton percé d'un petit trou, l'équilibre peut se maintenir pendant une heure environ.

Pour opérer avec un gaz plus léger que l'air, les deux cylindres sont fixés dans une position renversée, sur un support en forme de potence, que l'on accroche au plateau de la balance ; le système est équilibré avec de la tare (fig. 119). On recouvre alors le cylindre fermé avec la cloche dans une position également renversée, en la soutenant avec un support quelconque, et par la tubulure placée alors à la partie supérieure on fait arriver de l'hydrogène ; l'équilibre est rompu. Pour le rétablir, il suffit de remplir d'hydrogène le cylindre ouvert placé à l'autre extrémité de la potence.

188. Application. Correction des pesées. — Il résulte de ce qui précède que, les pesées effectuées avec la balance ayant lieu dans l'air, l'équilibre est établi entre les poids des corps pesés et des masses marquées, diminuées respectivement des poussées éprouvées dans l'air.

Pour avoir la masse exacte des corps, il faut calculer les poids et les poussées et écrire que l'équilibre a lieu entre les poids diminués des poussées correspondantes.

Soit un corps de masse x et de densité d. Son volume est :

$$V = \frac{x}{d}$$

et son poids : $$P = xg.$$

La poussée qu'il éprouve dans l'air, si a est la masse de l'unité de volume d'air, sera :

$$p = Vag.$$

Le poids réel du corps, diminué de sa poussée dans l'air, ou son *poids apparent* dans l'air, sera donc :

$$\left(x - Va\right) g = \left(x - \frac{ax}{d}\right) g = x \left(1 - \frac{a}{d}\right) g.$$

Si M représente la masse des masses marquées et d' leur densité, leur poids apparent dans l'air sera, de même :

$$M \left(1 - \frac{a}{d'}\right) g.$$

L'équilibre ayant lieu entre ces poids apparents, on a :

$$x \left(1 - \frac{a}{d}\right) g = M \left(1 - \frac{a}{d'}\right) g$$

D'où : $$x = M \frac{1 - \dfrac{a}{d'}}{1 - \dfrac{a}{d}}.$$

§ 5. — Aérostats

189. Mouvement ascensionnel des corps moins denses que l'air. — D'après ce qui précède, tout corps plongé dans l'air est soumis à deux forces : son poids et la poussée exercée par l'air.

Si c'est le poids qui l'emporte, le corps tombe dans l'air. Si le poids est égal à la poussée, le corps reste en suspension dans l'air. Si enfin la poussée est plus grande que le poids, le corps s'élève dans l'air : c'est le cas des corps moins denses que l'air.

Ainsi, en insufflant du gaz hydrogène dans de l'eau de savon, on obtient des bulles de savon gonflées d'hydrogène, qui s'élèvent dans l'atmosphère (fig. 120).

Des bulles de savon gonflées de gaz carbonique tombent au contraire très vivement vers le sol.

190. Invention des aérostats. — C'est sur ce principe qu'est fondée l'invention des *aérostats*, due aux frères Montgolfier. Ils construi-

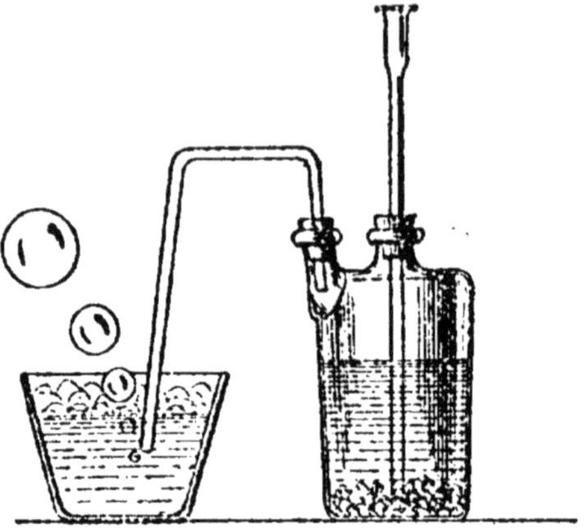

Fig. 120.

sirent d'abord des ballons en papier couvert de toile, munis à leur extrémité d'une large ouverture sous laquelle on allumait du feu ; l'air du ballon en se chauffant devenait moins dense et le ballon s'élevait dans l'air. Ces aérostats, appelés *montgolfières*, servirent même à élever dans les airs les aéronautes Pilâtre de Rozier et d'Arlandes.

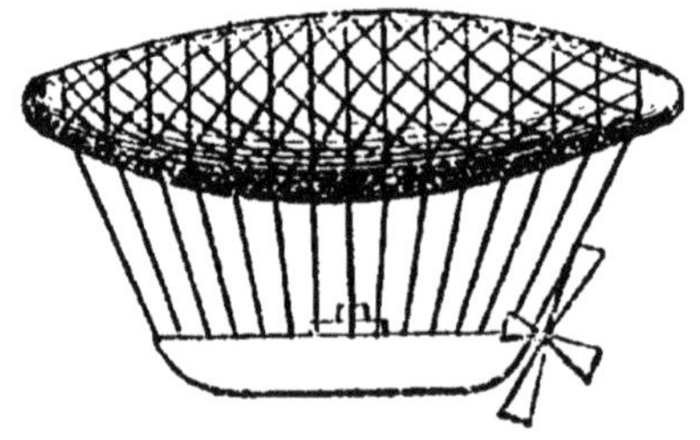

Fig. 121.

Plus tard, on eut recours à l'hydrogène pour gonfler les ballons. Ce gaz, étant le moins dense de tous, est celui qui convient le mieux pour le gonflement des aérostats. Mais, comme il traverse très facilement les membranes poreuses, il faut que les parois du ballon soient imperméables : elles sont généralement formées de deux feuilles de taffetas, entre lesquelles est une feuille de caoutchouc. Le caoutchouc extérieur est recouvert d'une couche de peinture à l'huile et verni.

Les aérostats ont souvent encore la forme sphérique. Cependant, en cherchant à les rendre dirigeables, on a été conduit à leur donner une forme allongée analogue à celle d'un cigare. Dupuy de Lôme en 1872 et plus récemment MM. Renard et Krebs ont adopté cette forme (fig. 121).

191. Force ascensionnelle. — La *force ascensionnelle*, que nous calculerons plus loin (196), est la force qui pousse le ballon de bas en haut. Elle est égale à la différence entre la poussée de l'air et le poids total du ballon et de ses accessoires.

Toutes choses égales d'ailleurs, elle est d'autant plus grande que le ballon et ses accessoires sont moins lourds. Si le ballon est gonflé avec l'hydrogène, qui est le moins dense de tous les gaz, elle est maxima; s'il est gonflé avec le gaz d'éclairage, comme on le fait souvent aujourd'hui, elle est moins grande. Mais la faible différence qui en résulte est compensée par la facilité avec laquelle on se procure ce dernier gaz.

Quand le ballon s'élève, la densité de l'air diminuant, le poids du volume d'air déplacé par le ballon, et par suite la poussée, diminue. La force ascensionnelle tend donc à diminuer de ce fait. D'ailleurs, quand la poussée diminue, le gaz intérieur du ballon se dilate, en vertu de sa force expansive.

Si donc le ballon n'a pas été complètement gonflé au départ, il augmente de volume en s'élevant et la force ascentionnelle reste pendant quelque temps sensiblement constante.

Si au contraire le ballon a été gonflé à fond, il risque d'éclater. Pour éviter cela, le gaz dilaté peut sortir du ballon par un conduit ouvert à la partie inférieure; mais alors la force ascensionnelle diminue, à moins qu'on ne décharge le ballon en jetant du lest.

On voit qu'il y a avantage à ne pas trop gonfler le ballon au départ.

Le ballon est muni à sa partie supérieure d'une soupape, que l'on peut ouvrir, ou fermer au moyen d'une corde aboutissant dans la nacelle; en l'ouvrant, on laisse sortir une certaine quantité de gaz, le volume du ballon et par suite de l'air déplacé diminue, la force ascentionnelle diminue aussi et le ballon descend. Pour le faire remonter, il suffit de l'alléger en jetant du lest, que l'aéronaute a généralement à sa disposition sous la forme de sacs de sable.

CHAPITRE IV

ÉLASTICITÉ DES GAZ

§ 1. — LOI DE MARIOTTE

192. Énoncé. — La loi dite de Mariotte a été découverte à peu près en même temps par Mariotte en France et Boyle en Angleterre. On l'énonce généralement ainsi :

Les volumes occupés par une même masse de gaz, dont la température reste constante, varient en raison inverse de la pression qu'elle supporte.

Si V, V', V''... sont les volumes de la masse de gaz sous les pressions P, P', P''... on aura donc :

$$\frac{V}{V'} = \frac{P'}{P} \qquad \frac{V}{V''} = \frac{P''}{P}$$

D'où l'on déduit :

$$VP = V'P' \qquad VP = V''P''$$

Et par conséquent :

$$VP = V'P' = V''P'' = \ldots$$

D'où ce second énoncé, souvent plus commode à appliquer dans les calculs :

Le produit du volume d'une masse de gaz par la pression qu'elle supporte est constant, la température restant constante.

On peut également faire intervenir dans l'énoncé de la loi de Mariotte la densité du gaz.

Si l'on désigne par D et D' les densités du gaz dont la masse constante M occupe les volumes V et V', on sait (130) que l'on a :

$$M = V \times D \times 1^{gr},293$$
$$M = V' \times D' \times 1^{gr},293$$

D'où :
$$VD = V'D'$$

et par suite :

$$\frac{V}{V'} = \frac{D'}{D}$$

Mais le premier énoncé de la loi de Mariotte nous donne :

$$\frac{V}{V'} = \frac{H'}{H}$$

En portant cette valeur de $\frac{V}{V'}$ dans la relation précédente, on a :

$$\frac{H'}{H} = \frac{D'}{D}$$

D'où l'énoncé suivant :

Les densités d'un même gaz, à une même température, sont proportionnelles aux pressions qu'il supporte.

193. Vérifications expérimentales. — On peut vérifier expérimentalement la loi de Mariotte, pour des pressions s'écartant peu de la pression atmosphérique, à l'aide d'appareils très simples : le tube de Mariotte et la cuvette profonde.

Tube de Mariotte. — C'est un tube recourbé en forme de siphon, c'est-à-dire à deux branches inégales (fig. 122). La petite branche est fermée et divisée en parties d'égal volume 1, $\frac{1}{2}$, $\frac{1}{3}$, etc. ; la grande branche est, ouverte et divisée en parties d'égales longueurs, à partir d'un zéro, qui est dans le plan de la division 1 de la petite branche.

On verse dans le tube du mercure, qui se loge dans la partie courbe et qui emprisonne ainsi de l'air dans la petite branche fermée. En versant une quantité convenable de mercure et en inclinant le tube dans un sens ou dans l'autre, pour faire sortir de l'air de la petite branche, ou y en faire rentrer, on arrive à ce que le mercure soit au même niveau dans les deux branches, à la division 1 dans l'une et 0 dans l'autre (fig. 123). L'air enfermé dans la petite branche est alors à la pression atmosphérique. En effet, d'après un théorème fondamental de l'hydrostatique (142), les pressions exercées sur des surfaces égales dans un même plan horizontal d'un liquide en équilibre sont égales : si nous considérons le plan de niveau qui passe par les divisions 0 et 1, la pression exercée du côté de la grande branche est la pression atmosphérique ; du côté de la petite branche c'est la pression du gaz, qui doit par conséquent être égale à la pression atmosphérique.

Cela posé, on verse du mercure dans la grande branche, on comprime l'air dans la petite et il est facile, en utilisant le théorème précédemment rappelé, de mesurer la nouvelle pression de cet air, lorsque la différence des niveaux dans les deux branches est h. Si l'on mène le plan horizontal qui passe par le niveau du mercure dans la petite branche (fig. 124) on voit que du côté de la grande branche la pression exercée sur une surface de ce plan se mesure par la hauteur de mercure $H + h$, H mesurant la pression atmosphérique ; du côté de la petite branche, la pression exercée sur la

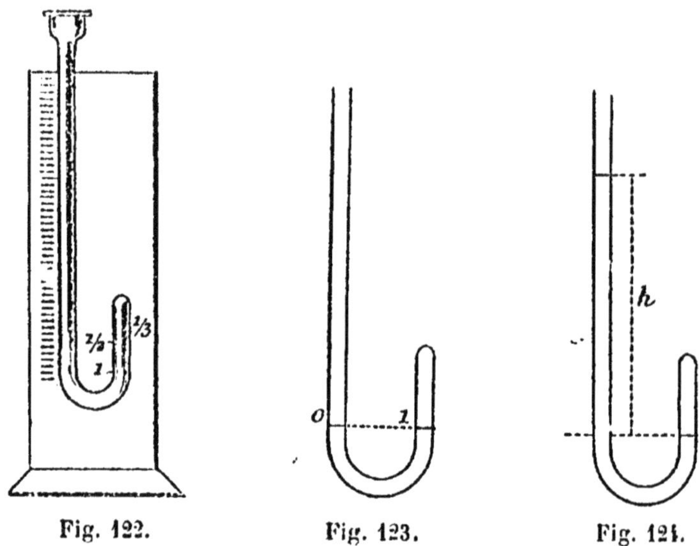

Fig. 122.   Fig. 123.   Fig. 124.

même surface est la pression x du gaz. Donc, on doit avoir, en exprimant la pression du gaz en hauteur de mercure :

$$x = H + h.$$

H étant mesuré une fois pour toutes et ne variant pas pendant l'expérience, on verse du mercure de façon à réduire le volume du gaz à la moitié, au tiers, etc. du volume primitif, et l'on mesure chaque fois la différence des niveaux h du mercure, d'où l'on déduit x par la formule précédente. On peut ainsi dresser le tableau suivant :

Volumes.	Différences de niveau.	Pressions.
1	0	H
1/2	H	2H
1/3	2H	3H

et ainsi de suite. On voit que les pressions H, 2H, 3H sont inversement proportionnelles aux volumes 1, $\dfrac{1}{2}$, $\dfrac{1}{3}$, ce qui confirme la loi.

Cuvette profonde. — La cuvette profonde est un large tube en fer, fermé à un bout, ouvert à l'autre et mastiqué à cette extrémité à une large cuvette en verre (fig. 125). Dans un long tube de verre analogue au tube de Toricelli, on verse du mercure sans le remplir entièrement, on le retourne en le bouchant avec le doigt et on le plonge dans la cuvette profonde ; la petite quantité d'air qui est restée dans le tube va se loger dans le haut du tube.

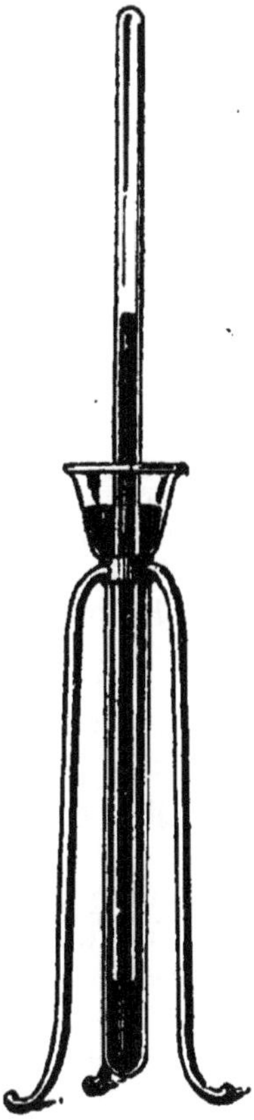

On peut enfoncer le tube dans la cuvette profonde, ou le soulever, on fait ainsi varier le volume de l'air, et par conséquent sa pression ; cette dernière variation est mise en évidence par la plus ou moins grande hauteur de mercure soulevée dans le tube.

En enfonçant convenablement le tube, on arrive à ce que le niveau du mercure soit le même dans le tube et dans la cuvette. On verrait alors, par un raisonnement identique à celui qui a été fait dans le cas du tube de Mariotte, que le gaz est à la pression atmosphérique.

Si l'on soulève le tube, on augmente le volume du gaz, on diminue la pression et du mercure monte dans le tube. Il est facile, en appliquant toujours le même théorème, de mesurer la pression du gaz.

Considérons (fig. 126) le tube dans une position telle que la hauteur de mercure soulevée dans le tube soit h et nouons le plan horizontal qui passe par le niveau du mercure dans la cuvette.

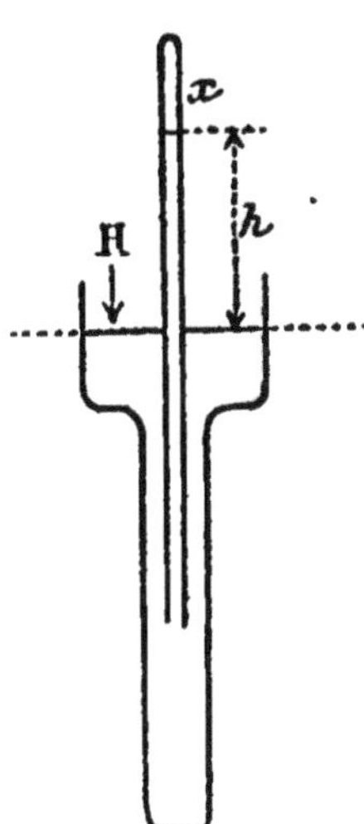

Fig. 125.

Fig. 126.

A l'extérieur du tube, la pression supportée par une surface prise dans ce plan horizontal est la pression atmosphérique mesurée par la hauteur H de mercure ; à l'intérieur du tube, la pression supportée par une surface égale, prise dans le même plan, est égale à la pression x du gaz, augmentée du poids de la colonne h de mercure. On doit donc avoir :

$$H = x + h$$

D'où :

$$x = H - h.$$

On soulèvera donc le tube de façon à rendre le volume du gaz double, triple, quadruple, etc., du volume primitif, on mesurera dans chaque cas la hauteur h de mercure soulevé et on en déduira la pression x du gaz en hauteur de mercure.

L'expérience conduit à former le tableau suivant :

Volumes.	Hauteur de mercure soulevée.	Pression.
1	O	H
2	$\dfrac{H}{2}$	$\dfrac{H}{2}$
3	$\dfrac{2H}{3}$	$\dfrac{H}{3}$
4	$\dfrac{3H}{4}$	$\dfrac{H}{4}$

Donc quand les volumes varient comme les nombres 1, 2, 3, 4, etc., les pressions deviennent 1, 1/2, 1/3, 1/4, etc. Ce qui confirme la loi.

On peut remarquer que le tube de Mariotte sert à vérifier la loi pour les pressions supérieures, et la cuvette profonde pour les pressions inférieures à la pression atmosphérique.

194. Limites d'exactitude de la loi.

194. **Limites d'exactitude de la loi.** — Les appareils précédents, avec lesquels Mariotte a vérifié sa loi, ne permettent d'opérer que sous de faibles pressions. La loi est-elle exacte sous les pressions considérables que l'on peut atteindre aujourd'hui ?

Divers expérimentateurs ont cherché la réponse à cette question. En 1829, Dulong et Arago vérifièrent la loi pour l'air, à l'aide d'un immense tube de Mariotte, où ils purent pousser la pression jusqu'à 27 atmosphères.

Dès 1825, Despretz et plus tard Pouillet montrèrent par des méthodes différentes que deux gaz ne suivent généralement pas la même loi de compression, surtout si l'un d'eux est facilement liquéfiable, comme cela arrive pour le gaz sulfureux, ou l'ammoniaque. Si l'air suit la loi de Mariotte, d'autres gaz ne la suivent donc pas.

Regnault vers 1860 institua des expériences très précises pour mesurer la compressibilité des gaz. Après lui divers expérimentateurs parmi lesquels principalement M. Cailletet et M. Amagat, ont étudié l'action de la pression à diverses températures. De leurs expériences, que nous ne pouvons indiquer dans ce cours très élémentaire, on peut conclure que les gaz difficilement liquéfiables, comme l'air, l'azote, l'oxygène, etc., suivent à peu près la loi de Mariotte sous des pressions moyennes, qui ne dépassent pas 30 atmosphères ; au contraire, les gaz facilement liquéfiables, comme le gaz sulfureux, l'ammoniaque, l'acide chlorhydrique, s'en écartent assez sensiblement, même aux pressions qui ne dépassent pas 10 atmosphères.

D'une manière générale, à mesure que la température s'élève et que le gaz s'éloigne de son point de liquéfaction, la loi de Mariotte s'applique pour des pressions plus fortes.

Ces résultats conduisent à la notion des gaz parfaits, qui seraient assez peu liquéfiables pour suivre exactement la loi de Mariotte.

195. Applications. Poids d'un gaz. — Cherchons quel est le poids d'un volume V de gaz à 0° et sous une pression quelconque H, sa densité étant D à 0° et sous la pression normale de 760 millimètres.

Nous avons déjà trouvé (130) pour l'expression P de ce poids sous la pression H :

$$P = V \times D \times 1^{gr},293 \times g$$

Quand la pression du gaz change, sa densité change aussi et nous avons vu précédemment (192) que la densité varie en raison directe de la pression. Donc, entre la densité D sous la pression 760 et la densité D' sous la pression H, on a la relation :

$$\frac{D'}{D} = \frac{H}{760}$$

D'où :
$$D' = D \frac{H}{760}$$

Le gaz, sous la pression H, peut être considéré comme un gaz nouveau de densité D', dont le poids du volume V sera alors :

$$P = V \times D' \times 1^{gr},293 \times g$$

En remplaçant D' par sa valeur, on a :

$$P = V \times D \times \frac{H}{760} \times 1^{gr},293 \times g.$$

196. Calcul de la force ascensionnelle d'un ballon. — Nous avons vu (189) que la force ascensionnelle d'un aérostat est égale à la différence entre la poussée exercée par l'air sur le ballon et le poids total de celui-ci.

Soit V le volume de l'air déplacé par l'enveloppe et la nacelle ; la poussée, qui est égale au poids de cet air, sera égale, d'après ce qui précède, à :

$$V \times 1^{gr},293 \times \frac{H}{760} \times g$$

la densité de l'air étant 1.

D'autre part, si P désigne le poids de l'enveloppe, de la nacelle et des accessoires, et V' le volume intérieur de l'enveloppe, le poids du gaz de densité D contenu dans le ballon sera :

$$V' \times D \times 1^{gr},293 \times \frac{H}{760} \times g$$

et le poids total de l'appareil :

$$\left(V' \times D \times 1^{gr},293 \times \frac{H}{760} \times g\right) + P$$

La force ascensionnelle sera donc :

$$V \times 1^{gr},293 \times \frac{H}{760} \times g - \left(V' \times D \times 1^{gr},293 \times \frac{H}{760} \times g\right) - P$$

ou :
$$\left(V - V'D\right) \times 1^{gr},293 \times \frac{H}{760} \times g - P$$

Cette expression n'est qu'une première approximation, elle ne s'applique qu'à la température de 0° et dans l'air sec. A la température de $t°$ et dans l'air humide, il y a lieu d'introduire dans le produit des facteurs de correction.

197. Manomètres. — Les manomètres, dont nous avons déjà indiqué l'emploi (171), sont des appareils destinés à mesurer la pression d'un gaz, ou d'une vapeur.

Ces appareils sont généralement formés (fig. 106 et 107) d'un tube coudé, contenant un liquide, le plus souvent le mercure, et dont la petite branche est en communication avec le récipient du gaz. Si la grande branche est ouverte et communique par conséquent avec l'air (fig. 105), on a un *manomètre à air libre*.

Pour graduer en atmosphères (172) cet appareil, on marque 1 sur la grande branche au point où arrive le mercure lorsque le niveau est le même dans les deux branches ; on marque 2 au point où arrive le mercure lorsque la différence des niveaux est 76 centimètres, c'est-à-dire, en supposant le tube bien cylindrique, à 38 centimètres du point 1, et ainsi de suite de 38 en 38 centimètres.

Lorsqu'on veut mesurer de fortes pressions, les dimensions à donner aux appareils sont beaucoup trop considérables, et on emploie alors les *manomètres métalliques*. Un manomètre métallique est formé (fig. 127) d'un tube métallique creux, très flexible, vissé à une extrémité sur le récipient et dont l'autre extrémité libre agit sur une aiguille mobile sur un cadran divisé.

L'inconvénient des manomètres métalliques est de ne pas rester en général comparables à eux-mêmes, à cause du lent travail de transformation qui se produit dans la structure du métal et qui en modifie l'élasticité. On les gradue par comparaison avec un manomètre à air libre et il est nécessaire de les vérifier de temps en temps.

Lorsqu'on veut, pour des pressions élevées, conserver l'avantage des manomètres à mercure, de rester toujours comparables à eux-mêmes, on emploie le manomètre à air comprimé. Il a la même forme que le manomètre à air libre, mais la grande branche est fermée et contient de l'air. On peut le graduer, comme le manomètre métallique, par comparaison avec un manomètre à air libre ; mais on peut aussi le graduer par le calcul.

Supposons par exemple que ce manomètre soit formé d'un tube parfaitement cylindrique, recourbé en forme de siphon (fig. 128) et qu'au début le niveau du mercure dans les deux branches soit le même. L'air, dans la grande branche, de section s et de longueur L, occupe un volume Ls sous la pression atmosphérique H, la petite branche étant alors supposée en relation avec l'atmosphère.

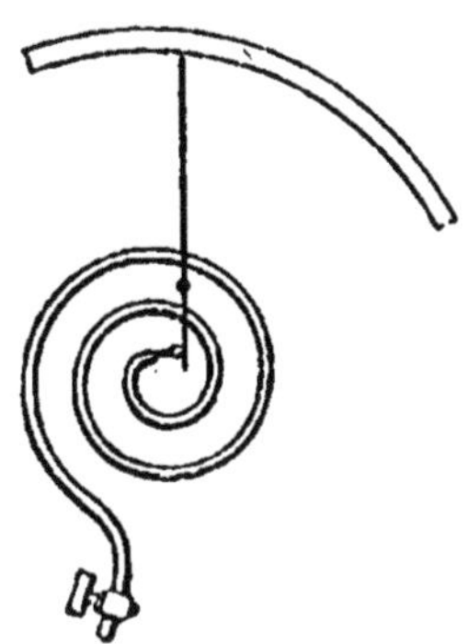

Fig. 127.

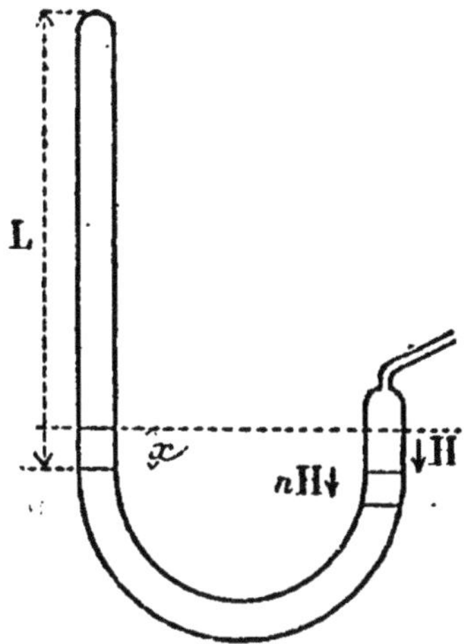

Fig. 128.

Si dans la petite branche la pression devient nH, le mercure monte dans la grande branche d'une hauteur x, il descend dans la petite de la même hauteur x et la différence des niveaux, devient $2x$. La pression de l'air dans la grande branche est donc représentée par la hauteur de mercure nH $- 2x$; le volume de cet air est devenu $(L - x) s$.

En appliquant la loi de Mariotte à cette masse d'air enfermée dans la grande branche, nous écrirons :

$$L s H = (L - x) s (n H - 2x)$$

Ou, en divisant par s, développant, faisant passer tous les termes dans un même membre et ordonnant par rapport aux puissances décroissantes de x :

$$2x^2 - (2L + n H) x + (n - 1) L H = 0.$$

C'est une équation du second degré, dont les deux solutions sont données par la formule :

$$x = \frac{2L + n H \pm \sqrt{(2L + n H)^2 - 8(n - 1) L H}}{4}.$$

Les deux racines ne peuvent convenir toutes deux. Pour savoir laquelle il faut prendre, supposons que $n = 1$, alors n doit être égal à 0 ; or cela n'a lieu, le radical se réduisant alors à $\sqrt{(2L + H)^2}$, ou à $(2L + H)$, que si l'on prend le signe — devant le radical. La seule racine qui donne la solution du problème cherché est donc :

$$x = \frac{2L + nH - \sqrt{(2L + nH)^2 - 8(n - 1)\,LH}}{4}$$

En donnant à x les valeurs 2, 3, 4... on trouve les distances n de la division 1 aux points de la graduation où l'on doit marquer 2 atmosphères, 3 atmosphères, etc.

Si la petite branche est cylindrique, l'inconvénient d'un pareil manomètre est que les points de la graduation sont de plus en plus rapprochés et que par conséquent la sensibilité de l'appareil va en diminuant à mesure que la pression augmente. On construit des manomètres de sensibilité constante, dont la grande branche a la forme à peu près conique, et dans lesquels, quelle que soit la pression, les traits de la graduation sont également espacés.

198. Mélange des gaz. — Un gaz occupe entièrement un espace dans lequel il se trouve seul (169) ; il en est de même lorsque plusieurs gaz se trouvent ensemble dans un même espace, chacun d'eux l'occupe tout entier, les gaz étant intimement mélangés.

Le fait est mis en évidence par une expérience due à Berthollet. Il prit deux ballons contenant l'un de l'hydrogène, l'autre du gaz carbonique, et les vissa l'un au-dessus de l'autre, le ballon à hydrogène en haut (fig. 129). L'appareil étant placé dans les caves de l'Observatoire, où la

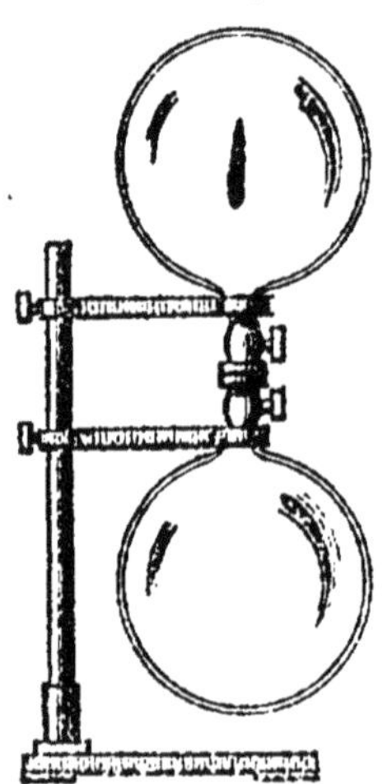

Fig. 129.

température reste constante, de manière qu'il n'y ait pas de mélange par l'action de la chaleur, il constatait que dans les deux ballons il y avait des deux gaz.

Dalton, en étudiant expérimentalement les pressions des gaz mélangés, a découvert la loi suivante, connue sous le nom de loi du mélange des gaz :

La pression d'un mélange gazeux est la somme des pressions de chaque gaz considéré comme occupant seul le volume tout entier.

Si nous prenons des gaz qui occupent, le premier un volume v sous une pression h, le second un volume v' sous une pression h', le troisième un volume v'' sous une pression h'' et ainsi de suite et que nous les introduisions tous dans un récipient de volume V, le premier prendra dans le volume V une pression x, donnée par la relation :

$$vh = Vx$$

D'où :
$$x = \frac{vh}{V}$$

De même, le deuxième gaz prendra dans le volume V une pression :

$$x' = \frac{v'h'}{V}$$

Enfin, le troisième gaz occupera le volume V sous la pression :

$$x'' = \frac{v''h''}{V}$$

La pression Π du mélange sera, d'après la loi de Dalton :

$$\Pi = \frac{vh}{V} + \frac{v'h'}{V} + \frac{v''h''}{V} = \frac{vh + v'h' + v''h''}{V}$$

D'où l'on tire :

$$V\Pi = vh + v'h' + v''h''$$

C'est sous cette forme qu'on emploie généralement la loi du mélange des gaz dans le calcul : *Dans un mélange gazeux, le produit du volume du mélange par la pression totale est égal à la somme des produits correspondants, pris pour chaque gaz avant le mélange.*

199. Remarque. — Lorsqu'on veut indiquer la proportion des gaz dans un mélange, on le fait souvent en fractions du volume total. Ainsi, l'on indique la composition de l'air en volume en disant qu'il y a 21 volumes d'oxygène et 79 volumes d'azote pour 100 d'air. (Voy. *Chimie.*)

Dans ce cas, on considère chacun des gaz sous la pression totale Π du mélange et l'on compare les volumes pris tous à cette pression.

Le rapport des volumes des gaz pris tous sous la pression totale Π est égal au rapport des pressions de ces gaz considérés comme occupant tous le volume total V.

Si en effet y, y', y'' sont les volumes sous la pression Π des gaz considérés dans le paragraphe précédent, on a :

$$y\Pi = vh$$

D'où :
$$y = \frac{vh}{\Pi}$$

On aura de même :

$$y' = \frac{v'h'}{\text{H}} \qquad y'' = \frac{v''h''}{\text{H}}$$

D'où l'on tire :

$$\frac{y}{y'} = \frac{vh}{v'h'} \qquad \frac{y}{y''} = \frac{vh}{v''h''}$$

Ces rapports sont égaux aux rapports $\frac{x}{x'}$ et $\frac{x}{x''}$ des pressions de ces gaz considérés comme occupant le volume total V, pressions calculées dans le paragraphe précédent.

Ainsi quand on dit que dans 100 d'air il y a 21 d'oxygène et 79 d'azote, cela veut dire ou bien que, sous la pression totale du volume d'air considéré, le volume de l'oxygène est $\frac{21}{100}$ et celui de l'azote $\frac{79}{100}$ du volume total ; ou bien que, chacun des gaz étant considéré comme occupant le volume total, la pression de l'oxygène est les $\frac{21}{100}$ et celle de l'azote les $\frac{79}{100}$ de la pression totale.

200. Dissolution des gaz. — Lorsqu'un gaz est en contact avec un liquide, il se répand aussi dans l'espace occupé par ce liquide, on dit qu'*il se dissout* dans le liquide. Les gaz se dissolvent dans l'eau, dans l'alcool, etc.

Dalton et Henry ont découvert les lois de la solubilité des gaz dans les liquides, qu'on énonce généralement ainsi :

1° *A une même température, il existe un rapport constant entre le volume v du gaz absorbé, mesuré sous la pression finale exercée à la surface du liquide, et le volume V du liquide absorbant.*

Ce rapport s'appelle le *coefficient de solubilité du gaz.*

Par exemple, un litre d'eau dissout un certain volume d'oxygène ; en le chassant par l'ébullition, ou la raréfaction, on trouve que ce volume mesuré à la pression exercée à la surface du liquide est $0^l,04$. Ce nombre 0,04 est le coefficient de solubilité du gaz dans l'eau.

D'une façon générale, la solubilité des gaz dans les liquides diminue quand la température augmente. A l'ébullition, tous les gaz sont chassés. La solubilité est d'ailleurs proportionnelle à la pression.

2° *Dans la dissolution d'un mélange gazeux, chaque gaz se dissout comme s'il était seul.*

Ainsi, l'air supposé pur et composé seulement d'oxygène et d'azote se dissout dans l'eau. Le coefficient de solubilité de l'oxygène est 0,04 celui de l'azote 0,02 ; c'est-à-dire que, sous une même pression, un litre d'eau dissout $0^l,04$ d'oxygène et $0^l,02$ d'azote. D'autre part, si la pression atmosphérique est H, la pression de l'oxygène dans l'atmosphère sera $\dfrac{21\,H}{100}$ et celle de l'azote $\dfrac{79\,H}{100}$, d'après la composition de l'air en volume. Donc, sous la pression $\dfrac{21\,H}{100}$ le volume d'oxygène dissous dans un litre d'eau sera 0,04. Celui d'azote dissous sous la même pression serait 0,02; mais, sous la pression $\dfrac{79\,H}{100}$ le volume d'azote dissous sera :

$$\frac{0{,}02 \times 79}{21} = 0{,}075$$

Le rapport des volumes d'oxygène et d'azote dissous dans l'eau est donc :

$$\frac{0{,}04}{0{,}075} = \frac{40}{75} = \frac{8}{15} \text{ presque } 1/2.$$

Il est donc beaucoup plus grand que le rapport des volumes d'oxygène et d'azote dans l'atmosphère, lequel est environ $\dfrac{1}{5}$ et l'air dissous dans l'eau est plus riche en oxygène que l'air atmosphérique. C'est ce que l'on vérifie par l'expérience.

§ 2. — MACHINES PNEUMATIQUES

201. Principe. — La *machine pneumatique* est une pompe à gaz, destinée à enlever, ou raréfier, le gaz contenu dans un récipient.

Comme toute pompe, elle se compose en principe d'un *cylindre*, ou *corps de pompe*, fermé à une extrémité, ouvert à l'autre et dans lequel peut se déplacer à frottement dur un *piston* cylindrique (fig. 130). Le piston étant d'abord vers l'extrémité fermée, si on le déplace du côté de l'autre extrémité, on produit un espace vide, vers lequel tous les gaz environnant le cylindre tendent à se précipiter ; la résistance des parois s'oppose à leur entrée et si on abandonne le piston à lui-même la pression, que les gaz extérieurs exercent sur lui, le ramène vers l'extrémité fermée.

Pour permettre au gaz de pénétrer dans le corps de pompe, il faut pratiquer dans la paroi du cylindre, ou dans le piston, une ouverture, que l'on ferme par une soupape à ressort s'ouvrant dans le sens convenable. Si l'on veut faire entrer dans le cylindre l'air atmosphérique, qui en général l'enveloppe de toute part, cette ouverture suffit ; si, au contraire, on veut y faire entrer l'air, ou le gaz, contenu dans un récipient, comme c'est le cas avec la machine pneumatique, il faut relier l'ouverture au récipient par le moyen d'un tuyau.

Le gaz étant introduit dans le corps de pompe, si l'on exerce un effort sur le piston pour le ramener vers l'extrémité fermée, le gaz sera comprimé et par son élasticité s'opposera au mouvement; d'ailleurs, pour pouvoir introduire une nouvelle quantité de gaz, il faut que le premier soit expulsé, ce qui s'obtiendra facilement en pratiquant dans la paroi du cylindre, ou dans le piston, une ouverture munie d'une soupape s'ouvrant dans le sens convenable, c'est-à-dire en sens inverse de la première.

La machine pneumatique se composera donc en principe d'un corps de pompe, relié par un tuyau au récipient dans lequel on

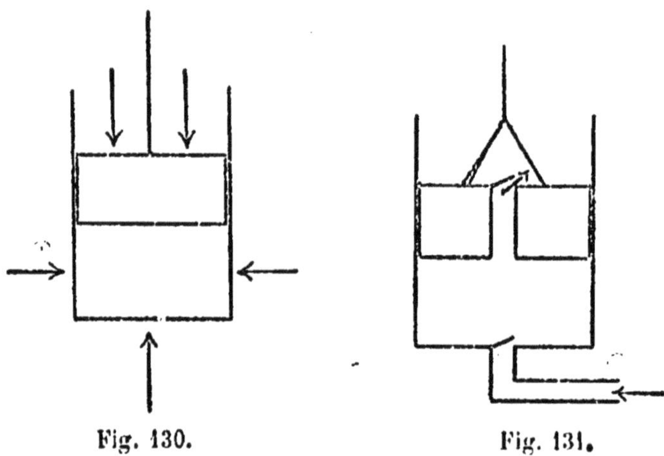

Fig. 130.   Fig. 131.

veut faire le vide; ce tuyau est fermé par une soupape s'ouvrant vers l'intérieur du corps de pompe. Le piston sera percé d'un canal, fermé par une soupape s'ouvrant vers l'intérieur du cylindre (fig. 131). En soulevant le piston, l'air du récipient pénètre dans le corps de pompe en soulevant la première soupape; en l'abaissant, l'air sort du corps de pompe par le canal du piston.

202. Exercice. — On peut se proposer de calculer la pression dans le récipient après n coups de piston. C'est une application de la loi de Mariotte.

Désignons par R la capacité du récipient, par C celle du corps de pompe, par H_0 la pression initiale du gaz dans le récipient.

Lorsqu'on soulève le piston, le gaz, qui occupait le volume R du récipient sous la pression H_0, se répand dans l'espace de capacité R + C sous une pression H_1, qui sera la pression dans le récipient après le premier coup de piston. En appliquant la loi de Mariotte, on a :

$$RH_0 = (R + C) H_1$$

D'où
$$\Pi_1 = \frac{R}{R + C}\, \Pi_0$$

Quand on abaisse le piston, ce mouvement ne produit d'autre effet que de chasser l'air du corps de pompe ; la pression dans le récipient ne change pas.

De même, au second coup de piston, l'air qui occupe le récipient R sous la pression Π_1, se répand dans l'espace $R + C$ sous la pression Π_2 et l'on a :

$$\Pi_2 = \frac{R}{R + C}\, \Pi_1$$

Et ainsi de suite :

$$\Pi_3 = \frac{R}{R + C}\, \Pi_2$$

$$\Pi_4 = \frac{R}{R + C}\, \Pi_3$$

$$\cdots\cdots\cdots\cdots$$

$$\Pi_n = \frac{R}{R + C}\, \Pi_{n-1}$$

En multipliant membre à membre les égalités qui donnent les valeurs de Π_1, Π_2... Π_n, on a :

$$\Pi_1\, \Pi_2 \ldots \Pi_n = \left(\frac{R}{R + C}\right)^n \Pi_0\, \Pi_1\, \Pi_2 \ldots \Pi_{n-1}$$

D'où :
$$\Pi_n = \left(\frac{R}{R + C}\right)^n \Pi_0.$$

Il semble d'après cela que si l'on donne un nombre suffisant de coups de piston, on puisse réduire la pression Π_n autant que l'on veut puisque $\left(\dfrac{R}{R+C}\right)^n$ diminue indéfiniment à mesure que n augmente, $\dfrac{R}{R + C}$ étant plus petit que 1.

Mais l'expérience prouve qu'il n'en est rien. Dans les meilleures machines, il y a une limite du vide, qu'on ne peut dépasser.

203. Limite du vide. — L'existence d'une *limite du vide* est due à *l'espace nuisible* ; on appelle ainsi l'espace très petit compris entre les parois du cylindre et le piston, lorsque celui-ci est à fond de course (fig. 132).

Dans cet espace, il reste toujours, à chaque coup de piston, du gaz sous la pression atmosphérique. Lorsqu'on soulève le piston, ce

gaz se répand dans le corps de pompe sous une pression très faible ;
mais après un nombre suffisant de coups de piston, la pression de

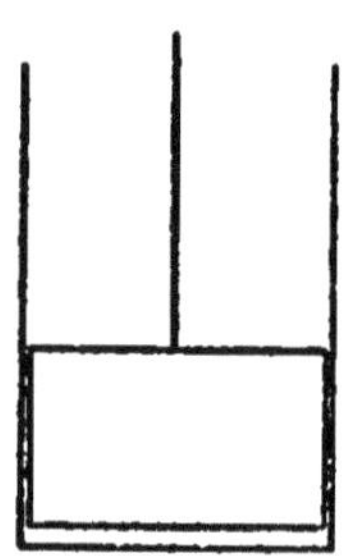

Fig. 132.

l'air dans le récipient ne surpasse pas la pression
de cet air répandu dans le cylindre. Alors le gaz
ne passe plus du récipient dans le corps de pompe,
le gaz comprimé dans l'espace nuisible ne sort
plus par le canal du piston et les coups de piston
que l'on pourra donner à partir de cet instant ne
changeront plus rien à la pression du gaz dans le
récipient. La limite du vide est atteinte.

En supposant connu le rapport du volume de
l'espace nuisible u à celui du corps de pompe C,
on peut calculer cette limite du vide.

D'après ce qui précède, le gaz qui occupe le volume u de l'espace nuisible, sous la pression atmosphérique II, occupe le volume C du corps de pompe sous la
pression l, égale à la limite du vide. D'après la loi de Mariotte, on
doit avoir :

$$u\text{II} = l\text{C}$$

D'où :
$$l = \frac{u}{C}\,\text{II}.$$

204. Effort à faire pour manœuvrer le piston. — Dans le mouvement descendant du piston, il n'y a théoriquement aucun effort à
faire. Au début, la pression atmosphérique de haut en bas, supérieure à la pression de bas en haut, favorise la manœuvre, et lorsque
la soupape du piston s'ouvre, l'air du corps de pompe est en communication avec l'atmosphère et la pression est la même sur les
deux faces du piston. Le seul effort à faire est celui que l'on
emploie à vaincre les frottements du piston contre la paroi du
cylindre.

Dans le mouvement ascendant, la pression sur la face supérieure
du piston est constamment la pression atmosphérique II, la pression
sur la face inférieure varie pendant l'ascension de $\text{II}_n - 1$ à II_n, si
l'on est au n^e coup de piston, le corps de pompe communiquant
avec le récipient d'une manière continue dans ce mouvement ascendant. La différence des pressions sur les deux faces varie de
$\text{II} - \text{II}_{n-1}$ à $\text{II} - \text{II}_n$ et si S est la section du piston, 13,6 la densité
du mercure, g l'accélération de la pesanteur, la force à soulever
variera de

$$(\text{II} - \text{II}_{n-1})\,\text{S} \times 13{,}6 \times g$$

à
$$(\text{II} - \text{II}_n) \times \text{S} \times 13{,}6 \times g$$

ces deux efforts étant évalués en dynes (86).

205. Formes diverses. — Dans les cours de physique, on emploie généralement une machine pneumatique à deux cylindres, dont les pistons ont des tiges en forme de crémaillères, engrenant avec une roue dentée placée entre les deux et mise en mouvement par un levier mobile autour de son centre (fig. 133). De cette façon, quand un des pistons monte, l'autre descend : la raréfaction se fait plus vite et, ce qui est plus important, les actions de la pression atmosphérique sur les deux pistons se contrarient et se neutralisent ; on évite ainsi l'effort considérable que l'on aurait à faire pour soulever le piston, surtout à la fin de l'expérience, où la pression qui s'exerce au-dessous est très faible.

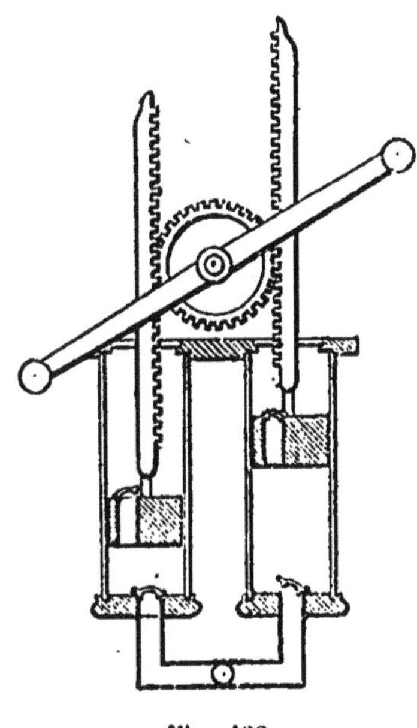

Fig. 133.

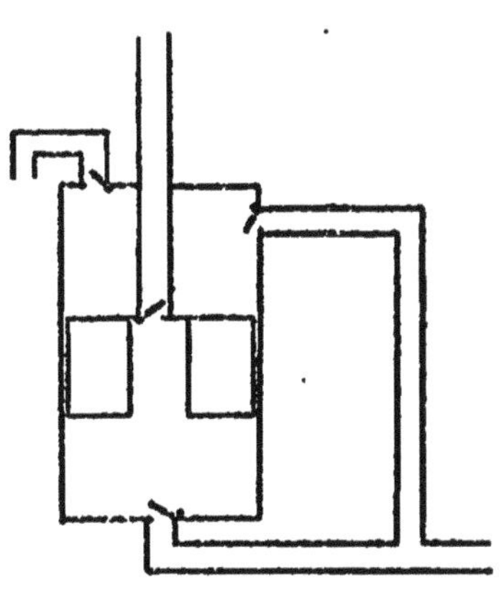

Fig. 134.

Ces machines présentent généralement des fuites nombreuses et la limite du vide que l'on peut atteindre est une pression trop forte dans beaucoup de cas.

On obtient de meilleurs résultats avec la machine de Bianchi. Elle se compose d'un seul cylindre, mais à double effet : l'air arrive du récipient par un conduit qui se bifurque en deux parties aboutissant l'une en bas, l'autre en haut du corps de pompe, le vide est donc fait par le mouvement du piston dans l'un et l'autre sens (fig. 134). L'expulsion de l'air se fait, pour l'espace au-dessous du piston, par un conduit aménagé dans la tige de celui-ci, et pour l'espace au-dessus par un tuyau latéral. Le fonctionnement de la machine est obtenu par la rotation d'un volant, dont le mouvement circulaire est transmis à la tige du piston au moyen d'une manivelle et d'une bielle ; pour que la tige du piston puisse suivre le mouvement de la bielle, le cylindre oscille autour d'un axe horizontal creux, dans lequel aboutit la bifurcation inférieure du tuyau venant du récipient.

206. Accessoires. — En principe, on peut relier le cylindre de la machine au récipient par un tuyau quelconque, en caoutchouc par exemple ; c'est ce que l'on fait dans la machine de Bianchi. Dans ce cas, le tuyau doit être muni intérieurement d'un fort ressort d'acier en spirale, qui l'empêche de s'aplatir sous l'action de la pression atmosphérique.

Pour mettre en expérience des objets dans le vide, on emploie une grande cloche, placée sur un plan de verre bien dressé, qu'on appelle la *platine* de la machine. Dans la machine de Bianchi, la platine est indépendante, elle peut se placer sur une table quelconque et elle est reliée à la machine par un tuyau en caoutchouc

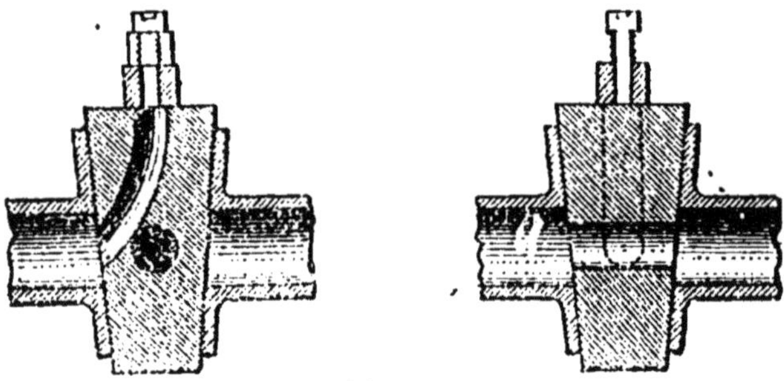

Fig. 135.

qui est rattaché à un tube aboutissant à une ouverture pratiquée dans la platine ; une seconde ouverture, munie également d'un tube, permet de faire à volonté rentrer l'air dans la cloche, ce qui est souvent utile dans les expériences et tout à fait nécessaire quand on veut l'enlever.

Dans la machine de cours, la platine fait corps avec la machine ; elle est reliée aux cylindres par un tuyau rigide en fer et le tout est placé sur une table à pieds. Pour pouvoir à volonté isoler la platine des corps de pompe, ou faire rentrer l'air sous la cloche, le tuyau rigide de communication est muni d'un robinet de forme spéciale appelé *clef*. Ce robinet est percé de deux canaux : un premier qui le traverse de part en part (fig. 135), permet d'établir, ou d'interrompre la communication entre la platine et les cylindres ; le second, creusé dans un plan perpendiculaire au premier et d'ailleurs sans relation avec lui, vient aboutir au milieu de la tranche extérieure de la clef, à une ouverture généralement fermée par une petite vis. Quand la platine est isolée des cylindres, la clef étant tournée dans le sens convenable, si l'on débouche cette petite ouverture, l'air rentre sous la cloche.

Sur la platine, l'ouverture qui communique avec les cylindres peut être munie, dans toutes les machines pneumatiques d'un ajutage avec pas de vis, sur lequel on peut visser des récipients de diverses formes dans lesquels on veut faire le vide.

Les soupapes ne sont pas, comme nous l'avons représenté dans les figures, des soupapes à ressort, mais de petits bouchons coniques, maintenus par des ressorts à boudin contre des ouvertures de même forme (fig. 136).

Dans la machine de cours, on utilise souvent un robinet, dit *robinet de Babinet*, qui permet de pousser

Fig. 136.

plus loin la limite du vide, en utilisant l'un des cylindres pour faire le vide dans l'espace nuisible de l'autre. Mais, depuis l'emploi de la machine de Bianchi, ce perfectionnement a beaucoup moins d'importance.

207. Manomètre. — Comme dans toutes les machines, pour connaître la pression de l'air dans le récipient, on emploie un manomètre. Ici il n'y a d'intérêt à connaître la pression qu'à la fin de l'expérience, pour savoir jusqu'à quelle limite on peut faire le vide.

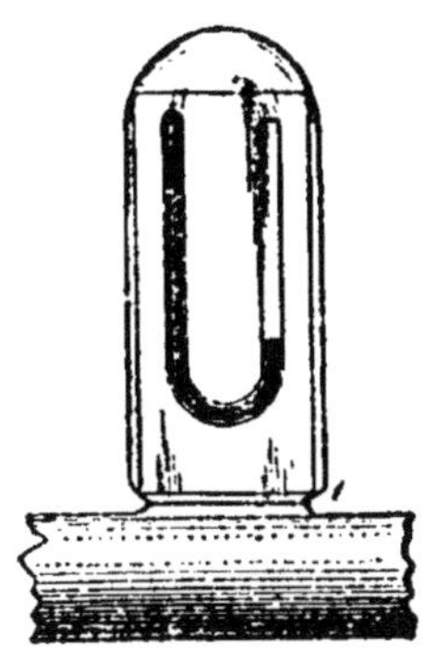

Fig. 137.

Le *manomètre* se compose d'un tube de verre recourbé, à branches égales, d'environ 30 centimètres, l'une fermée, l'autre ouverte ; la branche fermée est pleine de mercure, et l'appareil constitue une sorte de *baromètre tronqué*. Il est placé dans une éprouvette, qui communique avec le tuyau reliant le récipient au corps de pompe (fig. 137). La différence des niveaux fait connaître, à partir du moment où le mercure baisse dans la branche fermée, la pression de l'air dans le récipient.

208. Expériences diverses. — La machine pneumatique a été imaginée par Otto de Guericke, bourgmestre de Magdebourg, pour montrer la force de la pression atmosphérique.

Il faisait pour cela l'expérience dite des *hémisphères de Magdebourg*, que l'on répète aujourd'hui dans les cours. Deux hémisphères métalliques, en laiton par exemple, exactement de même diamètre, sont appliqués l'un contre l'autre, avec interposition de cuir gras (fig. 138). On y fait le vide en vissant l'appareil sur le conduit de la machine pneumatique, puis, fermant un robinet que porte l'hémisphère inférieur, on dévisse la sphère ainsi formée et on essaie d'en séparer les deux parties, ce qui est à peu près impossible avec des

hémisphères un peu volumineux. Si l'on ouvre le robinet et que l'air
rentre dans les hémisphères, leur séparation est facile.

Le *crève-vessie* est un appareil formé d'un récipient ouvert, dont
le fond est remplacé par une membrane solidement fixée sur les
bords (fig. 139). On place ce récipient sur la platine de la machine,
la membrane en haut, et il suffit de quelques coups de piston pour

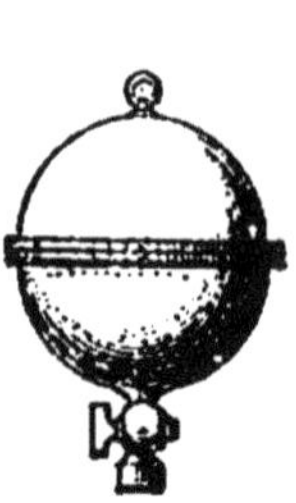

Fig. 138.

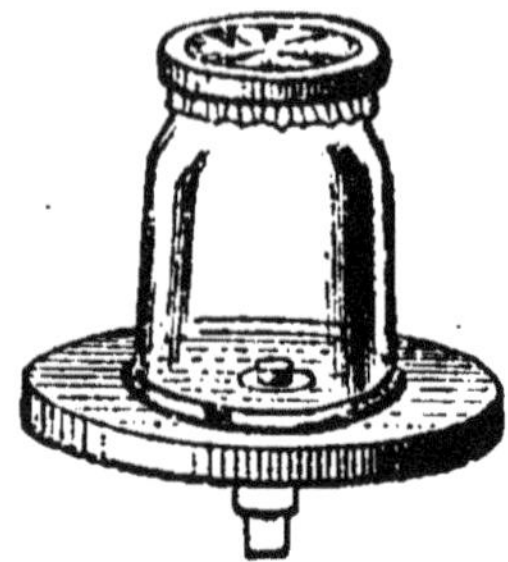

Fig. 139.

que la pression atmosphérique crève la membrane et que l'air rentre
dans le récipient en faisant un grand bruit.

On fait encore avec la machine pneumatique de nombreuses expériences, dont plusieurs ont été décrites précédemment, telles que
la *pluie de mercure* (33), le *tube de Newton* (52), la *vessie dans le vide*
(169), le *baroscope* (186) ; d'autres au contraires, telles que l'expérience de Leslie, seront décrites plus tard.

209. Machine à mercure sans espace nuisible. — Le tube de Toricelli
donnant le vide parfait, ou du moins aussi complet qu'il est possible
de l'obtenir, il est naturel de chercher à faire le vide par ce moyen.

On peut y arriver en soudant un ballon à l'extrémité d'un tube de
verre ouvert et se servant de cet appareil pour construire un baromètre (fig. 140). Le ballon, qui constitue la chambre barométrique,
est vide et on peut le détacher en fondant le tube un peu au-dessous.

Geissler a imaginé, pour extraire l'air d'un récipient, une machine
fondée sur ce principe, qu'on appelle une pompe à mercure. Elle se
compose de deux ballons reliés par un tube souple ; l'un A est fixe,
'autre B mobile peut être amené à un niveau supérieur, ou à un
niveau inférieur (fig. 141) Dans le premier cas, le ballon A est
plein de mercure jusqu'au-dessus d'une ouverture par laquelle il
communique avec le récipient ; dans la seconde position du ballon
mobile, le mercure passe dans ce ballon et abandonne le ballon A,
où se produit le vide barométrique : l'air du récipient passe alors
dans A. A ce moment on intercepte la communication de ce ballon
avec le récipient et on l'établit avec l'atmosphère, au moyen de

robinets, ou de toute autre façon. En relevant le ballon B, le mercure revient dans A et l'air qu'il contient est expulsé. A ce moment, on intercepte la communication avec l'atmosphère, on la rétablit avec le récipient et on recommence l'opération. Ici, il n'y a pas d'espace nuisible et, si l'appareil n'a aucune fuite, il n'y a pas de limite de vide.

Dans la machine de Geissler, le ballon mobile était porté par une planchette, qu'on pouvait relever, ou abattre, autour d'une charnière.

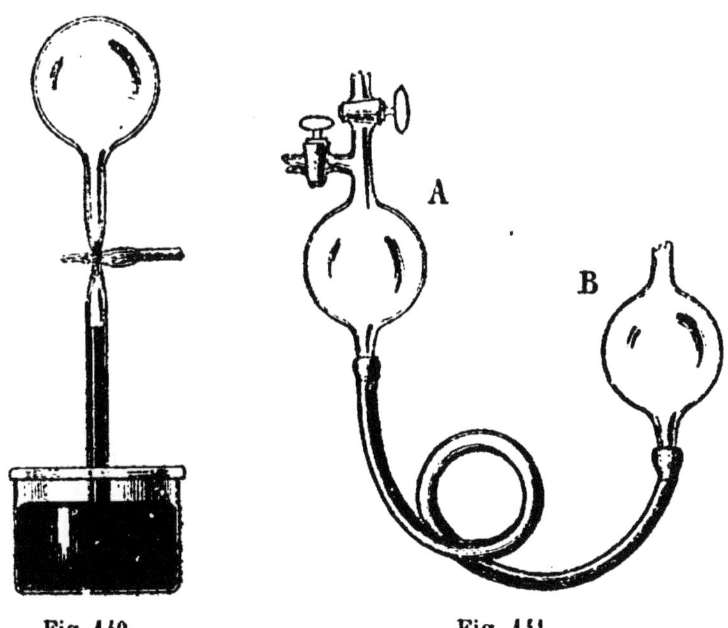

Fig. 140.   Fig. 141.

Alvergniat a attaché le ballon mobile à un câble qui permet de le faire monter ou descendre sur un montant vertical.

Avec cette machine, on a pu extraire les gaz du sang, en faisant le vide dans un récipient contenant du sang frais ; au lieu d'expulser les gaz, on les fait passer dans un nouveau récipient, qui communique avec le conduit précédemment indiqué comme aboutissant dans l'atmosphère.

§ 3. — MACHINES DE COMPRESSION

210. Principe. — Les machines de compression sont destinées à puiser l'air, ou le gaz, dans un récipient pour le comprimer dans un autre. En principe, elles peuvent donc avoir la même disposition que les machines pneumatiques, la soupape d'admission dans le corps de

pompe étant en communication avec le premier récipient, la soupape
d'expulsion en communication avec le second.

Lorsqu'on veut comprimer de l'air atmosphérique, ce qui est souvent le cas, il est plus commode de disposer les soupapes de manière
qu'elles s'ouvrent en sens inverse de celui où s'ouvrent les soupapes

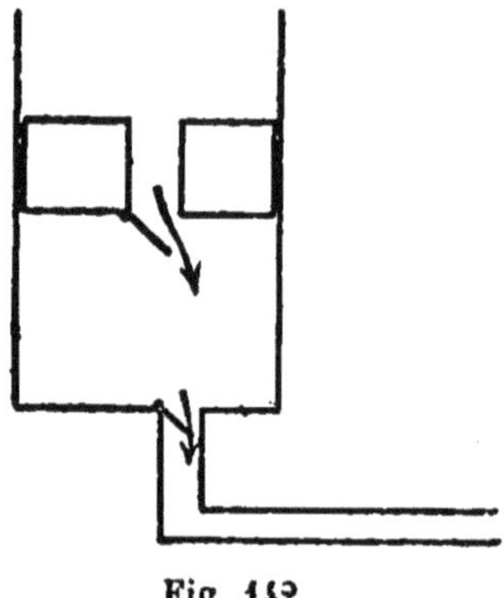

de la machine pneumatique (198).
Quand on soulève le piston, l'air atmosphérique pénètre par le canal du
piston, en forçant la soupape (fig. 142);
quand on abaisse le piston, l'air force
la soupape inférieure et pénètre dans
le récipient.

211. Calcul de la pression. — On
peut calculer la pression dans le récipient après n coups de piston.

Soit R la capacité du récipient, C
celle du corps de pompe, H la pression atmosphérique. Lorsqu'on soulève
le piston, le corps de pompe se rem-

Fig. 142.

plit d'air sous la pression atmosphérique H; lorsqu'on l'abaisse, cet
air passe dans le récipient sous la pression x, qui sera donnée par
la formule suivante, obtenue en appliquant la loi de Mariotte à la
masse d'air considérée :

$$CH = R.x$$

D'où :
$$x = \frac{C}{R} H.$$

Chaque abaissement du piston ajoutera dans le récipient de l'air
sous la pression x. S'il y avait au début de l'air sous la pression H_0,
la pression deviendra après chaque coup de piston :

$$H_1 = H_0 + x = H_0 + \frac{C}{R} H$$

$$H_2 = H_1 + x = H_0 + 2 \frac{C}{R} H$$

$$H_3 = H_2 + x = H_0 + 3 \frac{C}{R} H$$

et, d'une façon générale, après le n^e coup de piston :

$$H_n = H_{n-1} + x = H_0 + n \frac{C}{R} H.$$

212. Limite de la pression. — On ne peut, par la compression,
obtenir une pression du gaz aussi grande que l'on veut. Indépendam-

ment de la résistance des parois du récipient, il y a une limite due
à l'espace nuisible, comme dans la machine pneumatique.

Cette limite est atteinte lorsque la pression de l'air dans le récipient
est égale à celle que prend dans l'espace nuisible l'air qui occupait
le corps de pompe sans la pression atmosphérique. Alors, en effet,
l'air ne peut plus pénétrer dans le corps de pompe et à partir de ce
moment de nouveaux coups de piston ne changent rien à l'air du
récipient, ni à celui du corps de pompe.

En désignant par u la capacité de l'espace nuisible, par l la pression
limite et appliquant la loi de Mariotte à la masse d'air qui se trouve
dans le corps de pompe, on a la relation :

$$ul = CH$$

D'où :
$$l = \frac{C}{u} H$$

213. Effort à faire pour manœuvrer le piston. — Dans le mouvement
ascendant du piston, il n'y a d'autre effort à faire que celui qui est
absorbé par les frottements : les pressions sur les deux faces du piston sont toutes deux égales à la pression atmosphérique, puisque alors
l'air extérieur pénètre dans le corps de pompe d'une façon continue.

Dans le mouvement descendant, l'effort à faire par suite des différences de pression est d'abord nul ; mais, tandis que la pression sur
la face supérieure du piston est constamment égale à la pression
atmosphérique, la pression sur la face inférieure, qui est celle de
l'air comprimé, va constamment en augmentant depuis la pression
atmosphérique H jusqu'à la valeur H_n de la pression à la fin du coup
de piston. La différence des pressions sur les deux faces étant alors
$H_n - H$, l'effort à faire va constamment en augmentant depuis 0 jusqu'au poids d'une colonne de mercure de hauteur $H_n - H$ et de base
égale à la section S du piston. Ce poids est :

$$(H_n - H) S \times 13,6 \times g$$

13,6 étant la densité du mercure et g l'accélération de la pesanteur.
Si $H_n - H$ et g y sont exprimés en centimètres et S en centimètres
carrés, cet effort est exprimé en dynes (86).

On voit qu'il va constamment en croissant pendant un coup de
piston, et qu'il varie d'un coup de piston au suivant avec la valeur
de H_n .

214. Machines industrielles. — Dans l'industrie, on emploie, pour
comprimer l'air, des machines de formes très variées.

Le soufflet de forge est une véritable machine de compression,
avec soupapes. La trompe soufflante, en usage dans les installations
métallurgiques des Pyrénées, permet d'obtenir rapidement de grandes

masses d'air sous de fortes pressions. Enfin, dans les hauts fourneaux,
on emploie des machines soufflantes à piston, mues par des moteurs
à vapeur. La tige du piston de la machine motrice est articulée à
l'une des extrémités d'un balancier ; à l'autre extrémité de celui-ci,
est articulée la tige du piston de la machine soufflante. Cette dernière
est composée d'un cylindre, au bas duquel s'ouvrent plusieurs soupapes pour l'entrée de l'air ; quand le piston s'abaisse, l'air est fortement comprimé et passe dans les conduits aboutissant aux tuyères
des hauts fourneaux.

On construit aussi des machines à air comprimé dans lesquelles les
tiges des pistons sont parallèles et mues par le même axe; la tran-
mission de mouvement se fait alors par le moyen d'un excentrique.

215. Pompes à air. — Lorsqu'on veut comprimer de l'air dans un
récipient de faible dimension, on emploie de petites
pompes à main, dites *pompes à air*.

Elles se composent en principe d'un petit corps de
pompe cylindrique avec un piston plein (fig. 143). Vers
le haut du cylindre est une ouverture par laquelle l'air
atmosphérique peut entrer, quand le piston est au bout
de sa course; mais, aussitôt qu'on l'abaisse, l'air est em-
prisonné dans le corps de pompe. A
la partie inférieure, se trouve une ouverture munie d'une soupape et portant un pas de vis qui permet de relier,
au moyen d'un raccord, la pompe au
récipient dans lequel on veut compri-

Fig. 143.   mer l'air. Quand on abaisse le piston,
l'air comprimé dans le corps de pompe
force cette soupape inférieure, qui s'ouvre dans le
sens convenable, et s'introduit dans le récipient.

Les pompes de bicyclettes, si répandues aujour-
d'hui, sont des pompes de ce genre.

216. Pompes à gaz de laboratoire. — Dans les
laboratoires, on emploie des pompes à main qui
permettent à volonté de faire le vide dans un récipient contenant un gaz quelconque, ou de comprimer un gaz quelconque dans un récipient.

Le modèle le plus répandu est celui de la *pompe
de Regnault*. Elle se compose d'un cylindre, dans
lequel se déplace un piston plein (fig. 144); le cy-

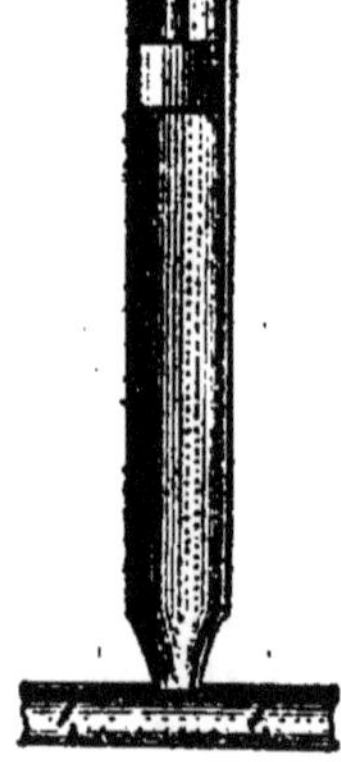

Fig. 144.

lindre communique avec l'extérieur par deux conduits placés à sa
base, symétriquement disposés et fermés par des soupapes, qui
s'ouvrent l'une A vers l'intérieur, l'autre B vers l'extérieur du cylindre.

Quand on soulève le piston, les gaz peuvent pénétrer dans le corps de pompe par le conduit A; quand on l'abaisse, les gaz sont expulsés du corps de pompe par le conduit B.

Pour puiser un gaz dans un récipient, il suffit donc de le relier au premier conduit; si l'on veut puiser de l'air dans l'atmosphère, ce conduit sera librement ouvert à l'air. Pour comprimer dans un récipient un gaz ainsi puisé dans un milieu quelconque, il suffira de relier ce récipient avec le second conduit B.

Cette pompe a été très employée par Regnault pour ses expériences sur la compressibilité, la dilatation et la densité des gaz.

CHAPITRE V

ÉCOULEMENT DES LIQUIDES

§ 1. — PRINCIPES GÉNÉRAUX

217. Pressions sur la paroi. — Lorsqu'un vase contenant un liquide est placé dans l'air (fig. 145), ses parois supportent deux sortes de pressions : 1° une pression P vers l'extérieur, exercée par le liquide intérieur et que nous avons appris à mesurer en hydrostatique (148); 2° une pression p exercée par l'air de l'extérieur vers l'intérieur et que l'on peut évaluer par la pression atmosphérique. La première

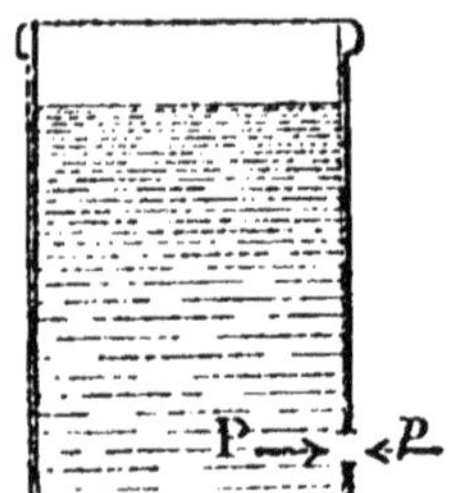

Fig. 145.   Fig. 146.

varie beaucoup pour un faible déplacement le long de la paroi, la seconde ne varie pas sensiblement. D'une façon générale, elles sont inégales ; mais la résistance de la paroi, bien supérieure à ces pressions, les empêcher de manifester leur action.

Il n'en est plus de même si l'on enlève une portion de la paroi, si l'on débouche par exemple une ouverture pratiquée en un point : les deux pressions se trouvent alors face à face, sans interposition d'une paroi résistante (fig. 146).

Trois cas peuvent alors se présenter :

Si la pression intérieure P est plus grande que la pression extérieure p, le liquide s'écoule vers l'extérieur.

Si les deux pressions P et p sont égales, il ne se produit rien ; le liquide ne s'écoule pas.

Si enfin la pression extérieure p est plus grande que la pression P l'air rentre et le liquide ne s'écoule pas.

Avec un récipient ordinaire, le seul cas qui puisse se présenter est le premier, parce que tout point du liquide est au-dessous de la surface libre.

Mais on peut, au moyen d'un artifice imaginé par Mariotte, obtenir un vase dans lequel les trois cas se présentent.

218. Vase de Mariotte. — Le *vase de Mariotte* est un flacon plein d'eau, muni d'un bouchon percé d'un trou et traversé par un tube, (fig. 147), qu'on enfonce profondément et dans lequel l'eau remonte.

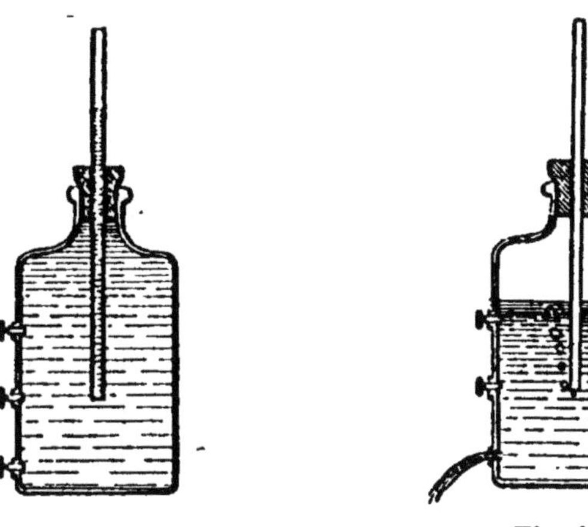

Fig. 147.   Fig. 148.

La surface libre est dans l'intérieur du tube, tant qu'il reste de l'eau dans ce tube ; suivant la position de cette surface, on peut donc considérer dans la masse liquide des points au-dessus ou au-dessous de la surface libre, ce qui permet d'avoir les trois cas.

Le vase a trois ouvertures latérales A, B, C. La surface libre étant d'abord dans le tube au-dessus de l'ouverture A et l'extrémité inférieure du tube au-dessous des ouvertures, on débouche A ; c'est alors la pression P qui l'emporte et le liquide s'écoule. Quand la surface libre du liquide, qui descend dans le tube, arrive au niveau de A, l'écoulement s'arrête, parce qu'alors $P = p$. Si, refermant l'ouverture A, on ouvre B, le liquide s'écoulera encore jusqu'à ce que la surface libre du liquide dont le tube arrive au niveau de B.

Si maintenant on ferme B et qu'on ouvre A, p est plus grand que P, puisque la surface libre du liquide dans le tube est au niveau de B, inférieur à celui de A. C'est le troisième cas, l'air rentre. Lorsque le niveau est remonté en A, la rentrée de l'air s'arrête.

L'arrêt de l'écoulement de l'eau, ou de la rentrée de l'air, lorsque la surface libre arrive au niveau de l'ouverture débouchée, représente le second cas.

219. Ecoulement continu. — Si l'on enfonce le tube de manière que son extrémité inférieure soit au-dessus du niveau de la troisième ouverture C, la surface libre du liquide dans le tube ne pourra atteindre ce niveau et l'écoulement sera continu. Lorsqu'il n'y a plus de liquide dans le tube, c'est le liquide du flacon qui s'écoule, un vide se produit au sommet du flacon et la pression atmosphérique, qui s'exerce à la base du tube, fait entrer bulle à bulle de l'air, qui vient se loger au-dessus de l'eau dans le flacon (fig. 148).

Mais la surface libre, c'est-à-dire le niveau où s'exerce la pression atmosphérique, se trouve toujours au bas du tube, tant qu'il y a de l'eau au-dessus dans le flacon. A partir du moment où le liquide dépasse la partie inférieure du tube, tout se passe comme dans un vase ordinaire, librement ouvert.

220. Principe de Toricelli. — Lorsqu'un liquide s'écoule d'un vase, la vitesse de l'écoulement est donnée par le principe suivant, dû à Toricelli :

Lorsqu'un liquide s'écoule, sous l'action de la pesanteur, par un orifice pratiqué dans la paroi mince d'un vase librement ouvert à l'air, la vitesse d'écoulement est la même que celle d'un corps pesant tombant dans le vide d'une hauteur égale à la distance h *de la surface libre à l'orifice.*

C'est $\sqrt{2gh}$ (71).

La vérification directe de ce principe est impossible, mais on peut le vérifier par ses conséquences.

En voici une. La vitesse $\sqrt{2hg}$ est justement celle qu'il faudrait communiquer à une molécule du liquide pour la faire remonter à la hauteur h (76). Si donc on adapte à l'ouverture une tubulure recourbée par laquelle le liquide s'écoule en remontant vers le haut, il devra s'élever au niveau de la surface libre. C'est ce que vérifie l'expérience, en tenant compte des frottements et des résistances diverses, qui empêchent l'eau de s'élever exactement au niveau indiqué.

221. Écoulement à vitesse constante. — D'après cela, pour que la vitesse d'écoulement soit constante, il faut et il suffit que la distance h de la surface libre à l'orifice soit constante.

On peut satisfaire à cette condition de plusieurs façons, dont la plus simple est l'emploi du vase de Mariotte, souvent employé dans les appareils de chimie, où l'on refroidit un ballon, ou un récipient quelconque, en faisant couler constamment de l'eau sur lui. Pour cet usage, le vase de Mariotte ne porte généralement qu'une seule ouverture, à la partie inférieure; la surface libre étant à la partie inférieure du tube, pendant l'écoulement, tant qu'il y a dans le flacon de l'eau au-dessus de ce niveau, la distance h reste invariable (fig. 149) et la vitesse d'écoulement est constante.

On peut même la régler à volonté. Si on veut l'augmenter on relève le tube; on l'enfonce davantage au contraire pour la diminuer.

222. Écoulement en vase fermé.

— Le principe de Toricelli tel que nous l'avons énoncé ne s'applique qu'à un liquide en communication avec l'atmosphère.

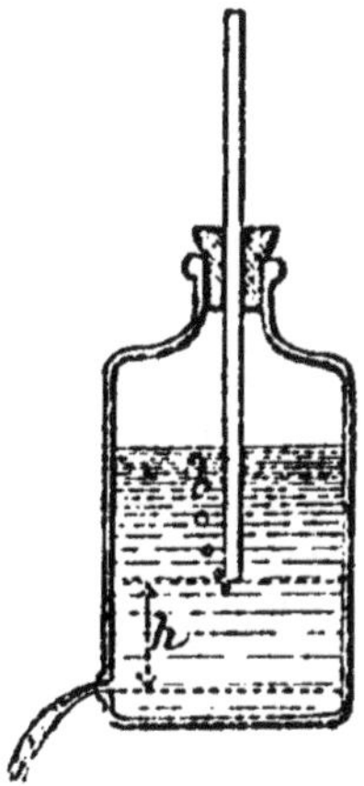

Fig. 149.

Si le vase contenant le liquide est fermé, il faut chercher le niveau dans lequel la pression est égale à la pression atmosphérique et mettre dans la formule la distance de ce niveau à l'orifice.

Soit par exemple H' la pression à la surface du liquide supposée à une distance h de l'ouverture; la pression H' est évaluée en hauteur d'eau.

Si H' est plus petit que H (pression atmosphérique également évaluée en hauteur d'eau), il y a dans le liquide à une profondeur h' au-dessous de la surface un plan dans lequel la pression est égale à la pression atmosphérique H (fig. 150) et l'on a entre les trois hauteurs H', h' et H la relation :

$$H' + h' = H$$

D'où :
$$h' = H - H'$$

La hauteur à introduire dans l'expression de la vitesse d'écoulement donnée par le principe de Toricelli est ici $h - h'$ et la vitesse d'écoulement a pour valeur :

$$\sqrt{2g\,[h - (H - H')]}$$

ou :
$$\sqrt{2g\,(h + H' - H)}$$

Si au contraire H' est plus grand que H, l'excès de H' sur H correspond à la pression d'une certaine colonne d'eau h', qui est donnée par la relation :

$$h' = H' - H$$

Si l'on supposait cette colonne d'eau existant en réalité au-dessus du liquide, il faudrait introduire dans la formule de Toricelli la distance de la surface supérieure de la colonne à l'ouverture, qui est :

$$h + h' = h + H' - H$$

et l'expression de la vitesse d'écoulement est :

$$\sqrt{2g\,(h + \mathrm{H}' - \mathrm{H})}$$

On voit que cette formule est générale. Elle comprend comme cas particulier celui où le vase est librement ouvert dans l'atmos-

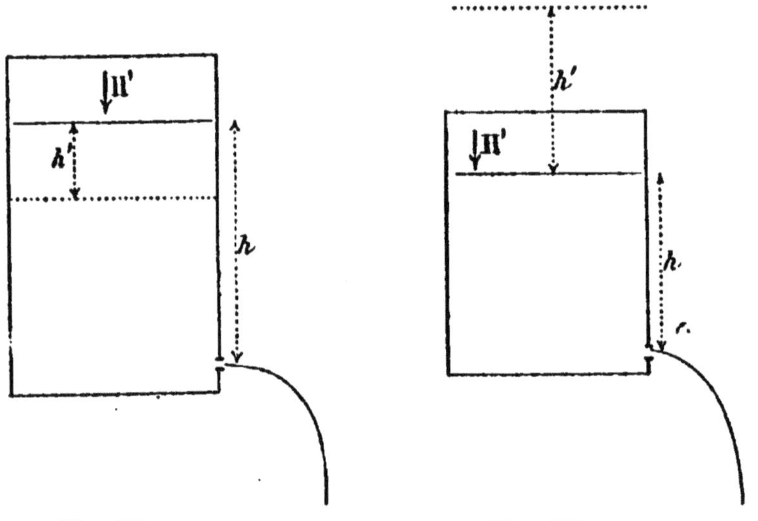

Fig. 150.Fig. 151.

phère, car alors $\mathrm{H}' = \mathrm{H}$ et la vitesse v est donnée par l'expression $\sqrt{2gh}$.

L'écoulement d'un vase fermé s'arrêtera lorsque la vitesse deviendra nulle, c'est-à-dire quand on aura :

$$h + \mathrm{H}' - \mathrm{H} = o$$

ou :
$$h + \mathrm{H}' = \mathrm{H}$$

en d'autres termes, lorsque la pression à la surface du liquide, augmentée de la pression correspondant à la hauteur du liquide, sera égale à la pression atmosphérique.

C'est ainsi que lorsqu'on recueille le liquide contenu dans un récipient fermé quelconque, tonneau, flacon, etc., s'il n'y a pas d'autre ouverture que celle par laquelle le liquide s'écoule, il s'arrêtera à un moment donné. Si l'on veut avoir un écoulement continu, il faut pratiquer à la partie supérieure une ouverture par laquelle s'exerce la pression atmosphérique.

223. Pipette. — La *pipette*, dont le fonctionnement est fondé sur les principes précédents, se compose d'un tube ouvert aux deux bouts et effilé à l'une de ses extrémités, celle qui sert à l'écoulement (fig. 152). Elle sert à transvaser de petites quantités de liquide ou à le laisser écouler avec une vitesse quelconque, goutte à goutte par exemple.

On remplit la pipette en plongeant l'extrémité effilée dans le liquide à transvaser et en aspirant au besoin avec la bouche par l'autre extrémité, si le récipient n'est pas assez grand pour pouvoir y plonger complètement la pipette ; on ferme alors avec le doigt l'extrémité supérieure et on enlève l'appareil. Une très petite quantité de liquide s'écoule, mais l'écoulement s'arrête bientôt, d'après ce qui a été expliqué plus haut.

Quand on enlève le doigt, le liquide s'écoule de nouveau ; quand on rebouche, l'écoulement s'arrête de nouveau.

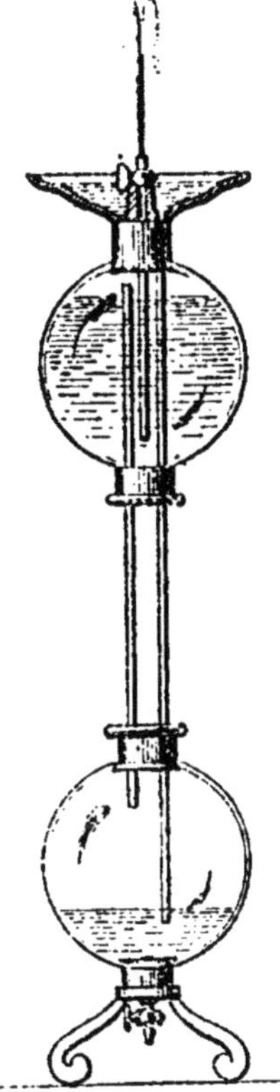

Fig. 154.

224. Fontaine de compression. — La pipette est l'exemple de l'écoulement d'un vase fermé, dans lequel la pression H' à la surface du liquide est plus petite que H ; la *fontaine de compression* est l'exemple de l'écoulement, dans le cas où H' est plus grand que H.

Elle se compose d'un récipient fermé dans lequel plonge jusqu'au fond un tube muni extérieurement d'un pas de vis, qui permet d'y adapter une pompe à main (215).

Le récipient contenant de l'eau, on y comprime de l'air, qui va se loger au-dessus du liquide (fig. 153) ; puis on ferme le robinet, on enlève la pompe, on adapte un ajutage et on ouvre le robinet.

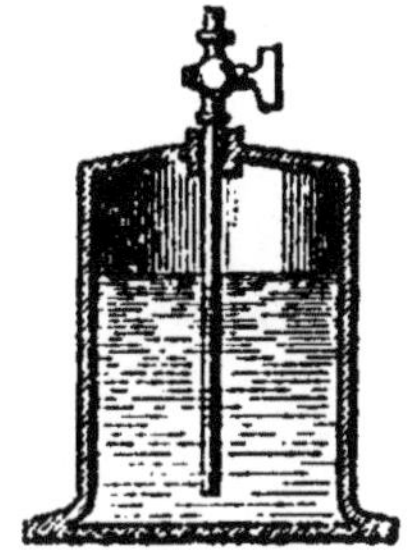

Fig. 153.

L'eau s'élève à une hauteur telle que la distance du sommet du jet à la surface du liquide dans la fontaine soit égale à l'excès de la pression du gaz intérieur sur la pression atmosphérique.

225. Fontaine de Héron. — Au lieu de comprimer l'air au moyen d'une pompe, on peut employer pour cela une colonne d'eau.

La *fontaine de Héron*, où ce mode de compression est utilisé, se compose de deux ballons, placés à des niveaux différents et qui communiquent ensemble à leurs parties supérieures (fig. 154). Le ballon supérieur contient de l'eau ; le ballon inférieur communique par un long tube *a* qui plonge jusqu'en son fond avec une cuvette *c* placée très haut. Lorsqu'on verse de l'eau dans la cuvette, elle descend par le tube *r* jusque dans le ballon inférieur, y comprime l'air, qui correspond par le tube *b* avec la surface de l'eau placée dans le ballon supérieur et lui transmet la pression de la colonne d'eau *a*. Si l'on ouvre un robinet *r* sur le tube DE qui plonge dans l'eau du ballon supérieur, celle-ci s'élèvera à une hauteur *h'* au-dessus du niveau du ballon supérieur égale à la hauteur de la colonne d'eau *a*.

§ 2. — Siphon

226. Description. — Le *siphon* est un appareil destiné à transvaser les liquides, à vider par exemple un vase sans y toucher.

Il est formé d'un tube recourbé, généralement en verre, à deux branches inégales (fig. 155).

Pour installer le siphon, on plonge sa petite branche dans le liquide à transvaser et on l'amorce, c'est-à-dire qu'on le vide d'air et on le remplit du liquide dont il s'agit.

227. Amorcement. — On peut, pour amorcer le siphon, employer plusieurs moyens.

Avant de le mettre en place, on peut le remplir du liquide, boucher la grande branche avec le doigt, retourner l'appareil et plonger la petite branche dans le liquide (fig. 156).

Quand le siphon est en place, on aspire par l'extrémité de la grande branche, l'appareil se remplit du liquide, qu'on laisse s'écouler.

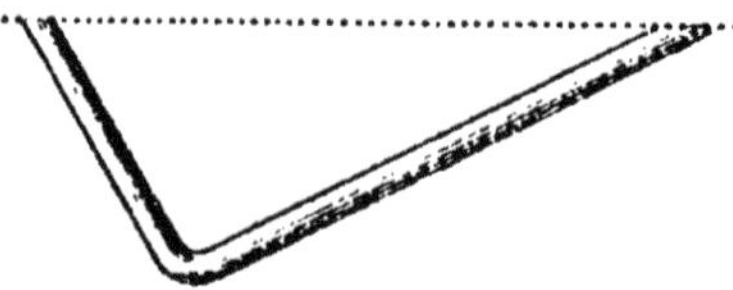

Fig. 155.   Fig. 156.

Si le liquide à transvaser ne peut être impunément touché ou ingurgité, on munit la grande branche d'un robinet à la partie inférieure et d'une tubulure latérale partant d'un point situé un peu au-dessus du robinet (fig. 157), on ferme le robinet, on aspire par la

tubuluré latérale et la grande branche se remplit de liquide sans
que celui-ci puisse remonter jusqu'à la bouche.

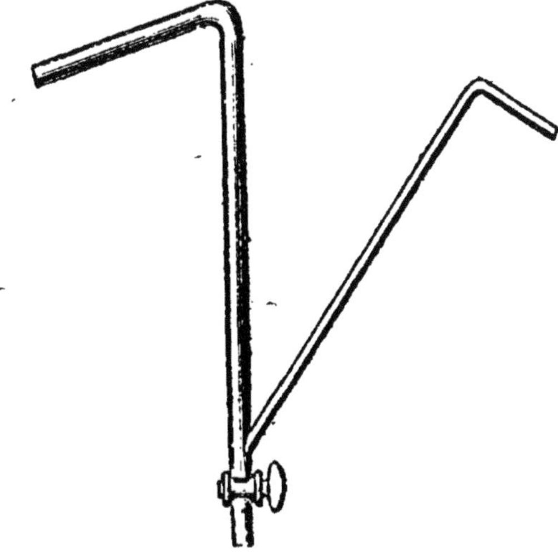

Fig. 157.

On peut encore munir la tubulure latérale d'une poire en caoutchouc aspirante, qui produit le même effet que l'aspiration avec la

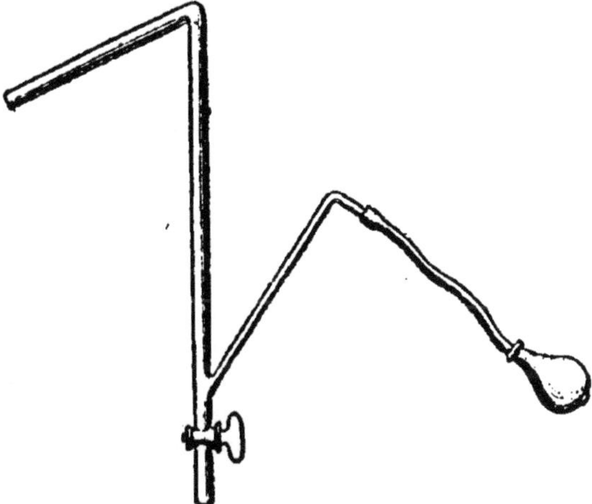

Fig. 158.

bouche (fig. 158). Les siphons dont la grande branche est munie
d'un robinet restent amorcés quand on ferme le robinet; ils permettent de recueillir un liquide par intermittence, sans qu'un nou-

vel amorcement soit nécessaire. Si la petite branche plonge jusqu'au fond du récipient, on pourra le vider sans y toucher.

228. Fonctionnement. — Pour que le siphon, installé et amorcé, fonctionne, c'est-à-dire laisse écouler continuellement le liquide du récipient, il faut et il suffit que l'extrémité de la grande branche soit au-dessous du niveau du liquide dans le vase.

Le fonctionnement du siphon s'explique par l'existence de la pression atmosphérique et par la valeur de la pression hydrostatique aux différents niveaux d'un liquide en équilibre.

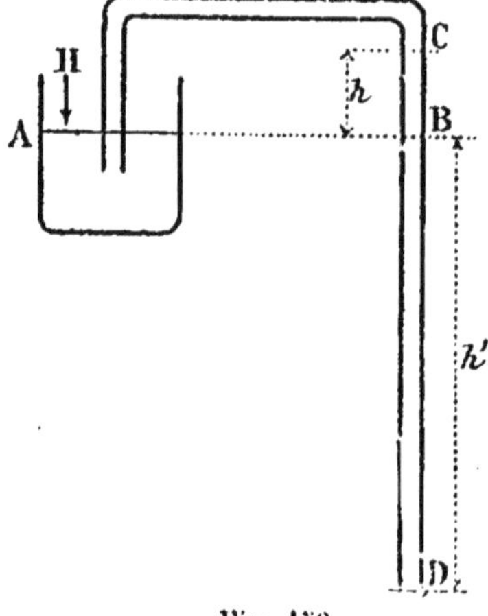

Fig. 159.

Si nous considérons (fig. 159) un siphon installé, amorcé et fermé au bas de la grande branche, nous pourrons appliquer à la masse liquide en équilibre les principes d'hydrostatique.

Sur la surface du liquide dans le vase, en A, la pression est égale à la pression atmosphérique H, elle sera la même en tout point du liquide pris dans ce plan horizontal, par exemple en B. En C, à une hauteur h au-dessus de ce plan, la pression sera inférieure à la précédente et égale à $H - h$, H représentant la pression atmosphérique en hauteur du liquide. Enfin en D, à la partie inférieure de la grande branche, au-dessous du plan horizontal de la surface A et à une distance h' de cette surface, la pression sera supérieure et égale à $H + h'$. Si donc on débouche cette ouverture, le liquide s'écoulera, parce que la pression du liquide vers l'extérieur est $H + h'$, tandis que la pression de l'atmosphère vers l'intérieur est H.

Ces différentes circonstances se démontrent expérimentalement avec un *siphon de démonstration* (fig. 160). Il se compose d'un siphon ordinaire, dont la grande branche porte trois garnitures métalliques à robinet : au-dessus du robinet placé à la partie inférieure de la grande branche, part une tubulure latérale qui sert à amorcer le siphon. Le siphon étant en place et amorcé, pendant que le liquide s'écoule, on ferme le robinet inférieur R ; le siphon reste amorcé. En ouvrant de nouveau le robinet, qui correspond à la position D de l'explication précédente, le liquide s'écoule.

Les deux robinets situés au-dessus sont à trois voies et le tube de la garniture métallique est percé à leur hauteur d'une ouverture latérale o (fig. 161), de telle sorte qu'on peut donner au robinet une position telle (position 1) que le liquide s'écoule comme si le robinet n'existait pas, ou bien une position telle (position 2) que le liquide soit immobilisé au-dessus du robinet et s'écoule au contraire de la partie du tube située au-dessous.

Si, lorsque le liquide dans le récipient arrive au niveau du robinet intermédiaire S, on tourne ce robinet dans la position 2, le liquide est arrêté au-dessus de ce robinet tandis qu'il s'écoule au-dessous. En ouvrant de nouveau ce robinet, qui correspond à la position B

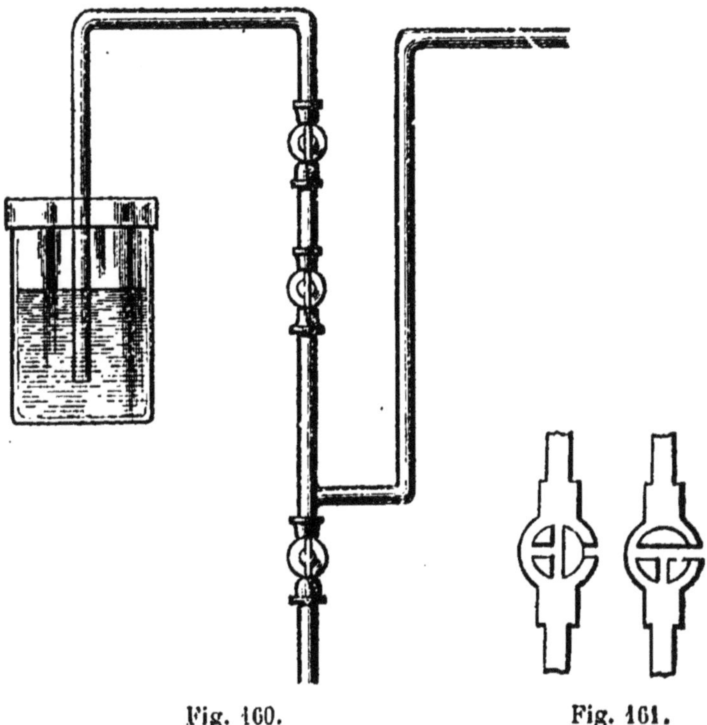

Fig. 160.   Fig. 161.

de l'explication précédente, rien ne se produit, le liquide reste suspendu, parce que la pression du liquide vers l'extérieur et de l'atmosphère vers l'intérieur sont égales.

En ajoutant alors du liquide dans le vase où plonge la petite branche, le robinet se trouve un niveau inférieur à celui du liquide dans le vase et l'écoulement reprend.

Si enfin, pendant que l'écoulement a lieu, on tourne le robinet supérieur dans la position 2, pour arrêter le liquide au-dessus, puis qu'on le retourne dans la position 1, pour mettre la branche correspondante du liquide en communication avec l'atmosphère, l'air rentre et le liquide retombe dans le vase par la petite branche; parce que ce robinet inférieur correspond à la position C de l'expli-

cation précédente et que la pression du liquide vers l'intérieur est
Π-h, inférieure à la pression atmosphérique Π.

229. Rôle de la pression atmosphérique. —A mesure que le liquide
s'écoule par la grande branche, la pression atmosphérique le fait
continuellement monter par la petite bran-
che, de telle sorte qu'il se renouvelle constamment dans l'appareil.

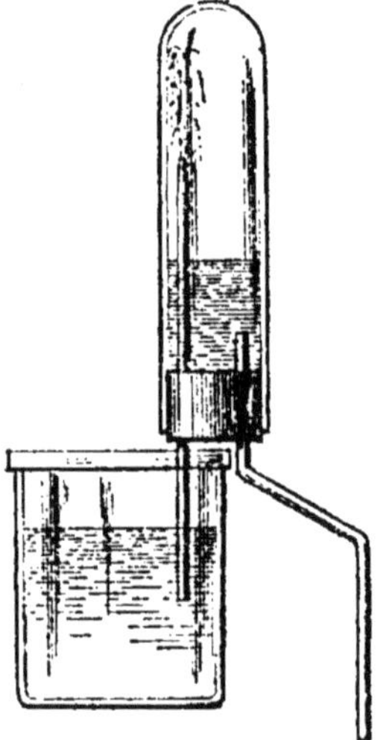

Cette action est mise en évidence par l'expérience suivante : on prend une éprouvette
dans laquelle on verse un peu d'eau et que
l'on ferme avec un bouchon percé de deux
trous et traversé par deux tubes, l'un court,
qui pénètre profondément dans l'éprouvette,
l'autre plus long, qui s'enfonce très peu au
delà du bouchon (fig. 162). En renversant
l'éprouvette et plongeant vivement le tube
le plus court dans un récipient plein d'eau,
on voit s'écouler le liquide contenu dans
l'éprouvette, pendant que le liquide du récipient, poussé par la pression atmosphérique, jaillit dans l'éprouvette et vient remplacer celui qui s'écoule.

Fig. 162.

230. Vitesse d'écoulement. — Comme dans
tout récipient ouvert à l'air libre d'où s'é-
coule un liquide, la vitesse d'écoulement est donnée par le principe
de Toricelli. Elle est égale à $\sqrt{2gh}$, h étant la distance de la surface
libre du liquide dans le récipient à l'orifice inférieur de la grande
branche.

On voit donc que la vitesse d'écoulement va généralement en
diminuant.

231. Ecoulement constant. — On peut cependant arriver à avoir
une vitesse d'écoulement constante, en s'arrangeant de telle sorte
que la distance h soit constante.

On peut, par exemple, faire passer la petite branche dans un large
bouchon de liège, qui flotte à la surface du liquide dans le récipient,
et soutenir le siphon au moyen d'une ficelle passant sur une poulie
et d'un contrepoids, de manière qu'il suive le mouvement du
liquide à mesure qu'il descend (fig. 163).

On peut aussi fermer le récipient au moyen de l'artifice de Mariotte (fig. 164). On sait que, tant que le liquide dans le flacon est
au-dessus de l'orifice inférieur du tube qui traverse le bouchon, la
position de la surface libre est invariable.

232. Formes diverses. — Dans les applications, le siphon a tou-

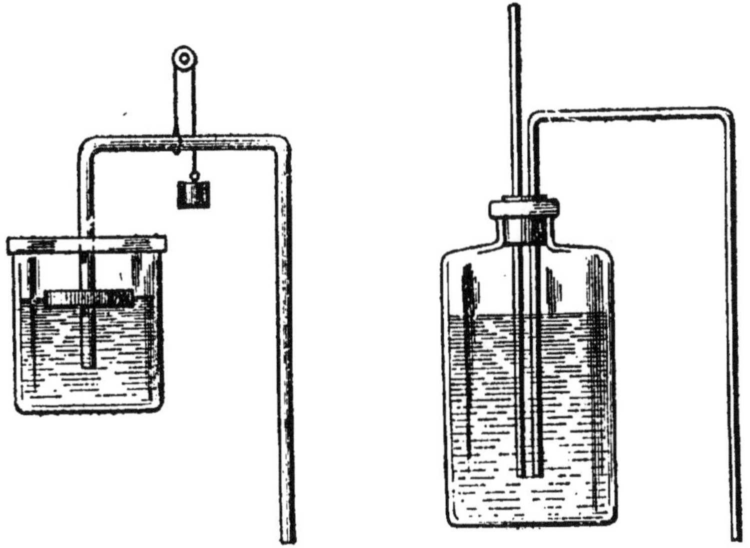

Fig. 163.   Fig. 164.

jours une forme analogue à celle qui a été décrite précédem-

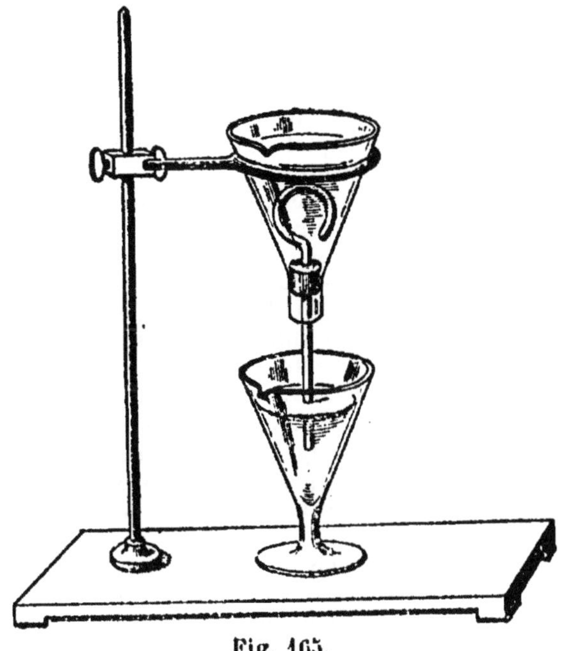

Fig. 165.

ment; mais dans les cours de physique on en varie souvent la forme.

On construit par exemple le *vase de Tantale*, qui se vide complètement au moment où il va être plein de liquide. C'est un verre dont le pied est creux et fermé par un bouchon qui traverse la grande branche d'un siphon dont la petite branche, contenue dans le vase, est retournée en forme de point d'interrogation (fig. 165).

Quand on remplit le verre, le liquide y reste, mais il monte peu à peu dans la petite branche, qu'il finit par remplir. A ce moment le siphon est amorcé et le liquide s'écoule, jusqu'à ce que le vase soit vide.

§ 3. — POMPES A LIQUIDES

233. Principe général. — Les *pompes à liquides* ont la même forme générale que les pompes à gaz. Elles se composent d'un cylindre, présentant des ouvertures fermées par des soupapes, dans lequel se meut un piston plein, ou percé d'un canal également fermé par des soupapes (fig. 166). Dans le cas des liquides, on peut plonger le corps de pompe dans le liquide à transvaser, l'eau par exemple, et c'est alors ce liquide qui fait effort sur les parois et qui pénètre immédiatement par l'ouverture pratiquée, en soulevant la soupape.

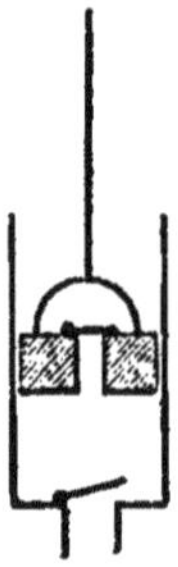

Dans certains cas, par exemple pour aller chercher l'eau à une grande profondeur, ou pour puiser un liquide dans un récipient étroit, on ne peut y plonger le cylindre; on le prolonge alors par un tuyau dont l'extrémité arrive dans le liquide et par lequel celui-ci puisse monter jusqu'au cylindre : c'est le *tuyau d'aspiration*.

Fig. 166.

D'où deux sortes de pompes : les pompes *foulantes* et les pompes *aspirantes*.

234. Pompe foulante. — La pompe *foulante* se compose (fig. 167) d'un corps de pompe, muni à la partie inférieure d'une soupape ; d'en bas, sur le côté, part un tube de refoulement, par lequel s'écoule le liquide comprimé. La première soupape s'ouvre vers l'intérieur du corps de pompe ; le tuyau de refoulement porte une soupape, qui s'ouvre vers l'extérieur. Le cylindre plonge dans le liquide.

Quand on soulève le piston, la pression que le liquide exerce, en vertu des lois de l'hydrostatique, sur la soupape inférieure

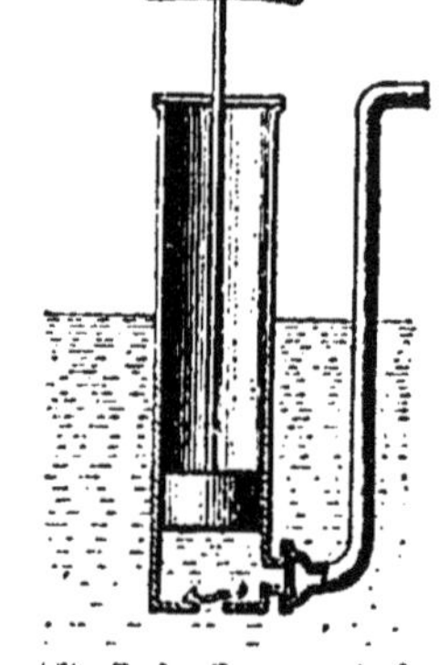

Fig. 167.

fait soulever celle-ci et le liquide pénètre dans le cylindre; quand on

abaisse le piston, la pression éprouvée par l'eau agit sur la soupape
du tuyau de refoulement et le liquide s'échappe par ce tuyau.

Cette pompe est employée dans plusieurs circonstances : les bou-
tiquiers arrosent le trottoir avec un seau, dans lequel plonge une
pompe foulante ; les pompes à incendies (fig. 168) sont formées de
deux pompes foulantes accouplées, dont les tiges de piston A et B
sont mises en mouvement par un levier C, de telle sorte que l'une

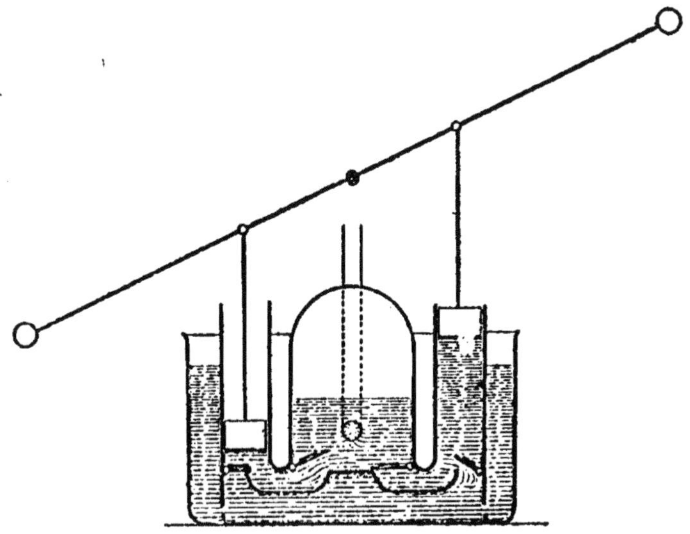

Fig. 168.

monte quand l'autre descend. Les deux cylindres plongent dans
une grande caisse D, que l'on remplit d'eau, et les deux tuyaux de
refoulement débouchent dans une cloche pleine d'air E, où plonge
le tuyau F auquel s'adapte la lance ; l'air de la cloche réagissant par
la pression, régularise le jet d'eau de la lance.

235. Effort à faire pour mouvoir le piston. — Supposons le piston
en bas de sa course ; si on le soulève, la pression qu'il supporte de
haut en bas est la pression atmosphérique H, de bas en haut elle
est H + h, si h désigne la distance de la surface libre du liquide à
a base du cylindre (fig. 169). L'effort à faire pour soulever le piston est
donc négatif, c'est-à-dire que la poussée du liquide facilite l'ascension du piston, jusqu'à ce qu'il arrive au niveau du liquide ; à ce
moment, la différence des pressions supportées par le piston s'an-
nule, puis, quand il continue à s'élever, la pression de haut en bas
surpasse celle de bas en haut et l'effort à faire est représenté par le
poids d'une colonne de liquide de hauteur h', distance de la base du
piston au niveau du liquide.

Quand on abaisse le piston, la soupape inférieure se ferme, celle du tuyau de refoulement s'ouvre et le piston est en relation avec le liquide de ce tuyau. Si h'' est la hauteur du liquide dans le tuyau de refoulement au-dessus du piston, la pression exercée sur la base du piston de bas en haut est $H + h''$, tandis que la pression de haut en bas est toujours H. L'effort à faire pour abaisser le piston est donc la pression d'une colonne de liquide de hauteur h'' : elle va en augmentant constamment pendant le mouvement de descente.

236. Pompe aspirante. — La pompe aspirante se compose d'un corps de pompe, prolongé par un tuyau d'aspiration (fig. 170), que ferme une soupape s'ouvrant vers l'intérieur du corps de pompe ; le piston est creux et traversé par un canal, fermé par une soupape s'ouvrant vers l'extérieur, comme dans la machine pneumatique de cours.

Pour la faire fonctionner, on installe la pompe de manière que que son tuyau d'aspiration plonge dans le liquide à aspirer.

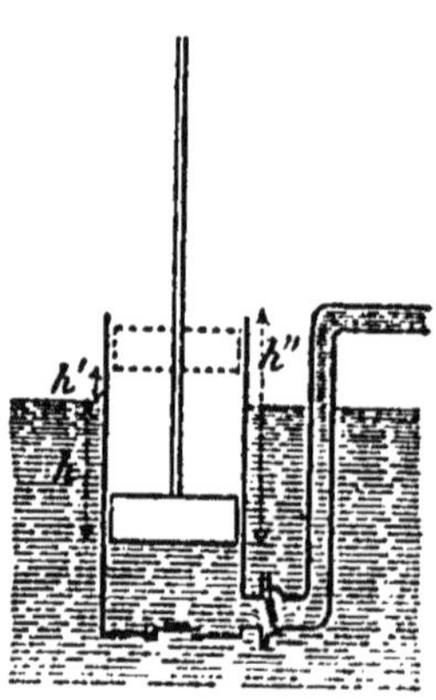

Fig. 169.

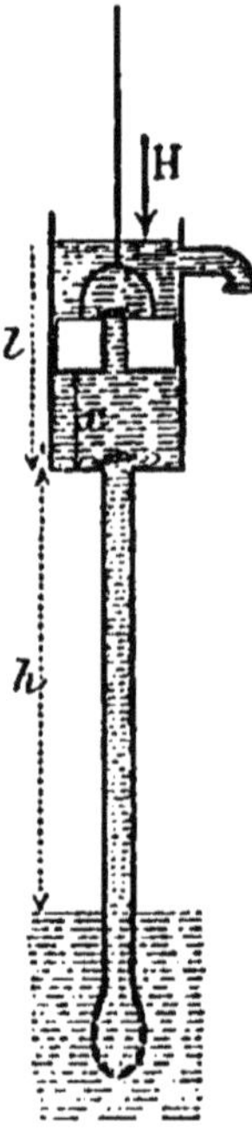

Fig. 170.

En soulevant le piston, on fait le vide dans le corps de pompe, l'air du tuyau d'aspiration force la soupape et passe en partie dans le cylindre, et le vide partiel se produisant ainsi dans le tuyau d'aspiration, la pression atmosphérique fait monter l'eau dans ce tuyau ; quand on abaisse le piston, l'air comprimé dans le corps de pompe force la soupape du piston et passe au-dessus, où il s'échappe dans l'atmosphère. Un nouveau coup de piston produit le même effet : chaque fois, l'eau monte un peu plus haut dans le tuyau d'aspiration. Mais ce mouvement ascendant n'est pas indéfini ; la pression atmosphérique, qui soulève l'eau, ne peut la maintenir qu'à une hauteur de $10^m,33$ en moyenne et, si le tuyau d'aspiration dépasse cette longueur, l'eau ne parviendra pas au corps de pompe. Dans la pratique, la hauteur limite ne peut même guère dépasser 8 mètres.

Si le tuyau d'aspiration n'est pas trop long, l'eau finira par arriver dans le corps de pompe et passera alors au-dessus du piston, quand celui-ci descendra ; elle s'écoule ensuite par un déversoir latéral.

On dit, à partir de ce moment, que la pompe est *amorcée*.

237. Effort à faire pour mouvoir le piston. — Supposons la pompe amorcée. Soit h la hauteur du tuyau d'aspiration, H la pression atmosphérique en hauteur du liquide, l la longueur du cylindre et supposons que le piston soit à une distance x de la base.

La pression supportée de bas en haut par la face inférieure est $H - h - x$; la pression de haut en bas est $H + l - x$, en négligeant l'épaisseur du piston ; c'est cette dernière qui est la plus grande. L'effort à faire pour soulever le piston correspond à la pression :

$$H + l - x - (H - h - x)$$

c'est-à-dire :
$$l + h$$

Il est constant et représente le poids de la colonne de liquide qui va du déversoir au niveau inférieur et qui a pour base le piston.

La pression de haut en bas facilite la descente du piston.

238. Pompes diverses. — Les pompes aspirantes sont généralement employées comme *pompes ménagères*, ainsi que pour épuiser l'eau dans les navires et dans les mines.

Dans ce dernier cas, la hauteur de 8 mètres, à laquelle la pompe aspirante peut seulement élever l'eau, est souvent insuffisante. On emploie alors les pompes aspirantes et foulantes, ou bien aspirantes et élévatoires.

La *pompe aspirante et foulante* se compose d'un cylindre, prolongé, comme dans la pompe aspirante, par un tuyau d'aspiration (fig. 171), muni d'une soupape ; d'autre part, le piston est plein et de la partie inférieure du cylindre part un tuyau de refoulement, muni d'une soupape.

L'effort à faire pour soulever le piston se calcule comme dans la pompe aspirante ; l'effort à faire pour l'abaisser, comme dans la pompe foulante.

La *pompe aspirante et élévatoire* (fig. 172) est une pompe aspirante ordinaire, avec tuyau d'aspiration et canal dans le piston ; mais le cylindre est entièrement fermé à la partie supérieure et l'ouverture supérieure, qui représente le déversoir de la pompe aspirante, communique avec un long tube qui s'élève verticalement.

L'effort à faire pour mouvoir le piston, dans ce cas, se calcule comme pour la pompe aspirante, en tenant compte, pour calculer la

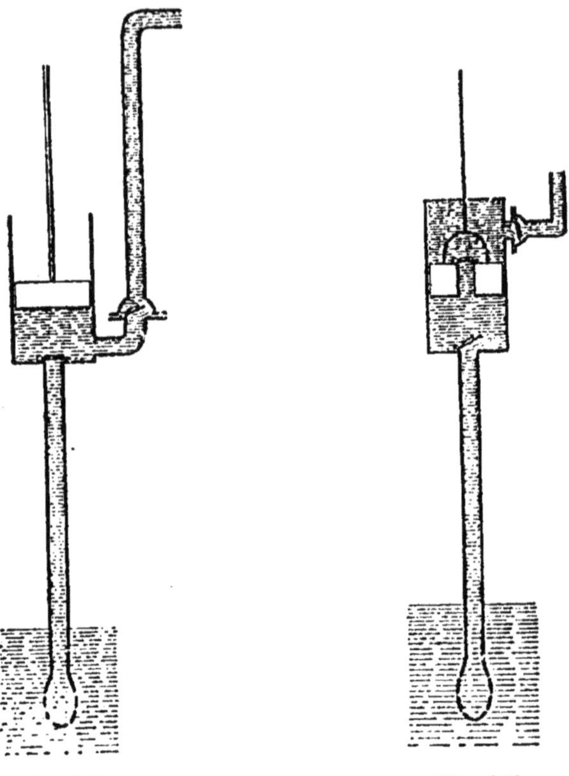

Fig. 171.   Fig. 172.

pression de haut en bas sur le piston, du poids de la colonne de liquide qui existe dans le tuyau élévateur.

Aujourd'hui, on emploie souvent des *pompes rotatives*, ou *centrifuges*. Leur forme et leur mode d'action les rapproche beaucoup des *turbines*, dont nous n'avons pas à nous occuper dans ce cours.

LIVRE III

CHALEUR

CHAPITRE PREMIER

THERMOMÈTRES

239. Définition de la chaleur. — La chaleur est la cause qui produit sur nous les sensations de chaud et de froid.

On l'attribuait autrefois à un agent particulier, une sorte de fluide, qui serait répandu sur les corps ; on l'attribue aujourd'hui à un mouvement des molécules des corps.

240. Sources de la chaleur. — La principale source de chaleur est la source naturelle, le soleil.

Les moyens employés pour obtenir artificiellement de la chaleur sont : le *frottement*, qui enflamme les allumettes; le *choc*, qui fait jaillir des étincelles d'un morceau de fer, frappé par une pierre siliceuse dure (briquet à mèche); ou la *compression brusque*, comme dans le briquet à air (29).

241. État calorifique d'un corps. — L'*état calorifique* d'un corps est son état de chaud, ou de froid.

On peut juger de cet état en touchant le corps avec la main ; mais c'est là un mauvais moyen, parce que l'état calorifique de la main est variable d'une personne à une autre, et pour la même personne d'un instant à l'autre.

242. Autres effets de la chaleur. — Mais la chaleur produit d'autres effets que les sensations de chaud et de froid.

Elle produit des *changements d'état physique:* un solide, lorsqu'on le chauffe, devient à un moment liquide; un liquide se change en vapeur, ou gaz.

La chaleur produit également des *variations de volume*. Un corps chauffé se *dilate*, c'est-à-dire augmente de volume ; il se *contracte*, ou diminue de volume, en se refroidissant.

Il est facile de mettre en évidence ces dilatations et contractions par les expériences suivantes :

243. Dilatation des solides. — On emploie pour le montrer l'appareil connu sous le nom d'*anneau de S'Gravesend*.

C'est un anneau, que l'on peut mouvoir le long d'une tige verticale et fixer en une position invariable au moyen d'une vis de pression (fig. 173). La tige supporte une boule, qui passe exactement dans l'anneau, dans les conditions ordinaires. Si l'on chauffe la boule indépendamment de l'anneau, elle augmente de volume, ne peut plus passer dans l'anneau, qui, lorsqu'on le remonte, la soulève.

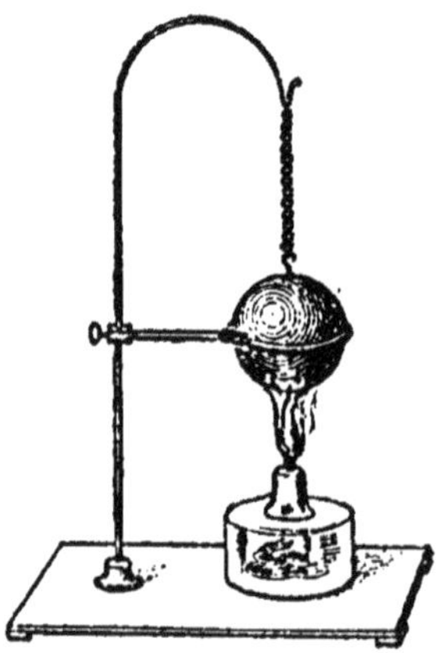

Fig. 173.

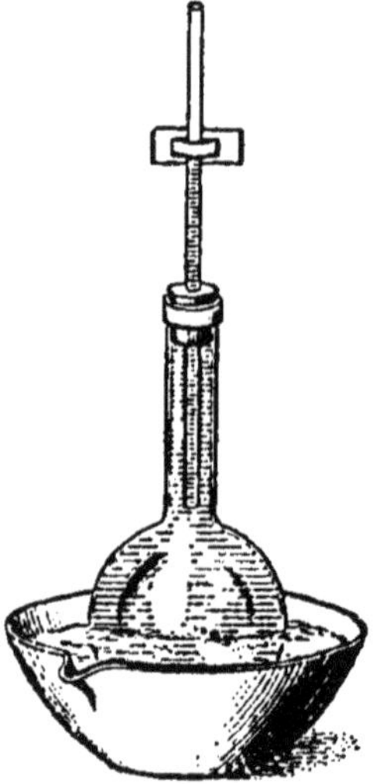

Fig. 174.

Par refroidissement, le volume de la boule diminue et, à un moment donné, elle traverse de nouveau l'anneau.

244. Dilatation des liquides. — La dilatation des liquides par la chaleur est mise facilement en évidence au moyen d'un ballon de verre, surmonté d'un long tube, le long duquel peut glisser un index de papier (fig. 174).

Si l'on remplit le ballon d'eau colorée, par exemple, jusqu'à une certaine hauteur du tube, marquée par l'index, puis qu'on le plonge dans l'eau bouillante, on voit d'abord le niveau du liquide descendre dans le tube, puis remonter bientôt au-dessus de l'index.

Le niveau baisse d'abord, parce que le ballon se dilate avant que la chaleur n'arrive au liquide et tout se passe comme si celui-ci était dans un récipient plus large. Puis, lorsque le liquide s'échauffe à son tour, il se dilate et beaucoup plus que le ballon. Mais l'augmentation de volume observée au-dessus de l'index n'est que la différence entre les nouveaux volumes du liquide et du ballon.

245. Dilatation des gaz. — Pour mettre en évidence la dilatation des gaz, on prend un ballon de verre plein de gaz, muni d'un long tube de verre recourbé horizon- talement et contenant une petite colonne de liquide, de mercure par exemple, qui servira d'in- dex (fig. 175).

Si le ballon a une capacité un peu grande, d'un demi-litre par exemple, il suffira de la chauffer avec la main pour voir l'index se déplacer rapidement vers l'extré- mité du tube; en cessant de chauffer, il revient à la première position.

Si l'on veut pouvoir chauffer un peu fort sans que l'index sorte

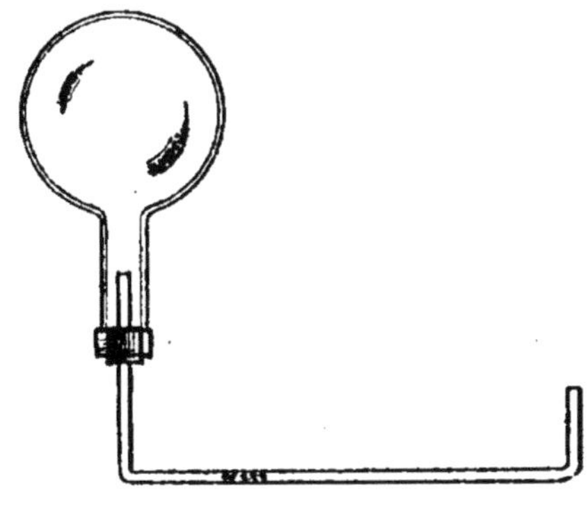

Fig. 175.

du tube, il faut prendre un ballon de faible capacité, une simple boule, pour parler plus exactement, avec un tube étroit.

246. Applications. — Ces phénomènes sont susceptibles de mesures très précises; il est facile d'ailleurs de prendre pour les variations de volume des points de repère fixe, l'expérience prouvant que le volume d'un corps reste invariable, lorsqu'il est en contact avec un solide en train de fondre, de la glace fondante par exemple, ou avec un liquide en train de passer à l'état de vapeur, de l'eau bouillante par exemple.

L'emploi du thermomètre est fondé sur ces divers phénomènes.

§ 2. — DE LA TEMPÉRATURE

247. Définition. — Lorsque deux corps sont mis en contact, deux cas peuvent se présenter.

Ou bien leurs volumes restent invariables, on dit alors qu'ils sont à la *même température*.

Ou bien leurs volumes varient, on dit alors qu'ils sont à des *tem- pératures différentes*.

248. Equilibre de température. — Dans ce second cas, les deux corps échangent de la chaleur, le plus chaud en donnant au plus froid, jusqu'à ce que leurs températures soient les mêmes.

On dit à ce moment que les deux corps sont en *équilibre de température.*

249. Mesure de la température. — On évalue la température d'un corps en la touchant avec un autre corps, convenablement choisi et qu'on appelle thermomètre.

Il en résulte que la température observée n'est pas la température primitive du corps, mais celle de l'équilibre.

On mesure la température du thermomètre au moyen d'une graduation, à échelle, construite d'après certaines conventions que nous indiquerons plus loin (254).

250. Choix du corps thermométrique. — En principe, on peut prendre comme thermomètre n'importe quel corps. Mais il y a avantage à choisir un corps qui soit très bon conducteur, de manière à se mettre rapidement en équilibre de température avec le corps touché; qui soit très dilatable, de manière que ses moindres variations de volume soient appréciables; et qui n'ait enfin qu'une faible capacité calorifique, c'est-à-dire qui absorbe, ou perde, très peu de chaleur pour de grandes variations de température, de manière à pouvoir prendre la température du corps touché sans lui enlever, ou lui donner, beaucoup de chaleur et sans faire varier beaucoup sa température.

Le mercure répond très bien à la plupart de ces conditions. Comme métal, il est très bon conducteur de la chaleur; comme liquide, il est très dilatable; enfin, la capacité calorifique du mercure est très faible et 100 grammes de mercure à la température de la glace fondante abaissent très peu la température de 100 grammes d'eau bouillante, avec lesquels on les mélange.

Pour les usages courants, on emploie aussi l'alcool, que l'on colore en rouge.

Ainsi que nous l'avons vu un peu plus haut (244), la dilatation de l'enveloppe de verre, où est renfermé un liquide, influe sur la variation de volume observée. Comme tous les verres ne sont pas identiques, les divers thermomètres à liquides ne sont pas rigoureusement comparables entre eux. Aussi, dans les mesures scientifiques, emploie-t-on souvent les thermomètres à gaz, principalement à hydrogène, qui est le plus conducteur.

Nous choisirons comme type le thermomètre à mercure.

251. Construction du thermomètre à mercure. — Pour construire un thermomètre à mercure, on choisit d'abord un tube capillaire, c'est-à-dire fin comme un cheveu, bien calibré; à l'une de ses extrémités, on souffle un réservoir cylindrique; à l'autre on soude une ampoule de verre à pointe effilée (fig. 176). On trouve dans le commerce de ces tubes tout préparés.

Pour remplir le tube de mercure, on brise la pointe de l'ampoule, on chauffe le réservoir (fig. 177) pour chasser de l'appareil la plus

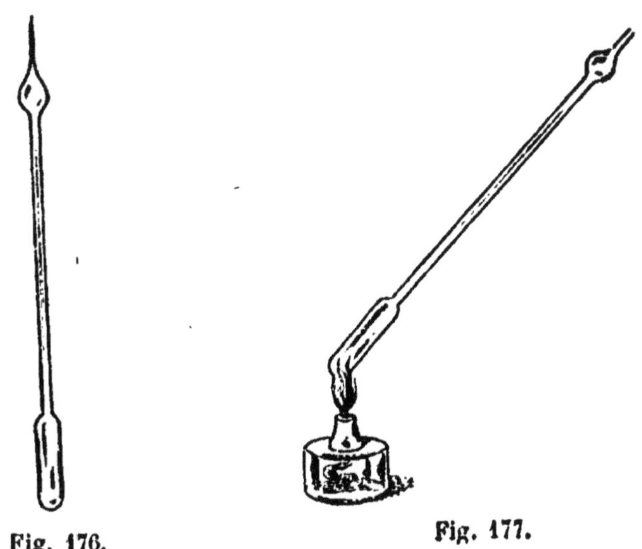

Fig. 176.   Fig. 177.

grande partie de l'air qu'il contient, puis on plonge la pointe de l'ampoule dans un verre plein de mercure (fig. 178). Par refroidisse-

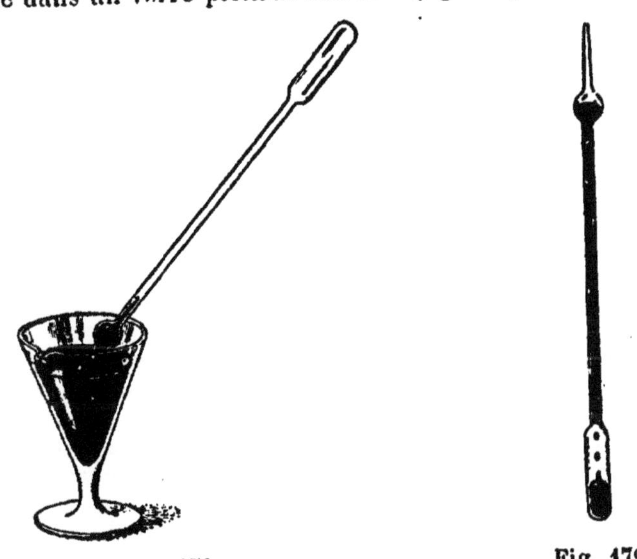

Fig. 178.   Fig. 179.

ment, l'air resté dans l'appareil se contracte, un vide partiel se produit et la pression atmosphérique fait monter le mercure dans l'ampoule. Quand celle-ci contient assez de mercure pour remplir l'appareil, on redresse le tube et le mercure tombe dans le réservoir (fig. 179). De temps en temps, lorsque le mercure s'arrête dans le tube, on chauffe de nouveau le réservoir, pour en chasser l'air, qui s'échappe en traversant le mercure de l'ampoule, et par refroidissement une nouvelle quantité de mercure pénètre dans le réservoir.

Quand le réservoir et le tube sont pleins de mercure, on place l'appareil sur une grille inclinée, le réservoir en bas, et on le chauffe

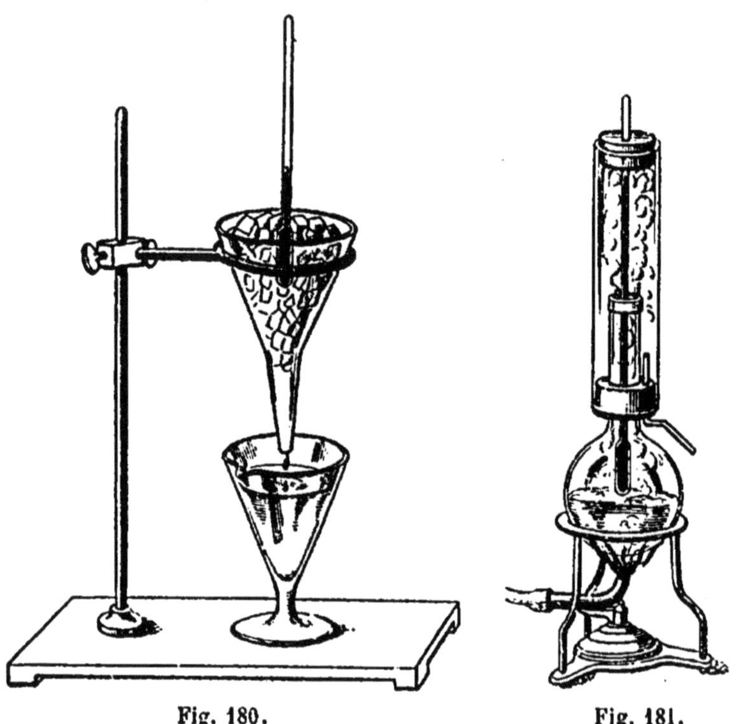

Fig. 180.   Fig. 181.

progressivement et avec précaution de bas en haut, pour faire bouillir le mercure et chasser ainsi l'excès d'air et d'eau qui peuvent encore se trouver dans le tube. Puis on chauffe, pour chasser ainsi l'excès de mercure, un peu au delà de la température la plus élevée que devra marquer le thermomètre, on détache l'ampoule et l'on ferme le thermomètre à la lampe.

Ainsi construit, le thermomètre doit être gradué. Pour cela, on y marque deux points de repère fixes, correspondant à des volumes de mercure, toujours les mêmes dans des conditions identiques et faciles à retrouver. On utilise la propriété, que nous avons indiqué plus haut (246), qu'au contact d'un solide en train de fondre, ou d'un liquide en train de bouillir, un corps conserve un volume invariable.

On entoure donc, dans un entonnoir (fig. 180) ou dans un récipient spécialement construit à cet effet, le thermomètre de glace pilée en menus morceaux, qui fond et dont l'eau s'écoule immédiatement : le mercure s'arrête en une position invariable su: la tige du thermomètre, c'est le premier point fixe, correspondant à la glace fondante. On suspend ensuite le thermomètre dans le col d'un ballon où l'on fait bouillir de l'eau (fig. 181), le mercure s'arrête en une autre position invariable, c'est le second point fixe, que l'on marque d'un trait, il correspond à l'eau bouillante. Il est bon que la tige thermométrique soit entourée d'une double enveloppe, comme dans la figure, pour que l'air ambiant ne refroidisse pas la vapeur et qu'un petit manomètre à eau permette de déterminer la force élastique de cette vapeur, car les variations de pression influent beaucoup sur la température d'ébullition des liquides.

252. Degré thermométrique. — L'intervalle entre les deux points fixes est divisé en un certain nombre de parties égales qu'on appelle les *degrés* de l'échelle thermométrique.

Ce nombre de divisions peut être choisi d'une façon tout à fait arbitraire. Nous verrons un peu plus loin quelles sont les principales échelles thermométriques en usage.

253. Emploi du thermomètre. — Le thermomètre se met en équilibre de température avec le corps qu'il touche. La température du corps, égale à ce moment à celle du thermomètre, s'évalue en degrés lus sur le thermomètre.

§ 3. — ÉCHELLES THERMOMÉTRIQUES

254. Echelle centigrade. — Les échelles thermométriques sont absolument arbitraires. Cependant, il n'y en a guère que deux actuellement en usage : l'échelle centigrade et l'échelle Fahrenheit.

Dans l'échelle centigrade, on marque 0 au point fixe fourni par la glace fondante, 100 au point fixe correspondant à l'eau bouillante, et l'on divise l'intervalle en 100 partie égales, d'où le nom donné à l'échelle. Au-dessous de 0 et en partant de ce point on numérote 1, 2, 3... ; mais les degrés correspondants sont indiqués par le signe —, et cela dans toutes les échelles.

Le degré centigrade est donc la 100e partie de la dilatation du mercure du thermomètre entre la glace fondante et l'eau bouillante.

Les degrés centigrades sont indiqués par la lettre C : ainsi 50° C signifie 50 degrés centigrades.

En France, quand on n'ajoute aucune indication au nombre de degrés il est sous-entendu qu'il s'agit de degrés centigrades.

255. Echelle Fahrenheit. — En Angleterre, en Amérique et dans quelques autres pays, on fait usage d'une échelle toute différente, inventée par Fahrenheit et à laquelle on a donné son nom.

On marque 32 à la glace fondante, 212 à l'eau bouillante et l'on divise l'intervalle en 212 moins 32, c'est-à-dire 180, parties égales.

Le degré Fahrenheit est donc la 180e partie de la dilatation du mercure du thermomètre entre la glace fondante et l'eau bouillante. De plus, les points de départ des deux échelles centigrade et Fahrenheit ne coïncident pas.

Les degrés Fahrenheit sont indiqués par la lettre F. Ainsi 90° F signifie 90 degrés Fahrenheit.

Les journaux américains donnent souvent les températures en degrés Fahrenheit sans aucune lettre indicatrice. Mais les nombres de degrés correspondant dans les deux échelles à une même température sont tellement différents qu'il n'y a aucune confusion possible.

256. Echelle Réaumur. — Nous ne mentionnerons que pour mémoire l'échelle imaginée autrefois par Réaumur et qui n'est plus usitée.

On marque dans cette échelle 0 à la glace fondante, 80 à l'eau bouillante et l'on divise l'intervalle en 80 degrés égaux.

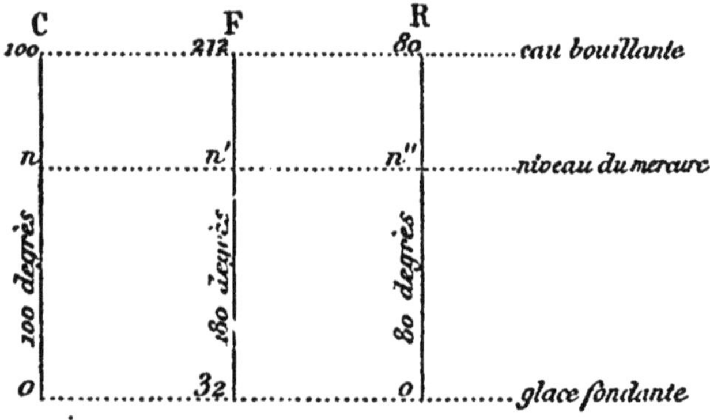

Fig. 182.

Le degré Réaumur est donc la 80e partie de la dilatation du mercure du thermomètre entre la glace fondante et l'eau bouillante.

Une température donnée en degrés Réaumur est indiquée par la lettre R : 26° R signifie 26 degrés Réaumur.

On ne trouve plus l'emploi de cette échelle que dans de vieux ouvrages scientifiques, principalement des ouvrages allemands.

257. Correspondance des échelles. — Le problème de la correspondance des échelles est le suivant : La tige du thermomètre, ou la planchette sur laquelle elle est fixée, étant supposée graduée suivant les trois échelles, quelle relation y aura-t-il, à une température quelconque, entre les trois nombres de degrés des échelles marqués en regard de l'extrémité de la colonne de mercure. Représentons (fig. 182) les trois échelles, de longueur l égale entre les deux points fixes, glace fondante et eau bouillante. Il y a sur cette même longueur 100 degrés centigrades, donc le degré centigrade a pour longueur $\dfrac{l}{100}$; il y a 180 degrés Fahrenheit, donc le degré F vaut $\dfrac{l}{180}$; il y a enfin 80 degrés Réaumur, donc le degré R vaut $\dfrac{l}{80}$. Si à une température quelconque, les nombres de degrés marqués sur les trois échelles sont respectivement n, n' et n'', on voit que la longueur de la colonne de mercure correspondante contient n degrés C, c'est-à-dire $n\,\dfrac{l}{100}$, $n' - 32$ degrés F, c'est-à-dire $(n' - 32)\dfrac{l}{180}$, et enfin n'' degrés R, c'est-à-dire $n''\,\dfrac{l}{80}$. Ces trois longueurs étant égales, on a :

$$\frac{nl}{100} = \frac{(n' - 32)l}{180} = \frac{n''l}{80}$$

ou, en simplifiant :

$$\frac{n}{5} = \frac{n' - 32}{9} = \frac{n''}{4}$$

relations qui permettent de résoudre toutes les questions relatives à la correspondance des échelles.

258. Exercice. — Supposons que l'on cherche quelle est l'expression en degrés centigrades d'une température qui est donnée par 80 degrés F.

En posant $n' = 80$ et $n = x$, on tire des relations précédentes :

$$\frac{x}{5} = \frac{80 - 32}{9} = \frac{48}{9} = \frac{16}{3}$$

D'où :
$$x = \frac{80}{3} = 26°,66\ \text{C}.$$

On voit quelle énorme différence il y a entre les nombres de degrés indiquant dans les deux échelles la même température.

259. Règles pratiques. — Des relations générales que nous venons d'établir, on peut déduire quelques règles pratiques.

Ainsi, l'on a :

$$n = \left(n' - 32\right)\frac{5}{9}$$

D'où la règle suivante :

Pour transformer en degrés C une température donnée en degrés F, il faut retrancher 32 du nombre de degrés donné et multiplier ce résultat par $\frac{5}{9}$.

On tire de la même relation :

$$n' = \frac{9}{5} n + 32.$$

D'où la règle suivante :

Pour transformer en degrés F une température donnée en degrés C, il faut muliplier par $\frac{9}{5}$ le nombre de degrés donné et ajouter 32 au résultat.

On trouverait facilement d'une façon tout à fait analogue les règles pour transformer en degrés C une température donnée en degrés R, et inversement.

§ 4. — THERMOMÈTRES DIVERS

260. Limites d'emploi du thermomètre à mercure. — Le mercure se solidifie à — 40° C et bout à 360° C.

Pour les températures basses, on emploie souvent les thermomètres à alcool coloré. Dans ce cas, on peut déterminer l'un des points fixes en plongeant le thermomètre dans la glace fondante; mais, comme l'alcool bout à 78° C, pour avoir le second point fixe, on plonge le thermomètre à graduer dans de l'eau chaude, dont la température, de 50° C par exemple, est donnée par un thermomètre à mercure déjà gradué. Au lieu de l'alcool, on emploie aussi le sulfure de carbone, ou d'autres liquides.

Pour les températures élevées, ou bien on emploie des thermomètres à gaz, contenu dans une enveloppe en porcelaine, ou bien on utilise la connaissance du coefficient de dilatation linéaire des barres métalliques (268).

261. Thermomètres à maxima. — Un *thermomètre à maxima* est destiné à faire savoir quelle a été la température la plus élevée pendant le temps qu'il est resté en expérience.

Les thermomètres à maxima sont en général des thermomètres à mercure. Dans certains, comme celui de Rutherford (fig. 183) le mercure se dilatant pousse devant lui un petit index de métal, placé dans la tige ; quand, au contraire, le mercure se contracte, l'index, que le mercure ne mouille pas et par conséquent n'entraîne pas, reste en place.

Dans d'autres, comme les thermomètres usités en médecine pour prendre la température des malades (fig. 184), la tige présente un

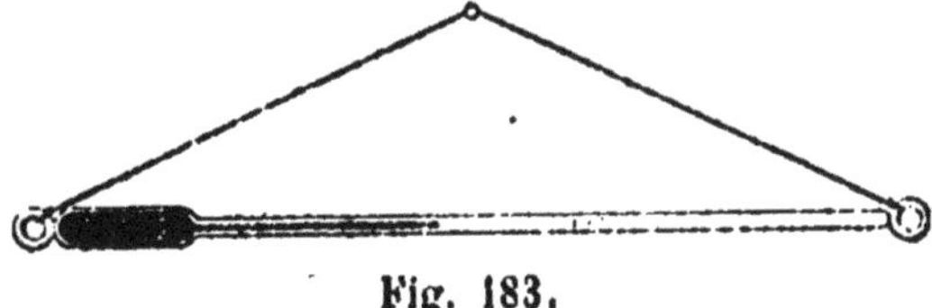

Fig. 183.

peu au delà du réservoir une courbure, que le mercure franchit en se dilatant mais qu'il ne peut franchir en se contractant, de sorte que l'extrémité de la colonne de mercure indique toujours la température la plus haute à laquelle le mercure a été porté.

Pour mettre l'appareil en expérience, au début de chaque observation, il est nécessaire de faire rentrer tout le mercure dans le

Fig. 184.

réservoir, ou de ramener l'index métallique au contact du mercure. On y arrive en imprimant à l'appareil de vives secousses ; dans le second cas, on peut aussi agir sur l'index avec un aimant.

262. Thermomètre à minima. — Le *thermomètre à minima* est destiné à faire savoir quelle a été la température la plus basse pendant le temps qu'il est resté en expérience.

Les thermomètres à minima sont généralement à alcool; dans la tige se trouve un index en verre émaillé, qui est mouillé par l'alcool et qui ne peut par conséquent sortir du liquide (fig. 185). Quand

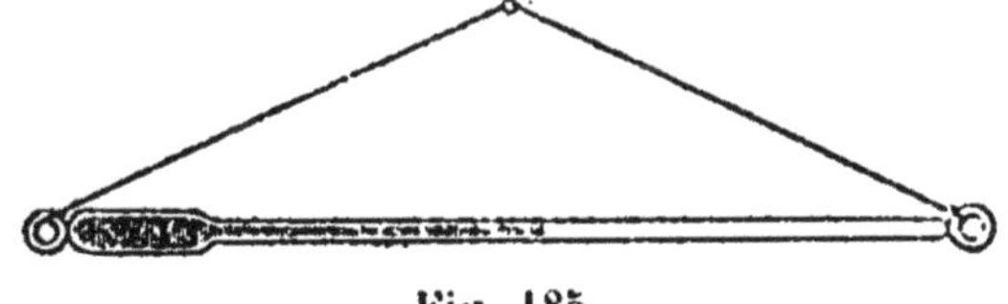

Fig. 185.

l'alcool se dilate, il passe autour de l'index sans le déplacer ; quand il se contracte, aussitôt que l'extrémité de la colonne atteint l'index, il l'entraîne avec lui. L'index indique donc la position de l'extrémité de la colonne d'alcool correspondant à la température la plus basse.

Au début d'une observation, on amène l'index en contact avec l'extrémité de la colonne d'alcool par une simple inclinaison du tube. Pendant tout le temps que le thermomètre est en expérience, sa tige doit être placée horizontalement.

263. Thermométrographe. — Le *thermométrographe* de Six et Bellani, très employé en météorologie et aussi par les horticulteurs dans leurs serres, fait connaître à la fois la température maxima et la température minima, c'est-à-dire les deux températures extrêmes qui se sont produites pendant la durée d'une expérience.

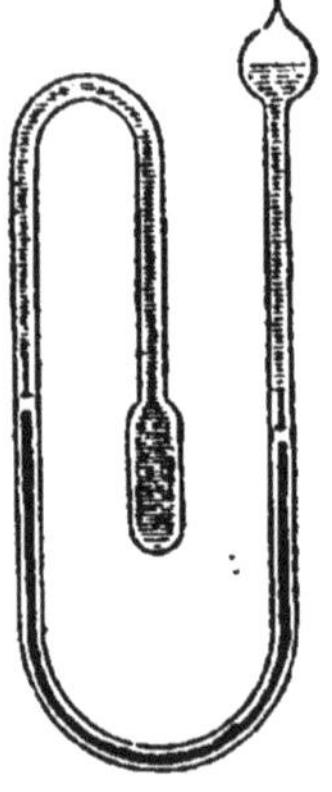

Fig. 186.

Il se compose (fig. 186) d'un réservoir plein d'alcool avec une tige plusieurs fois recourbée contenant, dans la courbure inférieure une colonne de mercure placée entre deux colonnes d'alcool. La colonne n'est pas entièrement pleine; cela a lieu dans tous les thermomètres d'ailleurs, et le liquide a un espace dans lequel il peut se dilater. Dans chacune des branches, au-dessus du mercure et plongeant dans l'alcool, se trouve un petit index de verre émaillé, avec un axe en fer.

L'appareil étant suspendu, quand on veut commencer une expérience, on agit avec un aimant sur les deux et on les amène au contact du mercure. Si la température augmente, toute la colonne liquide se dilate vers la partie vide du tube et le mercure pousse l'index de droite, tandis que l'alcool ne déplace pas l'index de gauche; si, au contraire, la température diminue, la colonne liquide en se contractant revient vers le réservoir et le mercure pousse l'index de gauche, tandis que celui de droite ne bouge pas.

La tige porte naturellement deux graduations sur chacune des deux branches; le point où s'arrête l'extrémité inférieure de l'index de droite fait connaître la température maxima, tandis que le

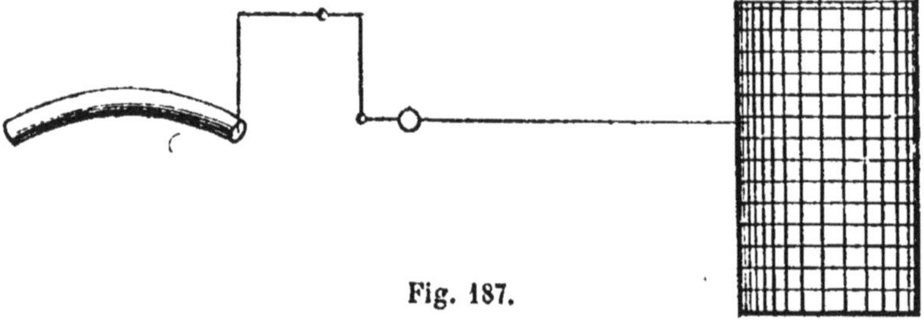

Fig. 187.

point correspondant de l'index de gauche donne la température minima.

264. Thermomètre enregistreur. — Dans les observations météorologiques, en particulier, il est important de connaître, non seulement les températures maxima et minima, mais bien la marche des variations de la température dans l'espace d'un jour, d'une semaine, etc., on y arrive avec les appareils enregistreurs.

Le *thermomètre enregistreur* de Richard se compose d'un tube en laiton très mince, à section lenticulaire, plein d'alcool et fermé; l'une de ses extrémités étant fixe et l'autre libre, lorsque la température augmente, l'alcool se dilate et déforme le tube, dont l'extrémité libre se déplace (fig. 187). Par un système de leviers, qui ressemble beaucoup à celui du baromètre enregistreur (183), le mouvement de ce point est transmis à une aiguille qui trace une ligne sur une feuille de papier quadrillé, entraînée par un mouvement d'horlogerie. Les lignes verticales du quadrillage correspondent aux heures du jour et aux jours de la semaine, les lignes horizontales correspondent aux températnres : la ligne tracée par l'aiguille fait donc connaître les variations continues de la température pendant tout le temps que l'appareil reste en expérience.

CHAPITRE II

DILATATION DES CORPS

285. Coefficients de dilatation. — Dans les applications de la dilatation, les nombres appelés *coefficients de dilatation* jouent un rôle des plus importants.

Pour les solides, on considère souvent trois sortes de dilatation : la dilatation *linéaire*, ou augmentation de longueur d'une barre du corps considéré ; la dilatation *superficielle*, ou augmentation de surface d'une plaque du corps considéré ; enfin, la dilatation *cubique*, ou augmentation de volume d'un morceau du corps considéré.

On appelle *coefficient de dilatation linéaire, superficielle,* ou *cubique* d'un corps l'augmentation de longueur, de surface, ou de volume de l'unité, lorsque le corps passe de 0° à 1°.

Pour la plupart des corps solides, cette augmentation est la même lorsque la température du corps augmente de 1° en partant d'une température autre que 0° ; mais il n'y a là rien d'absolu.

Cela signifie que l'augmentation de longueur, de surface. ou de volume est proportionnelle au nombre de degrés dont la température a varié. Ce n'est pas exact, en toute rigueur ; mais on peut l'admettre, en général, dans une première approximation.

266. Formules de dilatation. — Étant donné ces définitions et admettant que la dilatation soit proportionnelle à la variation de température, nous établirons les formules fondamentales de la dilatation.

Soit L_0 la longueur d'une barre à 0°, l son coefficient de dilatation linéaire, t la température à laquelle on le porte et L_t la longueur à cette température.

Une barre de 1 mètre s'allongerait de l en passant de 0 à 1° ; une barre de longueur L_0 s'allongera de L_0 fois plus, et pour passer de 0 à $t°$ elle s'allongera de t fois plus, soit $L_0\,lt$. Sa nouvelle longueur L_t sera donc $L_0 + L_0\,lt$. D'où :

$$L_t = L_0 + L_0 lt = L_0 (1 + lt)$$

L'expression $1 + lt$ s'appelle le binome de dilatation.

D'où la règle pratique suivante :

Pour avoir la longueur d'une barre à t^o, il faut multiplier sa longueur à 0 par le binome de dilatation correspondant à la valeur de t.

En désignant par S_o la surface d'une plaque à 0°, par S_t la surface à t_o et par s le coefficient de dilatation superficielle, on aurait de même :

$$S_t = S_0 (1 + st).$$

Enfin, V_o et V_t désignant les volumes d'un même corps à 0° et à t^o, c son coefficient de dilatation cubique, on a :

$$V_t = V_0 (1 + ct).$$

Ces formules permettent de résoudre tous les problèmes relatifs aux dilatations des corps solides.

267. Variations de la densité. — Les variations de la température d'un corps solide entraînent des variations de sa densité.

Soit en effet, V_o et D_o le volume et la densité à 0° d'un corps solide, V_t et D_t les valeurs des mêmes quantités à t^o : le poids P du corps n'a pas changé. Il a pour expression à 0° le produit $V_o D_o g$ et à t^o le produit $V_t D_t g$ (128). On doit donc avoir :

$$V_o D_o g = V_t D_t g$$

Or entre V_o et V_t nous avons la relation que nous venons de démontrer. Si nous remplaçons dans cette égalité V_t par sa valeur, il vient :

$$V_o D_o g = V_o (1 + ct) D_t g$$

et, en supprimant les facteurs communs :

$$D_o = D_t (1 + ct)$$

ou :

$$D_t = \frac{D_o}{1 + ct}$$

La densité d'un solide à t^o est égale à la densité à 0° divisée par le binome de dilatation cubique correspondant à t^o.

268. Détermination des coefficients de dilatation. — Lavoisier et Laplace avaient imaginé une méthode fort simple pour cette détermination.

Leur appareil se composait (fig. 188) d'une caisse où l'on plaçait la barre ; à l'une de ses extrémités elle s'appuyait contre une colonne verticale fixe, à l'autre elle venait buter contre l'une des branches d'un levier, mobile autour d'un axe horizontal et dont l'autre branche était une lunette permettant de viser une règle, placée à une grande distance et divisée en centimètres. On remplit d'abord la caisse de glace fondante ; la barre qui est alors à 0°, vient buter contre la tige A B dans sa position verticale et la lunette horizontale vise une divi-

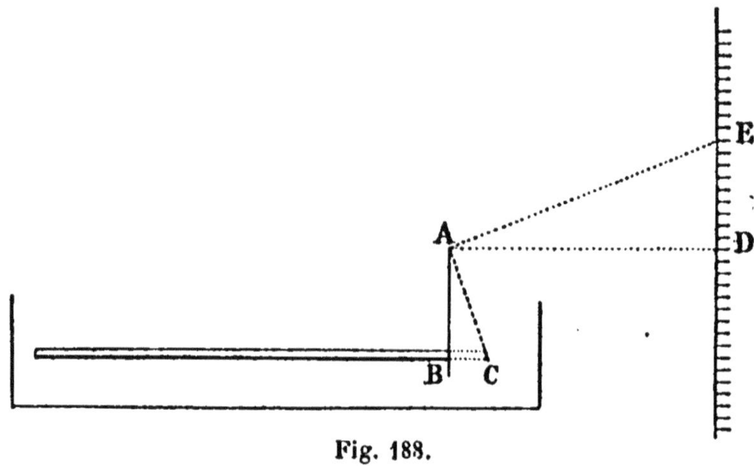

Fig. 188.

sion D de la règle. On chauffe la caisse jusqu'à ce que l'eau bouille, la tige s'allonge de BC et la lunette vise une nouvelle division E de la règle.

Les triangles semblables ABC, ADE donnent :

$$\frac{BC}{AB} = \frac{DE}{AD}$$

D'où :
$$BC = \frac{AB}{AD} \cdot DE$$

DE se lit sur la règle ; le rapport $\frac{AB}{AD}$, invariable pendant la durée d'une série d'expériences, se mesure une fois pour toute, on a donc facilement BC.

C'est l'allongement d'une barre, de longueur L_0 à 0°, quand elle passe à $t°$; cet allongement est représenté, comme nous venons de le démontrer plus haut par $L_0\, lt$, si l est le coefficient de dilatation linéaire. On a donc :

$$BC = L_0\, lt$$

Donc :
$$l = \frac{BC}{L_0 t}$$

Le nombre ainsi obtenu est toujours très petit. Ainsi le coefficient de dilatation linéaire du fer est $0^m,000012$; celui du cuivre $0^m,000017$.

Aujourd'hui, on effectue cette mesure en visant à l'aide d'une loupe un trait marqué sur une barre, que l'on porte successivement à 0° et à t^o. Le déplacement de l'oculaire se fait au moyen d'une vis micrométrique, qui permet d'évaluer le 50° de millimètre.

Le coefficient de dilatation superficielle peut en général être pris égal au double, et le coefficient de dilatation cubique au triple, du coefficient de dilatation linéaire.

Soit par exemple un cube dont l'arête ait 1 mètre à 0°, le volume à cette température sera de 1 mètre cube. A la température t, le cube, comme nous l'avons démontré à propos des formules (266) deviendra $1 + c\,t$; d'autre part, chaque arête devenant $1 + l\,t$, le cube aura aussi pour volume $(1 + l\,t)^3$ et l'on aura :

$$1 + ct = (1 + lt)^3$$

ou, en développant :

$$1 + ct = 1 + 3lt + 3l^2t^2 + l^3t^3.$$

En supprimant le terme commun 1 et divisant par t, il vient :

$$c = 3l + 3l^2t + l^3t^3.$$

Or, nous venons de voir que l est un nombre décimal et qui a quatre zéros après la virgule ; son carré l^2 en aura huit et son cube l^3 douze ; les chiffres significatifs de l^2 et l^3 n'auront donc aucune influence sur la valeur de $3l$ et l'on peut écrire :

$$c = 3l.$$

On verrait de même que :

$$s = 2l.$$

Mais il est bon de faire les remarques suivantes :

1° Le raisonnement est en défaut, si la valeur de t est très grande, par exemple de plusieurs milliers de degrés. Il est vrai que pratiquement cela n'a pas grande importance, car tous les métaux fondent au-dessous de $2\,000^o$ C et tous les corps au-dessous de $3\,500^o$ C.

2° Le raisonnement est également en défaut si pendant l'élévation de température le corps change de forme et ne reste pas un cube. Cela arrive pour tous les corps cristallisés dans un autre système que dans le système cubique.

Dans ce cas, on détermine plusieurs coefficients de dilatation par des méthodes que nous ne pouvons donner ici.

269. Applications. — La dilatation des solides a reçu de nombreuses applications.

On l'utilise pour cercler les roues de voiture : le cercle de fer dilaté par la chaleur se place facilement, puis on plonge la roue dans l'eau et la contraction du cercle l'appuie fortement contre les jantes de bois, qu'il maintient.

Les lectures faites sur des règles métalliques doivent être corrigées. Si, par exemple, une règle a été graduée en millimètres à 0°, la longueur d'une division est bien d'un millimètre à cette température, mais à $t°$ elle est de $(1 + l\,t)$ millimètres, si l est le coefficient de dilatation linéaire du métal de la règle. Donc une longueur de n divisions de la règle est à $t°$ de $n\,(1 + l\,t)$ millimètres.

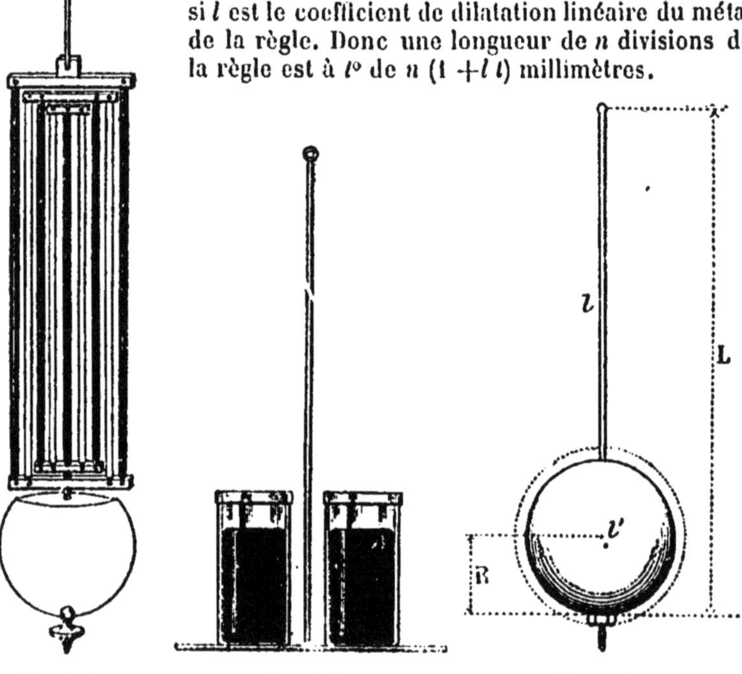

Fig. 189.   Fig. 190.   Fig. 191.

On construit pour les horloges des balanciers, ou pendules *compensateurs*. Ces balanciers sont en effet métalliques et sous l'influence des variations de température ils s'allongeraient, ou se raccourciraient, produisant ainsi des variations dans la durée de l'oscillation. Pour éviter cet inconvénient, les pendules compensateurs sont disposés de diverses façons. Il y a le pendule à gril de Leroy (fig. 189), le pendule de Graham (fig. 190), à vases de mercure, et enfin le pendule Robert, le plus employé aujourd'hui.

Ce dernier (fig. 191) se compose d'une tige d'acier, qui traverse de part en part une lentille de cuivre et n'est fixée à cette dernière qu'à la partie inférieure. Soit L et l la longueur totale à 0° et le coefficient de dilatation linéaire de la tige d'acier, R et l' le rayon à 0° et le coefficient de la lentille de cuivre. Si la température devient t°, le centre de la lentille descend, par suite de la dilatation de l'acier, de $(L - R) l$; il remonte à cause de la dilatation de la lentille, de $R l't$. Pour qu'il y ait compensation et que ce centre ne bouge pas, il faut que l'on ait :

$$(L - R)\, lt = R l't$$

D'où :
$$\frac{L - R}{R} = \frac{l'}{l}$$

ou encore :
$$\frac{L}{R} = \frac{l' + l}{l}$$

Ce qui fait connaître le rapport des valeurs à donner à L et à R.

Enfin, si l'on détermine la longueur d'une barre métallique à 0° et à une température inconnue x, la connaissance du coefficient de dilatation linéaire permettra de déterminer la température x par la formule

$$L_t = L_0 (1 + lx)$$

C'est là le principe des *pyromètres solides*, dont Brogniart s'est servi pour mesurer des températures très élevées, celles des fours à porcelaine, par exemple.

§ 2. — Dilatation des liquides

270. Coefficients de dilatation. — Pour les liquides, on ne considère que la dilatation cubique.

Mais, ainsi que nous l'avons vu par l'expérience (244), la dilatation observée dans un récipient gradué n'est pas la dilatation réelle et l'on définit pour les liquides deux coefficients de dilatation, tous deux cubiques.

On appelle coefficient de *dilatation réelle*, ou *absolue*, l'augmentation réelle de volume de l'unité de volume du liquide passant de 0° à 1°.

On appelle coefficient de *dilatation apparente* d'un liquide contenu dans une enveloppe l'augmentation apparente de volume de l'unité de volume du liquide quand celui-ci et son récipient passent de 0° à 1°.

271. Formules de dilatation. — Les formules de dilatation sont les mêmes pour les liquides que pour les solides.

Soit V_0 le volume à 0° et V_t le volume à t° d'un liquide. Si l'on désigne par r son coefficient de dilatation réelle, on aura :

$$V_t = V_0 (1 + rt)$$

De même, entre les densités à 0° et à t°, on aura la relation :

$$D_t = \frac{D_0}{1 + rt}$$

Ces formules se démontrent identiquement comme pour les solides.

Fig. 192.

Quant au coefficient de dilatation apparente, il ne peut servir à déterminer le volume vrai, ni la densité vraie à t°.

Pour bien faire comprendre la différence entre les deux coefficients et montrer la relation qui les unit considérons un vase jaugé (fig. 192) contenant un liquide jusqu'à un niveau marqué. Soit V_0 les volumes communs du vase et du liquide à 0°. Si nous portons le tout à t°, le liquide s'élèvera dans le vase à un nouveau niveau; soit v la différence de volume entre les deux niveaux.

v représente la dilatation apparente du volume V_0 de liquide de 0 à t°; si donc a est le coefficient de dilatation apparente du liquide, on a :

$$v = V_0\, at$$

D'autre part, v représente aussi la différence entre le volume vrai du liquide à t°, soit $V_0 (1 + rt)$, et le volume vrai du vase à t° jusqu'au trait marqué, soit $V_0 (1 + ct)$, on a donc :

$$V_0\, at = V_0 (1 + rt) - V_0 (1 + ct)$$
$$= V_0 + V_0\, rt - V_0 - V_0 ct$$
$$= V_0 (r - c)t$$

Donc : $\qquad\qquad\qquad a = r - c$

ou : $\qquad\qquad\qquad a + c = r$

c'est-à-dire que le *coefficient de dilatation réelle du liquide est égal à la somme du coefficient de dilatation cubique de l'enveloppe et du coefficient de dilatation apparente du liquide dans cette enveloppe*.

On utilise cette relation pour déterminer le coefficient de dilatation réelle d'un liquide : on détermine le coefficient de dilatation cubique c d'une enveloppe de verre puis le coefficient de dilatation apparente a du liquide dans cette enveloppe. La somme fait connaître r.

Mais pour connaître exactement *c*, il faut le mesurer sur l'enveloppe même et non pas sur un échantillon du verre qui sert à la fabriquer. Pour cela, on détermine d'abord la valeur de *r* pour le mercure, mais par une méthode trop longue et trop minutieuse pour qu'elle soit d'un usage courant pour les autres liquides; puis on étudie avec du mercure la dilatation de l'enveloppe, et dans cette enveloppe la dilatation du liquide dont il s'agit.

272. Dilatation absolue du mercure. — Dulong et Petit ont imaginé, pour mesurer le coefficient de dilatation absolue du mercure, un procédé fondé sur le principe des vases communicants (146).

Leur appareil se compose de deux larges tubes de verre, réunis par un tube très étroit et deux fois recourbé, le tout formant un système

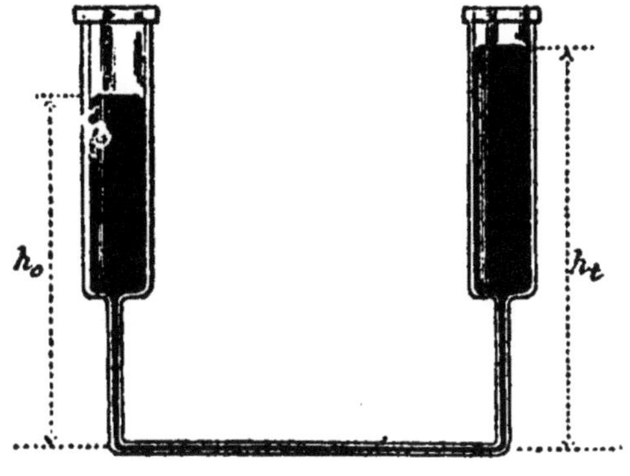

Fig. 193.

de vases communiquants (fig. 193). L'appareil est rempli de mercure, qui se met au même niveau dans les deux branches. On entoure alors l'une des branches de glace fondante, tandis que l'autre branche est entourée de liquide qu'on chauffe à une température *t*, donnée par des thermomètres plongeant dans le liquide. Les deux branches contiennent alors l'une du liquide de densité D_0, l'autre du liquide de densité D_t, entre lesquelles on a la relation que nous avons démontrée plus haut (271).

$$D_t = \frac{D_0}{1 + mt}$$

si *m* représente le coefficient de dilatation réelle du mercure.

La finesse du tube de communication s'oppose à l'échange du liquide entre les deux branches et à la transmission de la chaleur.

D'autre part, le mercure monte dans les deux branches à des hauteurs différentes h_0 et h_t à partir de la surface de séparation, qui est ici le tube inférieur. D'après le principe des vases communicants, on doit avoir :

$$\frac{h_t}{h_0} = \frac{D_0}{D_t} = 1 + mt$$

D'où :

$$\frac{h_t - h_0}{h_0} = mt$$

et :

$$m = \frac{h_t - h_0}{h_0 t}$$

Les seules quantités à mesurer sont : la différence des niveaux $h_t - h_0$, la hauteur h_0 de la colonne à 0° et la température t.

L'expérience, reprise par Regnault avec plus de précision, a donné pour la valeur de m

$$m = \frac{1}{5550}.$$

273. Dilatation absolue d'un liquide quelconque. — Pour mesurer le coefficient de dilatation absolue d'un liquide quelconque, on peut employer une *tige thermométrique*, graduée en partie d'égal volume et dont la partie supérieure peut être fermée à la lampe, lorsqu'on opère sur un liquide volatil (fig. 104).

On peut déterminer le volume d'une division en pesant le mercure qui occupe n divisions à 0° et le divisant par n et par la densité D_0 du mercure à 0°. On peut également mesurer le volume du réservoir jusqu'au zéro, en pesant le mercure qui l'occupe. En général, il est inutile de connaître le volume v d'une division, mais il est nécessaire de savoir à combien de divisions de la tige équivaut le volume du réservoir jusqu'au zéro.

Pour cela, on pèse le mercure qui occupe le volume du réservoir à 0°, soit P, et celui qui occupe n divisions soit p. Les masses P et p étant proportionnelles aux volumes, à une même température, on aura, si le réservoir équivaut à N divisions :

Fig. 104.

$$\frac{P}{p} = \frac{N}{n}$$

D'où l'on tirera la valeur de N.

Cela posé, on déterminera le coefficient de dilatation cubique de l'enveloppe, en y introduisant du mercure jusqu'à une division n à 0°, puis le chauffant à $t°$; le mercure monte alors à la division n'.

A 0°, le volume du mercure était $N + n$; à $t°$, il est :

$$(N + n)(1 + mt)$$

A cette même température de t^o, le volume occupé dans le thermomètre est de $N + n'$ divisions, mais chacune d'elles qui représente un volume 1° à 0°, représente à t^o le volume $1 + ct$. Le volume total est donc :

$$(N + n') (1 + ct)$$

On a donc :

$$(N + n) (1 + mt) = (N + n') (1 + ct)$$

D'où l'on tire la valeur de c.

Cette valeur de c étant connue, il suffira maintenant d'introduire dans le thermomètre des liquides quelconques et d'observer leur volume d'abord à 0°, puis à t'^o, pour avoir une égalité analogue, d'où l'on tirera la valeur du coefficient de dilatation réelle du liquide, c étant connu.

Si par exemple un liquide occupe à 0° un volume $N + n_1$ et à t' un volume $N + n'_1$ et si l'on désigne par r le coefficient de dilatation réelle de ce liquide, on aura :

$$(N + n_1) (1 + rt') = (N + n'_1) (1 + ct')$$

D'où l'on tirera la valeur de r.

274. Cas de l'eau. — En étudiant par cette méthode la dilatation de l'eau aux environs de 0°, on constate qu'elle présente à 4° C un minimum de volume et par conséquent un maximum de densité.

On peut le montrer également par l'expérience de Hope.

Pour cela, on introduit de l'eau dans une éprouvette à pied entourée vers la partie supérieure d'un manchon métallique dans lequel on met de la glace pilée

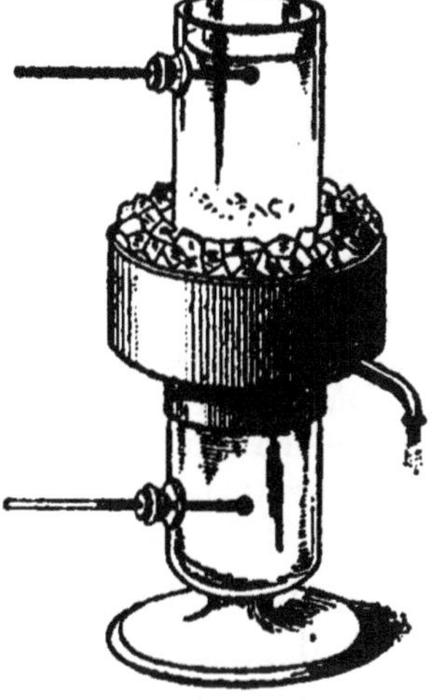

Fig. 105.

(fig. 105). Des thermomètres horizontaux plongent dans le liquide à différentes hauteurs.

En abandonnant l'appareil à lui-même, on voit d'abord le thermomètre inférieur baisser plus rapidement que l'autre, parce que l'eau en se refroidissant devient plus dense et tombe au fond de l'éprouvette. Arrivé à 4° C, il reste stationnaire, et, le thermomètre supérieur lorsqu'il est lui-même arrivé à 4°, continue à baisser, tandis que le thermomètre inférieur ne bouge pas. L'eau au-dessous de 4° est donc moins dense qu'à 4° même.

D'autres physiciens ont mis ce phénomène en évidence et mesuré la température du maximum de densité de l'eau par d'autres expériences.

L'eau pure ne présente pas seule ce phénomène. Les dissolutions salines, et même quelques autres corps, ont une température à laquelle leur densité est maxima.

L'existence de ce maximum pour l'eau est importante dans la nature. Il en résulte que la température à une certaine profondeur dans les lacs et les mers varie très peu et que par les grands froids de l'hiver, au-dessous de la surface glacée, il y a de l'eau à la température de 4°. Cela explique pourquoi les poissons peuvent vivre dans des circonstances où il nous semble qu'ils devraient périr.

Le gramme, unité de masse, est représenté par la masse d'un centimètre cube d'eau distillée, à 4° C.

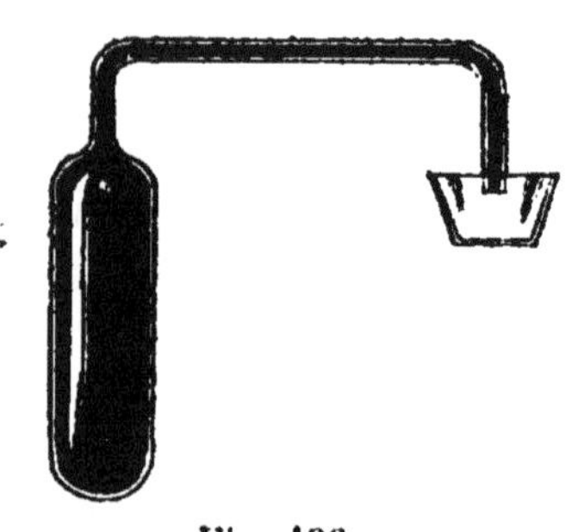

Fig. 196.

275. Thermomètre à poids. — Dulong et Petit se sont beaucoup servis d'un appareil, qu'ils ont appelé *thermomètre à poids*, qui, pour les liquides, est d'un emploi moins général que le thermomètre à tige, mais qui peut se prêter à certaines opérations en dehors de la dilatation des liquides.

L'appareil se compose d'un gros réservoir thermométrique (fig. 196), dont la tige non graduée est deux fois recourbée et vient déboucher dans une petite coupelle.

On peut d'abord employer l'appareil au même usage que le thermomètre à tige.

Pour cela, on le remplit de mercure à 0° et l'on détermine la masse P du mercure contenu; le volume de l'appareil à 0° est $\frac{P}{d_0}$, d_0 étant la densité du mercure à 0°. On chauffe l'appareil à $t°$, il en sort une quantité de mercure que l'on recueille dans la coupelle et que l'on pèse; soit p sa masse. Le volume de l'appareil qui était $\frac{P}{d_0}$ à 0° est devenu $\frac{P}{d°}(1 + ct)$; il contient une masse $P - p$ de mercure, qui à 0° occuperait un volume égal à $\frac{P-p}{d_0}$ mais qui à $t°$ occupe $\frac{P-p}{d_0}(1 + mt)$.

On a donc :

$$\frac{P-p}{d_0}\left(1 + mt\right) = \frac{P}{d_0}\left(1 + ct\right)$$

m étant connu, on en déduit c.

Si maintenant on fait les mêmes opérations avec un liquide quelconque, et si P, p', d'_0, r, t' représentent pour ce liquide les quantités correspondant à P, p, d_0, m et t pour le mercure, on aura de même :

$$\frac{P' - p'}{d'_0}\left(1 + rt'\right) = \frac{P'}{d'_0}\left(1 + ct'\right)$$

D'où l'on déduira la valeur de r.

L'appareil peut encore servir à déterminer la température, car une fois c connu, l'égalité relative au mercure fait connaître la valeur de t correspondant à une valeur quelconque de p. L'usage du thermomètre à poids présente dans ce cas un certain avantage, car les variations de température sont déterminées par des pesées, ce qui est toujours plus exact que des observations de volume.

Enfin, le thermomètre à poids permet la détermination directe du coefficient de dilatation cubique des solides.

Supposons qu'avant de souder le réservoir à la tige on y introduise un morceau d'un solide quelconque, dont on connaît la masse M et la densité D. On opère ensuite comme il a été indiqué précédemment, c'est-à-dire qu'on remplit à 0° le thermomètre d'un liquide de masse P et de densité d_0, qui soit sans action sur le solide ; on porte ensuite le tout à une température t, il sort une masse p de liquide, que l'on pèse. Si x représente le coefficient de dilatation cubique du solide, c celui de l'enveloppe, m celui du liquide, on aura, en écrivant qu'à t° le volume du contenant est égal à celui du contenu :

$$\left(\frac{M}{D} + \frac{P}{d_0}\right)\left(1 + ct\right) = \frac{M}{D}\left(1 + x\right) + \frac{P - p}{d_0}\left(1 + mt\right)$$

D'où l'on pourra déduire x.

276. Applications. — On applique la connaissance du coefficient de dilatation des liquides principalement dans la correction barométrique et la correction thermométrique.

La *correction barométrique* a pour but de ramener à 0° toutes les hauteurs barométriques observées, de manière à les rendre comparables entre elles.

Si h est la hauteur vraie, corrigée de la dilatation de la règle ayant servi à la mesurer, d'une colonne barométrique à t°, on aura la hauteur à 0° correspondant à la même pression en divisant h par le binome de dilatation :

$$h_0 = \frac{h}{1 + mt}$$

cela résulte d'une démonstration déjà faite à propos de l'appareil de Dulong et Petit (272).

La *correction thermométrique* a pour but de connaître la température exacte d'un liquide, ou d'un corps quelconque, dans lequel le thermomètre ne peut être entièrement plongé.

Si le thermomètre plonge jusqu'à la division n_1 et indique une température n, il s'agit de savoir à quelle division x il s'arrêterait s'il était entièrement plongé (fig. 197).

Il faut pour cela connaître la température t du milieu extérieur et le coefficient de dilatation réelle r du liquide du thermomètre, qui est généralement le mercure.

Si l'on suppose la tige bien cylindrique et qu'on mesure les volumes par les longueurs de la colonne de mercure, on dira que le mercure de volume n — n_1 à $t°$ occupera le volume x — n_1 à $x°$. Les volumes étant proportionnels aux binomes de dilatation, on aura :

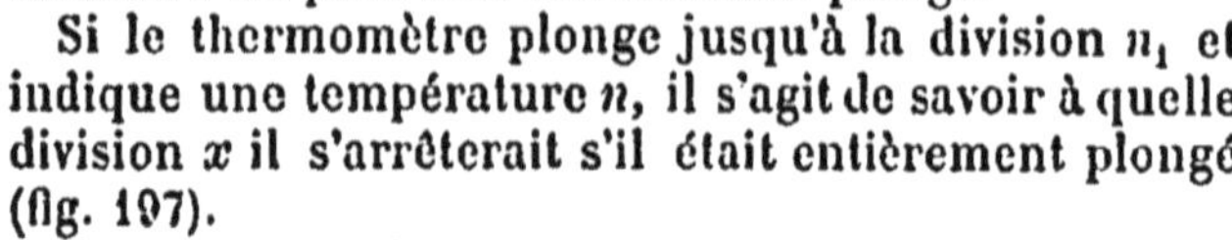

$$\frac{x - n_1}{n - n_1} = \frac{1 + rx}{1 + rt}$$

Fig. 197.

D'où l'on tirera la valeur de x.

§ 3. — DILATATION DES GAZ

277. Coefficients de dilatation. — La dilatation des gaz est beaucoup plus considérable que celle des autres corps ; il arrive souvent qu'un gaz ne peut se dilater librement dans le récipient qui le contient et alors la pression augmente.

L'appareil représenté par la figure 198 met bien ce fait en évidence. Un gaz est contenu dans un ballon, dont le col recourbé contient un peu de liquide formant une sorte de manomètre. Quand on chauffe le gaz, le liquide s'oppose à la dilatation ; alors la pression augmente et le liquide s'élève dans la branche ouverte.

Aussi, lorsqu'on veut mesurer la dilatation des gaz est-il nécessaire de disposer l'appareil de telle sorte que le gaz puisse se dilater librement.

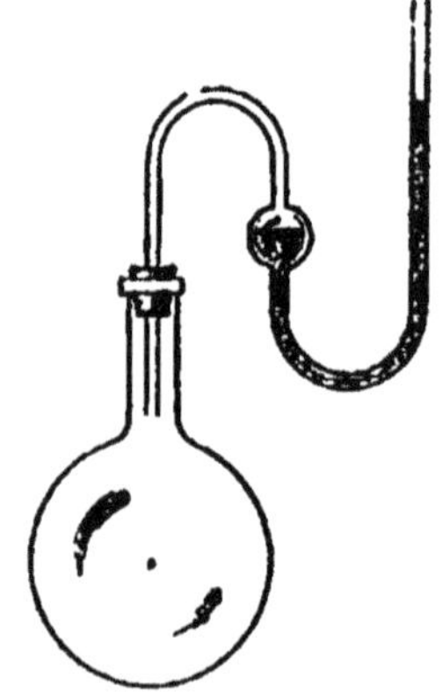

Fig. 198.

Pour étudier d'ailleurs d'une façon complète l'action de la chaleur sur les gaz, on définit deux coefficients de dilatation, sous *pression constante*, et sous *volume constant ;* ce dernier, dont nous ne nous occuperons pas ici, n'est d'ailleurs pas une augmentation de volume, mais une augmentation de pression.

Le coefficient de dilatation d'un gaz sous *pression constante* se définit comme tous les coefficients de dilatation cubique précédents : c'est l'augmentation de volume de l'unité de volume passant de 0° à 1°, la pression ne changeant pas.

278. Loi de Gay-Lussac. — Gay-Lussac le premier détermina avec assez d'exactitude le coefficient de dilatation des gaz.

Il employait pour cela un thermomètre à tige, tout à fait analogue à celui que nous avons décrit pour les liquides (273). Il déterminait la capacité N du réservoir jusqu'au 0 en divisions de la tige et le coefficient de dilatation cubique c de l'enveloppe. Puis, adaptant à l'extrémité de la tige un gros tube plein de chlorure de calcium, matière desséchante, il faisait avec un fil de fer (fig. 199), tomber peu à peu le mercure, qui était remplacé par du gaz sec. Une petite quantité de mercure restait dans la tige, où elle formait index.

Fig. 199.

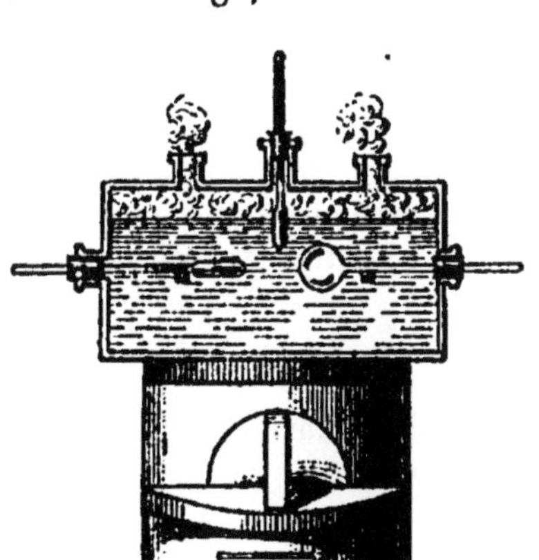

Fig. 200.

Le thermomètre était alors introduit horizontalement dans une caisse pleine de glace pilée (fig. 200) ; l'index s'arrêtait à la division n. On chauffait alors à une température t ; l'index s'arrêtait à une division n'. On a alors, K désignant le coefficient de dilatation du gaz :

$$(N + n)(1 + Kt) = (N + n')(1 + ct).$$

En opérant sur divers gaz, Gay-Lussac énonça cette loi très importante :

Tous les gaz ont, sous pression constante, le même coefficient de dilatation.

Il avait trouvé pour valeur 0,00375.

Regnault reprit les expériences de Gay-Lussac, en desséchant beaucoup plus complètement les gaz et en évitant diverses autres causes d'erreur. Il trouva que, comme pour la loi de Mariotte, les gaz très peu liquéfiables suivent très sensiblement la loi de Gay-Lussac, tandis que les autres s'en éloignent beaucoup. Il assigna pour valeur moyenne au coefficient de dilatation des gaz le nombre 0,00367.

Les *gaz parfaits* sont ceux qui sont supposés suivre exactement et la loi de Mariotte et celle de Gay-Lussac.

279. Formules de dilatation. — La définition du coefficient de dilatation des gaz sous pression constante conduit à la même formule de dilatation que pour les solides et les liquides :

$$V_t = V_o (1 + Kt)$$

les volumes V_t et V_o étant supposés sous la même pression.

Si le volume et la pression varient à la fois, la relation n'est plus la même.

Pour la trouver, supposons que V_o et H_o soient le volume et la pression à $0°$, V_t et H_t le volume et la pression à $t°$. Considérons le volume V' qu'occuperait le gaz à $0°$ et sous la pression H_t. D'après la formule précédente, les volumes V' et V_t étant sous la même pression, on a :

$$V_t = V' (1 + Kt).$$

D'après la loi de Mariotte, les volumes V_o et V' étant à la même température, on a :

$$V' H_t = V_o H_o.$$

D'où
$$V = \frac{V_o H_o}{H}$$

En portant cette valeur de V' dans l'expression précédente et chassant le dénominateur, il vient :

$$V_t H_t = V_o H_o (1 + Kt).$$

Telle est la formule générale de la dilatation des gaz.

280. Applications. Poids d'un gaz. — De même que pour les volumes, la relation entre les densités D_o et D_t d'un gaz à $0°$ et à $t°$ est :

$$D_t = \frac{D_o}{1 + Kt}$$

le gaz étant supposé aux deux températures sous la même pression.

Or, nous avons vu (195) qu'à une pression H et à 0° le poids d'un gaz est :

$$P = V \times D \times \frac{H}{760} \times 1^{gr},293 \times g.$$

A $t°$, le gaz peut être considéré comme un gaz nouveau, dont la densité est devenue $\dfrac{D}{1 + Kt}$. En portant cette nouvelle valeur de la densité dans l'expression de P, on a :

$$P = V \times \frac{D}{1 + Kt} \times \frac{H}{760} \times 1^{gr},293 \times g.$$

Telle est l'expression du poids d'un volume V de gaz, mesuré à $t°$ et sous la pression H, la densité à 0° étant D.

281. Densité des gaz. — Les formules précédentes sont utilisées dans la détermination de la densité des gaz.

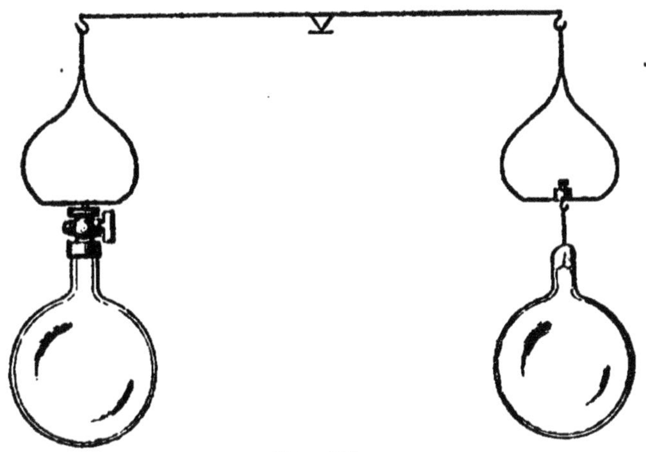

Fig. 201.

Regnault a employé une méthode d'une grande exactitude et ses résultats sont généralement encore adoptés aujourd'hui.

La densité d'un gaz par rapport à l'air est, nous l'avons déjà dit (123) le rapport de la masse d'un volume quelconque de gaz à celle d'un égal volume d'air. Mais il faut les prendre tous deux dans les mêmes conditions de température et de pression et même, comme tous deux peuvent plus ou moins s'éloigner de la loi de Mariotte et de celle de Gay-Lussac, il faut prendre les masses de gaz et d'air à 0° et sous la pression 760.

Regnault employait un grand ballon d'une dizaine de litres (fig. 201) qu'il remplissait de gaz à 8° et qu'il suspendait sous le plateau d'une balance, en l'équilibrant d'abord au moyen d'un ballon de verre vide, exactement de même volume extérieur, puis d'une tare placée dans le plateau. L'emploi du ballon vide pour équilibrer le ballon plein de gaz évite de faire les corrections de pesée relatives à la poussée dans l'air ; ces corrections sont du même ordre de grandeur que la quantité à mesurer et la moindre erreur sur les corrections aurait une grande influence sur la valeur trouvée.

L'équilibre étant établi, Regnault faisait le vide dans le ballon jusqu'à la limite ε de la machine dont il se servait ; le ballon ayant été rempli à la pression H, le gaz extrait occupait le volume du ballon sous la pression H — ε et à 0°. En portant le ballon sous le plateau de la balance, il fallait pour maintenir l'équilibre ajouter des masses p du côté du ballon à gaz. Connaissant la masse p du gaz qui remplit le ballon à 0' et sous la pression H — ε, on aura la masse x du gaz qui le remplirait à 0° et 760 millimètres par la relation :

$$\frac{x}{p} = \frac{760}{H - \varepsilon} \cdot$$

On a ainsi la masse cherchée x du gaz. En opérant de même avec l'air, on a la masse x' d'air qui remplit le ballon à 0' et sous la pression 760 : la densité cherchée est $\dfrac{x}{x'}$.

C'est au cours de ces expériences que Regnault détermina la masse du litre d'air à 0° et sous la pression 760. Pour cela, il mesurait très exactement le volume à 0° du ballon par un jaugeage à l'eau bouillie : il trouva pour cette masse $1^{gr},293$.

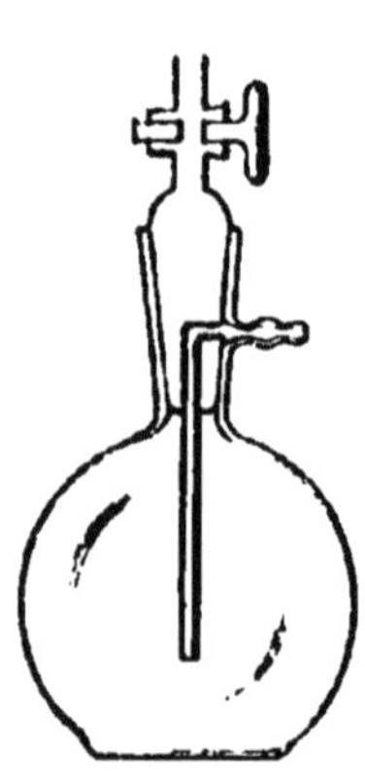

Aujourd'hui, dans les laboratoires, on détermine la densité du gaz par un procédé plus rapide, dû à Chancel.

L'appareil (fig. 202) consiste en un ballon d'une capacité d'environ 200 centimètres cubes dont le col large porte une tubulure latérale de petit diamètre ; le bouchon creux se termine à la partie supérieure par une tubulure munie d'un robinet et dans l'épaisseur de la paroi, à la hauteur de la tubulure latérale du ballon, est soudé un tube recourbé qui arrive dans le fond du flacon. Il est nécessaire, pour la précision des opérations, d'avoir un second flacon identique au premier

Fig. 202.

pour le tarer sur la balance. Avant de commencer les expériences, il faut déterminer les constantes de l'appareil, c'est-à-dire son volume V et la masse a de l'air qui le remplit. Les variations de la température extérieure n'ont pas d'action appréciable sur le volume V ; la valeur de a seule est à modifier suivant la pression et la température, on la connaît par la formule donnée plus haut (280).

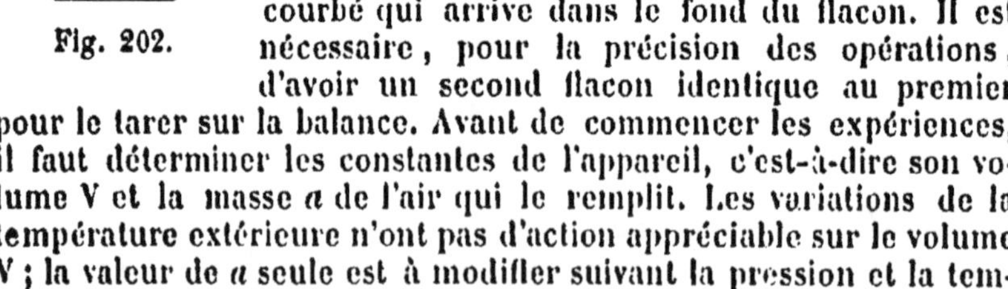

Pour faire une détermination, on tourne le bouchon de telle sorte que le tube soudé corresponde à la tubulure latérale du flacon, on ouvre le robinet et l'on met la tubulure latérale en relation avec un récipient qui fournisse un courant de gaz, le flacon étant droit, si le gaz est plus dense que l'air, ou renversé, s'il est moins dense. Quand tout l'air est chassé, on tourne le bouchon, on ferme le robinet et l'on porte le flacon sur le plateau de la balance. La masse p, nécessaire pour maintenir l'équilibre entre les deux flacons, est la différence entre la masse a de l'air et la masse e du gaz qui remplissent le flacon à t^o et sous la pression H.

On a :

$$p = \pm (e - a)$$

suivant que le gaz est plus ou moins dense que l'air.

V étant connu, ainsi que H et t, a et e se déterminent par la formule connue, dans laquelle entre la densité cherchée d. En portant ces valeurs dans la relation précédente, on a d.

CHAPITRE III

PREMIER CHANGEMENT D'ÉTAT

§ 1. — FUSION

282. Lois de la fusion. — Lorsqu'on chauffe un corps solide, il se dilate, sa température augmente ; puis, à un moment donné, le corps passe à l'état liquide et la température ne varie plus, bien qu'on le chauffe toujours.

Ce premier changement d'état s'appelle la *fusion*. On dit que le corps fond.

Ce changement d'état est soumis aux deux lois suivantes :

1º *Pour qu'un corps fonde, il faut d'abord l'amener à une température déterminée, appelée température de fusion.* On la mesure en mettant un thermomètre au contact du corps en fusion.

2º *Pendant la fusion, la température du corps reste constante.* On le constate par l'observation du thermomètre précédent.

283. Action de la pression. — La température de fusion d'un corps peut être modifiée par la pression.

Ainsi la glace comprimée fond plus facilement ; elle peut même fondre au-dessous de 0º, de telle sorte que, quand la pression cesse, l'eau formée regèle et que la glace, qui est un corps dur, peut être moulée comme un corps plastique. Tyndal a obtenu des lentilles de glace, continues et résistantes, en comprimant fortement de la glace pilée dans un moule en bois, formé de deux parties que l'on superpose.

Fig. 203.

Thomson a fait l'expérience suivante : sur un gros bloc de glace, il a fait passer un fil fin de métal, auquel il a suspendu un poids lourd (fig. 203). Sous l'influence de la pression, le fil pénètre dans la glace en la faisant fondre sous lui ; mais quand il est passé, l'eau regèle, et quand le fil a traversé le bloc, celui-ci est encore entier.

Tous les corps ne fondent pas plus facilement sous la pression. La paraffine, par exemple, les corps gras aussi, fondent moins facilement quand on les comprime. On peut dire qu'en règle générale, pour tous les corps qui se dilatent en fondant, comme la paraffine, l'augmentation de pression élève la température de fusion, tandis que pour tous ceux qui se contractent en fondant, comme la glace, l'augmentation de pression abaisse la température de fusion.

Le phénomène de la plasticité et du regel de la glace a permis à Tyndal d'expliquer la marche des glaciers ; la propriété des corps gras de se solidifier par la pression permet de les purifier, en les séparant ainsi de leurs parties liquides.

284. Chaleurs de fusion. — Si, pendant la fusion, la température du corps ne change pas, c'est que la chaleur qu'on lui donne est employée à produire des travaux interne, tel que la désagrégation des molécules, et externe, tel que le déplacement de la pression extérieure, quand le corps se dilate. La chaleur nécessaire pour accomplir ces travaux, c'est-à-dire pour amener la fusion du corps, s'appelle sa *chaleur de fusion*. Elle varie suivant la nature des corps.

Pour en avoir une idée, donnons d'abord quelques définitions.

Tandis que les températures s'évaluent en degrés d'une échelle conventionnellement établie, les quantités de chaleur, qui sont des grandeurs mathématiques, se prêtant à toutes les opérations du calcul, s'évaluent avec une unité qu'on appelle la *calorie*. C'est la quantité de chaleur nécessaire pour élever de 1 degré la température de 1 kilogramme d'eau.

La chaleur de fusion d'un corps se définit alors la quantité de chaleur nécessaire pour faire fondre, sans qu'il y ait variation de température, 1 kilogramme du corps pris à la température de fusion.

Ainsi, lorsqu'on dit que la chaleur de fusion de la glace est 80 calories, cela veut dire qu'un kilogramme de glace absorbe pour fondre 80 fois ce qu'il faut à 1 kilogramme d'eau pour monter de 1°, ou 80 fois ce qu'abandonne 1 kilogramme d'eau pour baisser de 1° ; c'est exactement ce qu'abandonne 1 kilogramme d'eau pour baisser de 80°. De sorte que si l'on mélange 1 kilogramme d'eau à 80° et 1 kilogramme de glace, la glace fondra en absorbant toute la chaleur que lui donnera l'eau en se refroidissant à 0° et le mélange sera formé de 2 kilogrammes d'eau à 0°.

Les autres corps ont des chaleurs de fusion beaucoup moindres. Ainsi, celle du zinc est de 28 calories, celle du mercure $2^{cal},8$.

§ 2. — SOLIDIFICATION

285. Lois de la solidification. — La *solidification* est le changement d'état inverse de la fusion ; c'est le passage d'un corps liquide à l'état solide par le refroidissement.

Les lois de ce phénomène sont au nombre de trois, les deux premières analogues à celles de la fusion, la troisième qui établit une relation entre les deux phénomènes inverses. Ces lois sont les suivantes :

1° *Chaque liquide pour se solidifier doit être d'abord amené à une température déterminée, qu'on appelle sa température de solidification ;*

2° *Pendant la solidification la température de solidification reste constante.*

3° *Les températures de fusion et de solidification d'un même corps sont égales.*

286. Action de la pression. — Il est naturel que la pression agisse sur le liquide pour activer, ou ralentir, la solidification en sens inverse de celui où elle agit sur le solide.

Ainsi, l'eau comprimée peut être amenée à une température très basse sans se congeler, tandis que les graisses liquides se solidifient par la pression.

La solidification des corps qui augmentent de volume en se solidifiant peut développer une énergie considérable. Ainsi, l'eau, en se congelant dans un vase qu'elle remplit, le brise ; on a même pu faire éclater ainsi des canons de fusil. La fonte a également la propriété de se dilater en se solidifiant, ce qui la rend très propre au moulage, et M. Moissan a utilisé cette propriété pour soumettre le charbon, pur et dissous dans la fonte, à une pression considérable et reproduire ainsi artificiellement le diamant.

287. Chaleur de solidification. — La chaleur de solidification est égale à la chaleur de fusion et de signe contraire. Ainsi, 1 kilogramme de glace absorbe pour fondre 80 calories ; un kilogramme d'eau en se congelant abandonne 80 calories.

La solidification des corps ayant lieu en général lentement, cette chaleur dégagée est absorbée par les corps ambiants à mesure qu'elle est produite et elle devient insensible. Dans certaines circonstances de solidification brusque, comme nous allons le voir dans la surfusion, et surtout plus loin dans la cristallisation brusque des solutions sursaturées, elle devient très sensible.

288. Surfusion. — Lorsqu'un liquide refroidi passe par sa température de fusion, il doit, d'après la troisième loi, se solidifier.

Il peut arriver cependant, dans certaines conditions particulières,
que le liquide ne se solidifie pas et reste liquide à une température
inférieure à sa température de fusion et par conséquent de solidification. On dit alors qu'il y a *surfusion*, que le corps est *surfondu*.

Pour obtenir ce résultat, il faut que le refroidissement ait lieu à
l'abri de l'air et de l'agitation. L'expérience réussit bien avec l'eau, le
phosphore, le soufre.

Pour l'eau, on soude un thermomètre dans un tube de verre, où

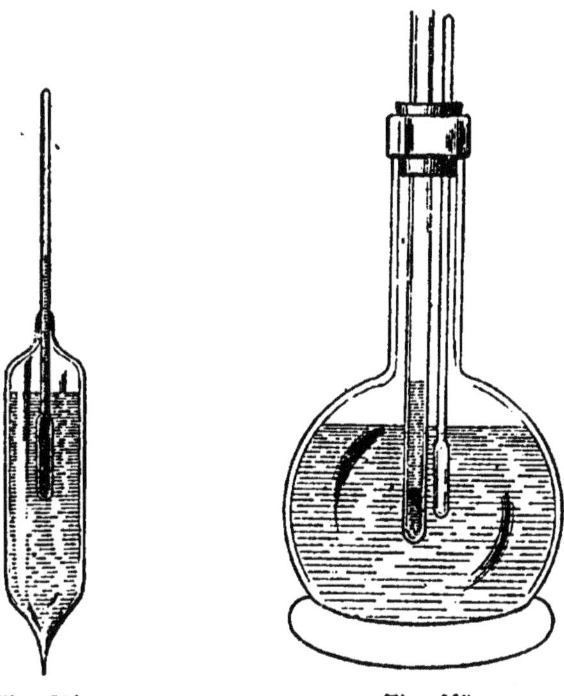

Fig. 204.   Fig. 205.

l'on fait bouillir de l'eau et que l'on ferme ensuite à la lampe
(fig. 204). On peut alors plonger ce tube dans un mélange réfrigérant à —5° ou —6° C; l'eau ne se solidifie pas. Mais si alors on
secoue le tube, l'eau se solidifie brusquement et on voit le thermomètre remonter à 0°.

La surfusion du phosphore s'obtient facilement, comme l'a montré
M. Gernez, en introduisant un peu de phosphore dans un tube de
verre, ajoutant un peu d'eau et suspendant le tube dans un long
ballon contenant de l'eau, que l'on chauffe à 50° (fig. 205). En abandonnant ensuite l'appareil à lui-même et observant la température
avec un thermomètre plongé dans le ballon, on voit celle-ci baisser
jusque vers 30° sans que le phosphore cesse d'être liquide, bien que

sa température de fusion soit de 44°. Il se solidifie alors si l'on frotte les parois avec un agitateur, ou bien si l'on touche simplement le phosphore fondu avec une baguette de verre ayant elle-même touché du phosphore solide.

289. Cristallisation par fusion. — Lorsqu'un corps fondu se solidifie lentement, ses différentes parties prennent la forme de petits solides géométriques, qu'on appelle des *cristaux*. On dit que le corps *cristallise*.

Il est rare d'obtenir des cristaux séparés : ils sont enchevêtrés les uns dans les autres, formant une masse compacte. Pour les mettre en évidence, il faut, avant que le corps fondu soit complètement solidifié, décanter la partie encore liquide.

La cristallisation est un mode de purification des corps et à ce point de vue elle a une grande importance. Il y a, nous le verrons bientôt, d'autres modes de cristallisation ; le procédé par *fusion et refroidissement* réussit bien pour le soufre, le bismuth, le plomb.

§ 3. — DISSOLUTION

290. Définition. — La *dissolution* est le passage d'un solide à l'état liquide par simple contact avec un liquide convenablement choisi et qu'on appelle *dissolvant*.

Le résultat de l'opération est une *solution*.

Chaque solide a son dissolvant. Ainsi, le sucre, le sel marin, le salpêtre se dissolvent dans l'eau ; les graisses dans l'alcool, le soufre dans le sulfure de carbone, l'or dans le mercure, le carbone dans la fonte de fer en fusion.

291. Froid produit par la dissolution. — Pour accomplir les travaux correspondant au passage de l'état solide à l'état liquide, il faut de la chaleur, comme nous l'avons vu à propos de la fusion. Le corps qui se dissout, n'en recevant pas, la prend à lui-même, à son dissolvant, un récipient dans lequel il se trouve et tout cela se refroidit.

C'est là le caractère de la dissolution proprement dite, qu'il ne faut pas confondre avec la dissolution dite chimique. Ainsi, le sel se dissout dans l'eau et par évaporation du dissolvant on retrouve le solide primitivement dissous.

Mais on ne doit pas dire que le zinc se dissout dans l'acide chlorhydrique. Quand le métal à disparu, l'évaporation de la liqueur donne non pas le zinc, mais des cristaux blancs de chlorure de zinc. Il y a eu une action chimique, qui s'est traduite par une élévation de température, tandis que les dissolutions proprement dites produisent toujours du froid.

292. Mélanges réfrigérants. — On appelle mélanges réfrigérants des mélanges de liquides avec des solides qui s'y dissolvent très vite et qui produisent ainsi un fort abaissement de température.

Les principaux sont les suivants :

Azotate d'ammoniaque et eau ;

Glace pilée, ou neige, et sel marin ;

Sulfate de soude et acide chlorhydrique.

Le premier donne une température qui peut s'abaisser jusqu'à —15°, le second jusqu'à —20°, le troisième jusqu'à —18°. Mais pour atteindre ces températures, il faut les circonstances les plus favorables ; la température d'un mélange réfrigérant n'est pas absolument déterminée et l'on possède aujourd'hui dans l'évaporation des gaz liquéfiés un moyen d'obtenir des abaissements de température beaucoup plus intenses et beaucoup mieux réglés.

293. Saturation. — Un dissolvant est *saturé* du corps dissous lorsqu'il ne peut plus en dissoudre. On dit alors que l'on a une *solution saturée.*

Le poids du corps dissous qui sature une quantité déterminée du dissolvant, 100 parties par exemple, mesure la solubilité de ce corps dans le liquide.

La solubilité augmente en général avec la température, ainsi 100 parties d'eau dissolvent 13 parties de salpêtre à 0° ; à 50° elles en dissolvent 86 et à 100° elles en dissolvent 247.

De même, 100 parties d'eau dissolvent 28,5 parties de chlorure de potassium à 0° ; à 50° elles en dissolvent 43 et à 100° elles en dissolvent 57.

Le chlorure de sodium, ou sel marin, fait exception à cette règle. Sa solubilité est à peu près la même à toutes les températures.

294. Cristallisation par dissolution. — Il résulte de ce qui précède qu'en général, lorsqu'une solution a été saturée à chaud et qu'on la laisse refroidir, elle contient à froid un grand excès de corps dissous qui doit se déposer : c'est en effet le plus souvent ce qui arrive.

Ce dépôt, qui se fait lentement, se fait sous la forme de cristaux, de sorte que nous avons là un nouveau mode de cristallisation, la cristallisation par *dissolution à chaud et refroidissement,* applicable à un très grand nombre de corps. On fait ainsi cristalliser le salpêtre, le carbonate de sodium, le sulfate de cuivre, etc.

Lorsque la solubilité n'est pas plus grande à chaud qu'à froid, comme cela a lieu pour le sel marin, on fait évaporer, au moyen d'une douce chaleur, une grande partie du dissolvant : l'excès de solide dissous cristallise. C'est la cristallisation par *dissolution et évaporation.* Il est inutile dans ce cas que la dissolution ait été faite à chaud. C'est ainsi que l'on opère dans les marais salants pour extraire le sel marin de l'eau de mer : l'évaporation a lieu sous l'action du vent et de la chaleur solaire.

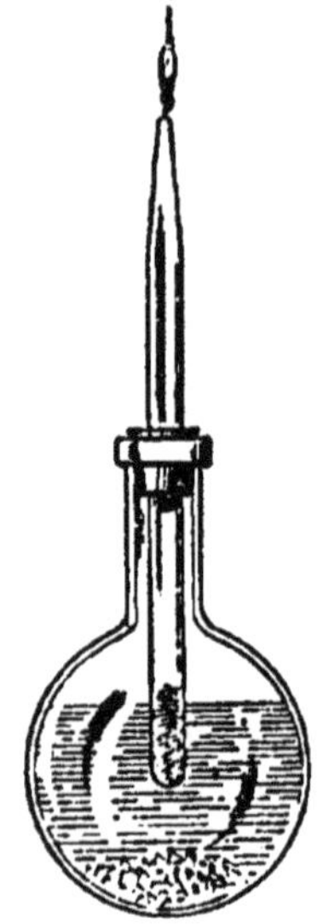

Fig. 206.

295. Sursaturation. — Certaines solutions, saturées à chaud et refroidies lentement et tranquillement, ne cristallisent pas, comme elles le devraient. Elles sont dites *sursaturées*.

Comme l'a montré M. Gernez, une solution sursaturée cristallise immédiatement et rapidement par l'introduction d'un petit fragment solide du corps dissous; en même temps, sa température s'élève d'une manière très sensible, même à la main, et que l'on peut mettre en évidence en disposant au milieu de la dissolution un tube effilé contenant de l'éther, dont on peut à ce moment enflammer la vapeur (fig. 206).

La sursaturation réussit particulièrement bien avec le sulfate de soude, l'hyposulfite de soude, l'acétate de soude. On fait dissoudre ces sels dans une très petite quantité d'eau, on filtre à chaud et on laisse refroidir dans un ballon bouché par un petit cornet de papier. Si l'on ne prend pas le soin de nettoyer parfaitement le col du ballon il y reste un peu de la dissolution, qui par évaporation laisse déposer des fragments du corps dissout; en enlevant le cornet de papier, on fait tomber ces fragments et la solution sursaturée cristallise.

CHAPITRE IV

DEUXIÈME CHANGEMENT D'ÉTAT

§ 1. — Vaporisation

296. Définition. — La vaporisation est d'une façon générale le passage d'un liquide à l'état de *vapeur*.

Ce changement d'état peut se faire de diverses façons.

Quand un liquide se trouve dans un espace vide, il se transforme rapidement en vapeur; c'est l'évaporation dans le vide, qu'on appelle plus particulièrement la *vaporisation*.

Dans un espace contenant déjà un gaz, ou une autre vapeur, de l'air par exemple, le liquide se réduit aussi en vapeur, mais plus lentement; c'est l'*évaporation* proprement dite.

Enfin, quand on chauffe un liquide dans un récipient, on voit de grosses bulles de vapeur naître dans le liquide, spécialement en certains points de la paroi du récipient, et venir crever à la surface du liquide, en la soulevant tumultueusement; c'est l'*ébullition*.

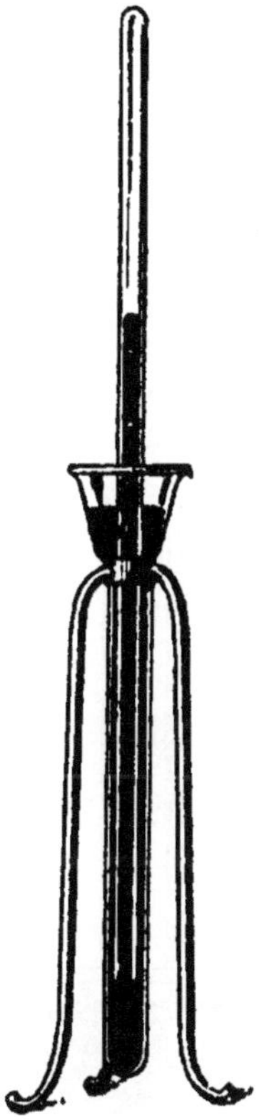

297. Vapeurs saturantes et non saturantes. — Pour étudier la *vaporisation*, ou évaporation dans le vide, on emploie le tube de Toricelli et la cuve à mercure.

On verse du mercure dans le tube, on achève de le remplir avec une petite quantité d'un liquide quelconque, eau, alcool ou éther, on le bouche avec le doigt et on le renverse sur la cuve à mercure (fig. 207). On constate alors que la hauteur de mercure soulevée est beaucoup plus petite que dans l'expérience de Toricelli, où le tube était plein de mercure ; de plus, la longueur de la colonne de liquide a diminué. On en conclut qu'une partie du liquide s'est vapo-

Fig. 207.

risée en arrivant dans la chambre barométrique et que c'est la tension de cette vapeur qui déprime le mercure.

Deux cas peuvent se présenter.

Ou bien, on a introduit peu de liquide et la totalité s'est vaporisée ; une nouvelle quantité se vaporiserait encore et l'espace n'en est pas saturé. La vapeur est *non saturante*.

Ou bien, au contraire, on a versé dans le tube un excès de liquide et une partie reste non vaporisée ; l'espace est alors saturé de vapeur. La vapeur est *saturante*.

En nous basant sur ce qui précède, nous dirons qu'une vapeur est, ou n'est pas saturante, suivant qu'elle est, ou qu'elle n'est pas en contact avec son liquide.

298. Propriétés des vapeurs non saturantes. — Les *vapeurs non saturantes* se comportent comme des gaz, mais des gaz voisins de leur point de liquéfaction.

Leur tension varie avec leur volume à peu près d'après la loi de Mariotte, pourvu qu'elle ne soit pas trop grande.

L'action de la chaleur est réglée par la formule des gaz

$$V_t R = V_0 H_0 (1 + K t)$$

seulement la valeur de K diffère un peu de la valeur moyenne que l'on donne au coefficient de dilatation des gaz ; elle n'est même pas constante pour toutes les vapeurs.

On constate l'exactitude de ces résultats en répétant sur les vapeurs non saturantes les expériences déjà faites sur les gaz pour la loi de Mariotte (cuvette profonde) et par la dilatation (appareil de Gay-Lussac).

L'étude des vapeurs non saturantes ne présente donc pas d'intérêt particulier.

299. Propriétés des vapeurs saturantes. — Il n'en est pas de même des *vapeurs saturantes*.

Dans tout ce qui va suivre, nous supposerons toujours, sans y revenir, que la vapeur est saturante, c'est-à-dire qu'il reste un excès de liquide dans le tube.

On peut d'abord constater, qu'à la température ordinaire par exemple, chaque corps est caractérisé par une tension de vapeur particulière. Si l'on dispose côte à côte sur une même cuve à mercure des tubes de verre contenant

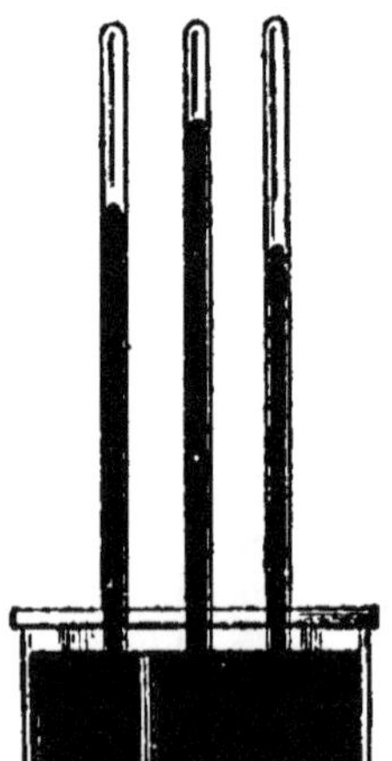

Fig. 208.

dans les chambres barométriques des liquides différents (fig. 208), on voit que les dépressions de mercure sont différentes.

En second lieu, pour une vapeur quelconque, la tension est indépendante du volume. On le vérifie avec un tube comme les précédents retourné sur une cuvette profonde (fig. 209). Si l'on soulève, ou si l'on enfonce le tube, on voit la hauteur du mercure toujours constante, ce qui prouve que la pression de la vapeur est constante aussi. Seulement, la quantité de liquide augmente quand on diminue le volume et diminue au contraire quand on augmente le volume.

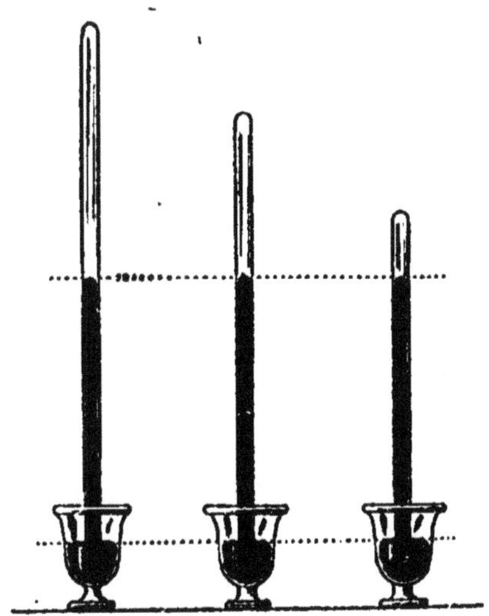

Fig. 209.

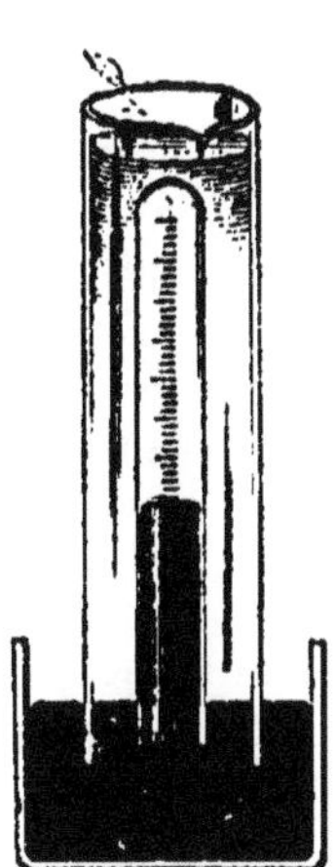

Fig. 210.

Enfin, la tension d'une vapeur saturante augmente considérablement avec la température. Si l'on entoure d'un manchon de verre l'un des tubes précédents et qu'on verse dans ce manchon de l'eau chaude (fig. 210), on voit le mercure baisser rapidement.

§ 2. — ÉVAPORATION

300. Lois de l'évaporation. — Quand un liquide volatil se trouve dans un espace déjà occupé par un gaz, ou une autre vapeur, il se vaporise moins vite que dans le vide, avec une vitesse d'autant plus faible que la pression du gaz existant est plus forte, mais sa tension finale devient sensiblement égale à ce qu'elle serait dans le vide. C'est l'*évaporation*.

On le vérifie avec l'appareil de Gay-Lussac. Il se compose (fig. 211) d'un large tube communiquant avec un tube plus étroit recourbé deux fois à angle droit, le tout formant une sorte de manomètre. Le gros tube est fermé à sa partie supérieure par un robinet à goutte, présentant une simple cavité qui ne le traverse pas et au-dessus duquel est une petite cuvette. L'appareil contenant du mercure jusqu'à

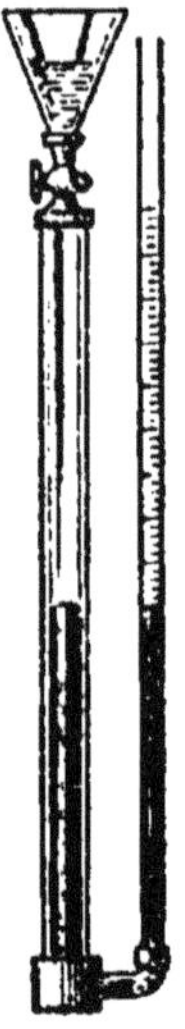

un certain niveau, le même dans les deux branches et de l'air dans le gros tube, on verse du liquide dans la cuvette, et l'on tourne le robinet, faisant tomber ainsi goutte à goutte du liquide dans le gros tube plein d'air, et cela sans changer le volume de celui-ci. On voit alors le mercure monter peu à peu dans la petite branche.

Il reste stationnaire lorsque le gros tube contient un excès de liquide et l'on constate que l'ascension du mercure à ce moment représente la tension de la vapeur saturante du liquide dans le vide à la même température.

S'il s'agit d'un liquide s'évaporant dans un espace où il existe déjà de la vapeur, par exemple de l'eau s'évaporant à l'air libre, on constate que le poids de liquide évaporé est :

1° Inversement proportionnel à la pression extérieure;

2° Directement proportionnel à la différence entre la tension de la vapeur saturante et la tension de la vapeur existant dans l'espace considéré.

Fig. 211.

On active donc l'évaporation en raréfiant l'air, les gaz, ou les vapeurs à la surface du liquide et c'est ainsi qu'un vent violent, qui raréfie l'air, dessèche rapidement.

301. Froid produit par l'évaporation. — Le travail nécessaire à la transformation du liquide en vapeur exige de la chaleur. Dans ces phénomènes de vaporisation et d'évaporation on ne donne au liquide aucune chaleur. Il en prend donc à lui-même et à son récipient, qu'il refroidit.

C'est ainsi que le contact de la peau avec un liquide très volatil, éther, sulfure de carbone, chlorure de méthyl, produit une impression de grand froid, à cause de la rapidité d'évaporation du liquide.

Dans les pays du midi de l'Europe, on conserve l'eau fraîche en la mettant dans des carafes en terre poreuse, au travers desquelles elle suinte et vient s'évaporer à la surface extérieure.

L'évaporation rapide des gaz liquéfiés, acide carbonique liquide, acide sulfureux liquide, oxygène liquide, air liquide, donne des moyens d'obtenir des froids intenses, qui peuvent descendre à plus de 200° au-dessous de 0 et qu'on utilise pour fabriquer industriellement de la glace, ou pour liquéfier d'autres gaz.

302. Mélange d'un gaz et d'une vapeur. Poids d'un gaz humide. — Il résulte de ce qui précède que, dans un mélange d'un gaz et d'une vapeur, la vapeur se comporte comme si elle occupait seule le volume tout entier ; la loi du mélange des gaz est applicable.

Supposons par exemple que nous voulions obtenir le poids d'un volume V du gaz humide. Si H est la pression du gaz humide et f celle de la vapeur d'eau, on peut considérer dans le mélange deux parties : un volume V de gaz sec sous la pression $H - f$ et un volume V de vapeur d'eau sous la pression f.

D étant la densité à 0° du gaz sec, son poids p sera, d'après une formule précédemment établie (280) :

$$p = V \times \frac{D}{1 + Kt} \times \frac{H - f}{760} \times 1,293 \times g$$

d étant la densité de la vapeur d'eau, le poids p' de l'eau sera :

$$p' = V \times \frac{d}{1 + Kt} \times \frac{f}{760} \times 1,293 \times g.$$

La somme sera le poids P du gaz humide et l'on aura :

$$P = V \times \frac{1,293}{1 + Kt} \times \frac{g}{760} \left[D (H - f) + df \right]$$

S'il s'agit de l'air, D est égal à 1 et la formule devient :

$$P = V \times \frac{1,293}{1 + Kt} \times \frac{g}{760} \left[H - (1 - d) f \right]$$

La densité d de la vapeur d'eau étant égale à $\frac{5}{8}$, le binome $1 - d$ est égal à $\frac{3}{8}$, et le poids du volume V d'air humide devient :

$$P = V \times 1,293 \times \frac{f}{1 + Kt} \times \frac{H - \frac{3}{8} f}{760} \times g.$$

§ 3. — EBULLITION

303. Lois de l'ébullition. — L'*ébullition* est le passage d'un liquide à l'état de vapeur par l'action de la chaleur.

Elle obéit à des lois identiques à celles de la fusion et qui sont les suivantes :

1° *Chaque liquide, pour bouillir, doit être amené à une température déterminée, qu'on appelle la température d'ébullition.*

On la détermine en employant un appareil analogue à celui qui sert à marquer le point fixe du thermomètre à mercure correspondant à l'ébullition de l'eau (251). La question est d'ailleurs ici l'inverse de celle que nous avons résolue à ce moment.

2° *Pendant toute la durée de l'ébullition, la température reste constante.*

Cette loi permet de déterminer l'un des points fixes du thermomètre.

304. Action de l'air. — La présence de l'air, par exemple d'un corps pulvérulent qui contient beaucoup de bulles d'air, facilite l'ébullition.

Lorsqu'on projette dans de l'eau sur le point de bouillir une poudre quelconque, par exemple de la limaille de fer, on voit se produire une vive ébullition.

Certains liquides visqueux, comme l'acide sulfurique, peuvent au début de l'ébullition dépasser beaucoup la température normale, sans que les bulles se dégagent; cela constitue un danger, car lorsque les bulles se dégagent brusquement, il se produit des soubresauts qui peuvent briser le récipient. On régularise l'ébullition et on évite cette élévation de température en mettant dans le récipient du sable, ou des fils de platine.

La présence de l'air est même nécessaire à l'ébullition. Lorsqu'un liquide bout, on voit les bulles prendre naissance en certains points de la paroi. C'est que le récipient n'est jamais parfaitement propre, le liquide ne le mouille donc pas parfaitement et il y a entre le liquide et la paroi interposition de bulles d'air extrêmement petites, qui se dilatent par la chaleur et s'élèvent dans le liquide, en formant de petites atmosphères, où celui-ci se vaporise.

Fig. 212.

Si l'on a soin de prendre un récipient parfaitement propre, en le lavant successivement à l'acide sulfurique, à la potasse, à l'alcool, à l'éther et à l'eau distillée bouillie, on pourra y chauffer un liquide à une température bien supérieure à sa température d'ébullition sans produire ce phénomène. C'est ainsi que M. Donny a pu chauffer de l'eau à 140° et M. Gernez du sulfure de carbone à 60°, bien que ce dernier liquide ait pour température d'ébullition 46° dans les conditions ordinaires.

Une petite cloche de verre introduite dans le liquide ainsi surchauffé provoque l'ébullition par l'air qu'elle contient; quand on la retire, l'ébullition s'arrête, ainsi que l'a montré M. Gernez (fig. 212).

305. Action de la pression. — La température d'ébullition d'un liquide n'est fixe et déterminée que si la pression est elle-même fixe.

Comme pour la fusion, la variation de pression amène une variation de la température d'ébullition ; mais ici la variation est toujours dans le même sens, quelle que soit la nature du liquide.

L'augmentation de pression amène toujours une élévation de la température d'ébullition, tandis que la diminution de pression abaisse toujours cette température.

On peut mettre en évidence le premier résultat au moyen de la *marmite de Papin*. C'est un récipient cylindrique en bronze, fermé par un couvercle, que maintiennent des vis et qui porte une soupape de sûreté et un moufle contenant un thermomètre (fig. 213).

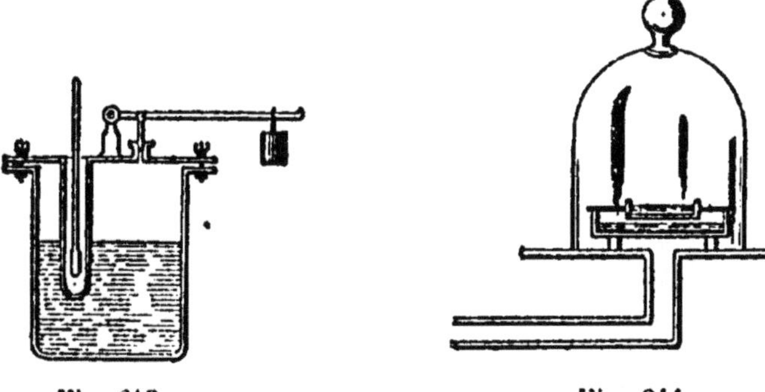

Fig. 213.　　　　　　Fig. 214.

On peut y chauffer l'eau à des températures de 120, 130, 150 degrés et même plus, suivant la résistance des parois ; à mesure que l'on chauffe, la vapeur produite, qui ne peut s'échapper, exerce une pression de plus en plus grande et élève la température d'ébullition. La soupape de sûreté, qui se soulève quand la pression atteint une limite déterminée, et qui donne alors issue à la vapeur, empêche les explosions.

La marmite de Papin est utilisée pour extraire la gélatine des os et pour vulcaniser le caoutchouc.

On peut montrer que la diminution de pression abaisse la température d'ébullition de diverses façons.

On répète souvent dans les cours, sous le nom d'*expérience de Leslie*, l'expérience suivante :

Sous la cloche d'une machine pneumatique, on place un récipient contenant de l'acide sulfurique pur et bouilli, et l'on soutient au-dessus une petite coupelle en ébonite contenant de l'eau (fig. 214). Quand on fait fonctionner la machine pneumatique, le vide se fait dans la cloche, l'eau se vaporise et, les vapeurs étant rapidement absorbées par l'acide sulfurique, son évaporation s'active beaucoup.

A un moment donné, on voit se produire une véritable ébullition.

Si l'on continue à faire le vide, l'eau ne tarde pas à se congeler, mettant ainsi en évidence le froid produit pas l'évaporation.

On fait également à ce sujet l'*expérience de Franklin*.

Dans un ballon à long col on fait bouillir de l'eau, pour en chasser l'air ; après quelques instants d'ébullition, on bouche le ballon et on le retourne en plongeant son col dans l'eau, pour que l'air ne puisse pas rentrer (fig. 215). Si l'on refroidit le ballon en versant de l'eau dessus, on voit le liquide bouillir ; quand on cesse de refroidir, l'ébullition cesse. Ici, le refroidissement a pour effet de condenser la vapeur d'eau et par conséquent de faire le vide dans le ballon, puisqu'il n'y a plus d'air.

Lorsqu'on veut distiller un liquide que la chaleur décomposerait, on fait le vide à sa surface.

Il résulte de ce qui précède que la température d'ébullition d'un liquide, de l'eau en particulier, diminue quand l'altitude augmente, puisque alors la pression diminue. Des voyageurs racontent que, sur les hauts plateaux de l'Himalaya, l'eau bout à une température insuffisante pour cuire les œufs.

On peut utiliser cette propriété pour mesurer la hauteur des montagnes.

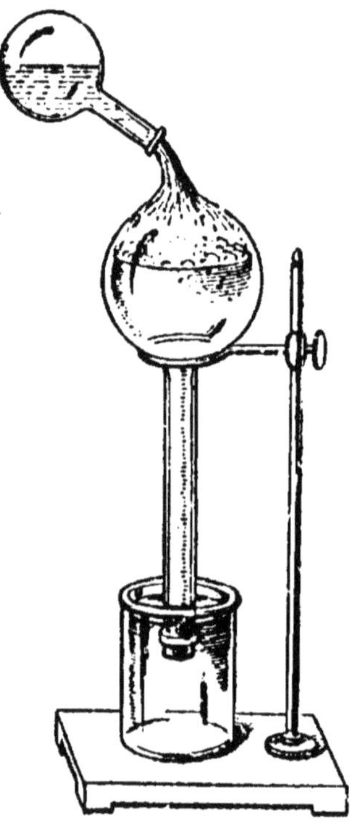

Fig. 215.

306. Chaleur de vaporisation. — En assan t à l'état de vapeur, un liquide produit un travail pour lequel il lui faut de la chaleur. C'est pour cela que pendant l'ébullition la température du liquide chauffé n'augmente pas : la chaleur qu'on lui donne est employée à produire le travail correspondant au changement d'état.

C'est pour cela également qu'un liquide qui s'évapore sans qu'on le chauffe absorbe de la chaleur et produit du froid.

On appelle *chaleur de vaporisation* d'un liquide la quantité de chaleur nécessaire pour transformer en vapeur, sans élévation de température, un kilogramme de liquide pris à la température d'ébullition.

La chaleur e vaporisation s'évalue en calories. La chaleur de vaporisation de l'eau est de 537 calories.

§ 4. — CONDENSATION

307. Lois de la condensation. — La *condensation* est le changement d'état inverse de la vaporisation : c'est le passage d'une vapeur à l'état liquide par le refroidissement.

Les lois de la condensation sont analogues à celles de la solidification :

1° *Pour se condenser, une vapeur doit être d'abord amenée à une température déterminée, qu'on appelle la température de condensation.*

2° *Pendant la durée de la condensation, la température reste constante.*

3° *Les températures de vaporisation et de condensation d'un même corps sont égales.*

On vérifie facilement ces lois, en recevant une vapeur quelconque, de la vapeur d'eau par exemple, dans un récipient entouré d'un réfrigérant, où elle se condense, et y plongeant un thermomètre.

308. Chaleur de condensation. — En se condensant, une vapeur abandonne de la chaleur.

La *chaleur de condensation* d'une vapeur, quantité de chaleur abandonnée par un kilogramme de vapeur, qui se condense sans changer de température, est égale à la chaleur de vaporisation, et de signe contraire.

Ainsi, un kilogramme de vapeur d'eau, en se condensant à 100° abandonne 537 calories.

309. Distillation. — La condensation des vapeurs est principalement appliquée dans la *distillation*.

On distille un liquide en le faisant bouillir et en recueillant la vapeur dans un récipient refroidi, où elle se condense. Le but de cette opération est de séparer un liquide des substances qu'il contient en dissolution, c'est pour cela que l'on distille l'eau ; ou bien de séparer un liquide des autres liquides auxquels il est mélangé, ainsi on obtient l'alcool pur en distillant les liquides qui en contiennent.

La distillation est donc un moyen du purifier les liquides.

Pour distiller, on emploie dans les laboratoires un simple ballon, ou bien une cornue, dans lequel on chauffe le liquide, et qui communique avec un récipient refroidi, où la vapeur se condense (fig. 216).

Dans l'industrie, on emploie un appareil appelé *alambic* (fig. 217). Il se compose d'un récipient en cuivre, généralement étamé à l'intérieur et appelé *cucurbite*; il est surmonté d'un *chapiteau*, percé d'un trou et communiquant avec un tube de cuivre étamé, qui débouche

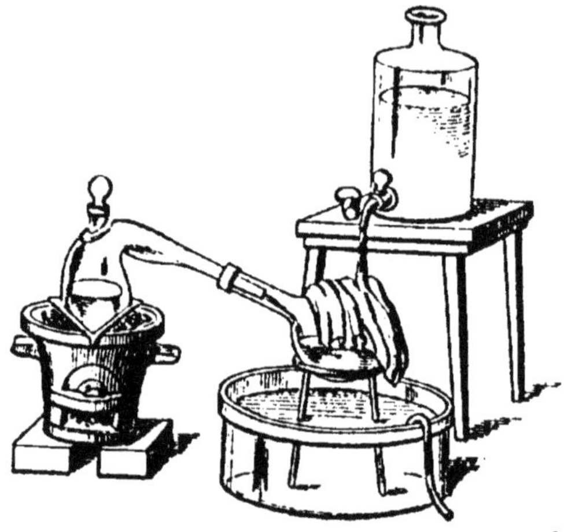

Fig. 216.

dans un *serpentin* en étain entouré d'un *réfrigérant*, où circule de

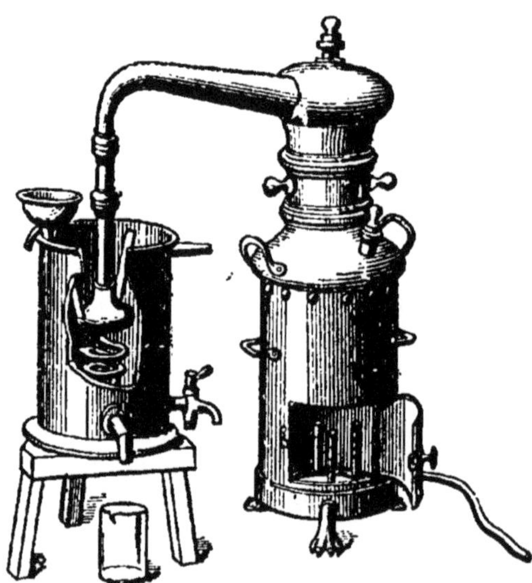

Fig. 217.

l'eau froide. Dans le serpentin, la vapeur se condense et le liquide ainsi formé se rend dans un récipient.

Les appareils distillatoires de l'industrie présentent des dispositions spéciales, qui permettent par une seule distillation de fractionner les produits et d'obtenir chacun d'eux dans un grand état de pureté.

310. Liquéfaction des gaz. — Le passage à l'état liquide d'un corps gazeux à la température ordinaire s'appelle la *liquéfaction*. Ainsi, on dit que l'on *condense* la vapeur d'eau, la vapeur d'alcool, d'éther, etc.; mais on dit qu'on *liquéfie* le gaz carbonique, l'ammoniaque, le chlore, etc.

Dans les premières expériences de liquéfaction des gaz, en se basant sur le phénomène de la condensation des vapeurs, on chercha à refroidir le gaz. C'est ainsi que l'on peut facilement liquéfier le gaz sulfureux, produit de la combustion du soufre à l'air, ou dans l'oxygène, en le recevant dans un récipient refroidi par un mélange de glace pilée et de sel marin.

L'évaporation de cet anhydride sulfureux liquide donne un abaissement de température, que l'on peut développer davantage en activant la vaporisation du liquide par un courant d'air. En utilisant ce froid, on a liquéfié d'autres gaz, tels que le chlore.

311. Influence de la pression. — La raréfaction favorise la vaporisation; inversement, la pression devra donc favoriser la condensation des vapeurs, ou la liquéfaction des gaz.

C'est en effet ce que prouve l'expérience. Sous la pression normale de 76 centimètres, la vapeur d'eau se condense à 100°; sous la pression de 210 centimètres cubes, l'eau est encore liquide à 130°.

Sous la pression de 76 centimètres, le gaz carbonique ne se liquéfie que s'il est refroidi à — 69°; sous la pression de 36 atmosphères, il se liquéfie à 0°.

On peut donc, pour liquéfier les gaz, combiner l'abaissement de

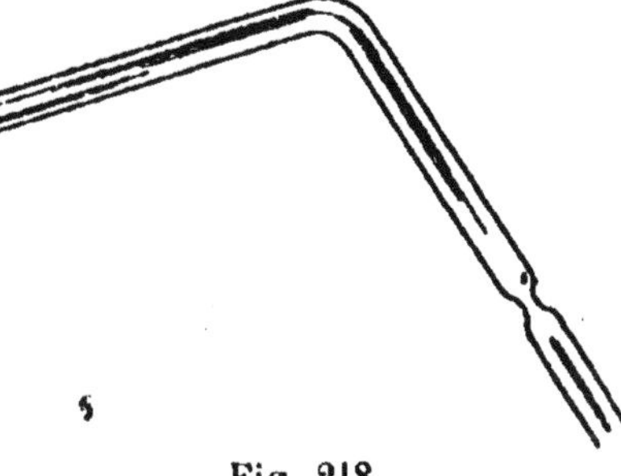

Fig. 218.

température et la compression. C'est ce que l'on fait avec deux appareils d'un emploi très général : le tube de Faraday pour les gaz facilement liquéfiables, et l'appareil de Cailletet, pour les gaz difficilement liquéfiables.

Le *tube de Faraday* (fig. 218) est un tube de verre résistant, en forme de V renversé, et formé à la lampe dont l'une des branches contient une substance capable de dégager, quand on la chauffe, une grande quantité du gaz à liquéfier. On plonge cette branche dans un liquide, que l'on chauffe progressivement, tandis que l'autre branche plonge dans un mélange réfrigérant. Sous l'action de la chaleur, le gaz se dégage abondamment, la pression devient très forte et dans la branche refroidie, sous l'action de la pression et du froid, le gaz se liquéfie.

Dans les tubes de Faraday les plus résistants, la pression peut atteindre 25 à 30 atmosphères ; les mélanges réfrigérants peuvent donner des températures de — 20°, — 50° et même — 100°, c'est la température que donne l'anhydride carbonique solide avec l'éther. Dans ces conditions, Faraday était arrivé en 1845 à liquéfier presque tous les gaz. Quelques-uns cependant, tels que l'oxygène, l'hydrogène,

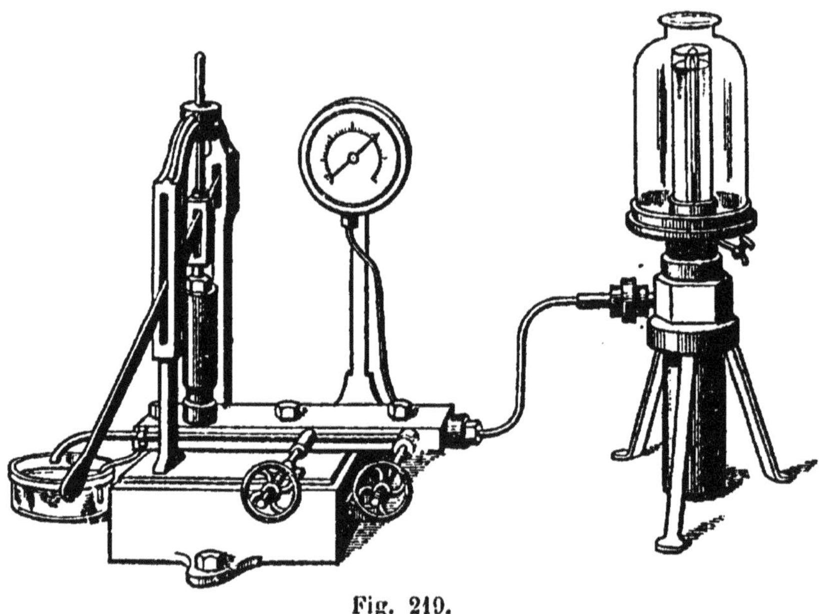

Fig. 219.

l'azote, semblaient devoir résister à toutes les tentatives, lorsqu'en 1877 Cailletet montra le premier qu'il était possible de liquéfier l'oxygène.

Son appareil (fig. 219) se compose d'un tube, dit tube laboratoire, sorte d'enveloppe thermométrique à long réservoir. On y introduit le gaz à liquéfier, puis du mercure et on le place dans une cuve à mercure, formée d'un bloc d'acier entièrement clos et communiquant avec une presse hydraulique. En manœuvrant la pompe, on exerce sur le gaz une pression qui peut aller jusqu'à 500 atmosphères. D'autre part, on le refroidit en introduisant un mélange réfrigérant, ou un liquide très volatil que l'on fait bouillir, dans un manchon qui entoure l'extrémité supérieure du tube; on peut aussi y ajouter la détente au moyen d'un robinet, qui permet de produire l'écoulement brusque de l'eau.

En comprimant de l'oxygène à 500 atmosphères et le refroidissant à — 130°, Cailletet obtenait dans le tube, au moment de la détente, un brouillard blanc, signe de la liquéfaction du gaz.

Pictet, à l'aide d'un appareil un peu différent, obtint de l'oxygène liquide en quantités assez grandes.

Wroblewski et Olzewski, avec un appareil tout à fait analogue à celui de Cailletet, ont liquéfié l'oxygène, l'azote, l'hydrogène et tous les autres gaz qui avaient résisté jusque-là.

Le fluor, isolé par M. Moissan en 1886, l'argon, découvert par Rayleigh et Ramsay en 1896, furent liquéfiés presque immédiatement. Enfin, en 1899, le professeur Linde obtint l'air liquide, qui bout à — 210°.

312. Point critique. — En étudiant l'action de la pression sur la température de liquéfaction des gaz, Andrews découvrit ce fait important, qu'au-dessus d'une température déterminée, différente pour chaque gaz, il est impossible de liquéfier le gaz, quelle que soit la pression exercée. Cette température a reçu le nom de *point critique*, ou *température critique*.

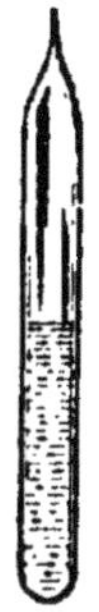

A partir de la température critique et au-dessus de cette température, le corps ne peut plus exister qu'à l'état gazeux. On peut mettre le fait en évidence avec un *tube de Natterer* (fig. 220). C'est un tube de verre résistant, dans lequel on a introduit, par exemple, de l'anhydride carbonique liquide et qu'on a fermé à la lampe. Il est vide d'air et contient, à la température ordinaire, de l'anhydride liquide, au-dessus duquel il y a de l'anhydride gazeux. Si on le chauffe progressivement, on constate d'abord le même aspect, mais à 31° le liquide disparaît brusquement et le tube ne contient plus que du gaz.

Fig. 220.

La température critique de l'anhydride carbonique est donc de 31°.

313. Définition. — La *tension maxima* d'une vapeur est la tension de cette vapeur quand elle est saturante.

Nous avons vu (299) que cette tension augmente rapidement avec la température : c'est la loi de cette variation que nous allons déterminer. Il est important de la connaître dans un grand nombre de cas. Par exemple, un liquide bout toujours à la température à laquelle la tension maxima de sa vapeur est égale à la pression exercée à sa surface par l'air, ou les gaz avec lesquels il est en contact.

Dans la chambre d'un baromètre parfaitement vide d'air, il y a de la vapeur de mercure à la tension maxima et à une certaine température; il est nécessaire, pour des mesures très exactes, de tenir compte de cette pression.

Nous allons examiner les procédés employés pour mesurer les tensions maxima.

314. Mesures entre 0° et 100°. — Dalton le premier a effectué la mesure des tensions maxima de la vapeur d'eau.

Il se servait de deux tubes de Toricelli placés parallèlement sur une cuve à mercure (fig. 221); l'un servait de baromètre. Dans la chambre barométrique de l'autre, on introduisait un excès d'eau, qui donnait de la vapeur saturante.

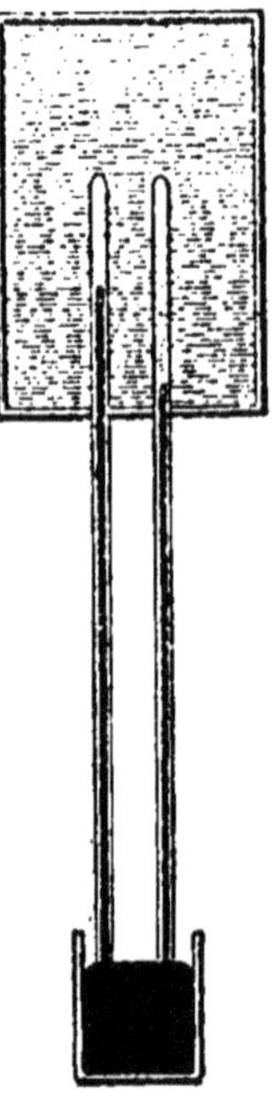

Fig. 222.

Pour connaître la tension de cette vapeur, il suffit de lire sur une règle divisée la différence des niveaux du mercure dans les deux tubes.

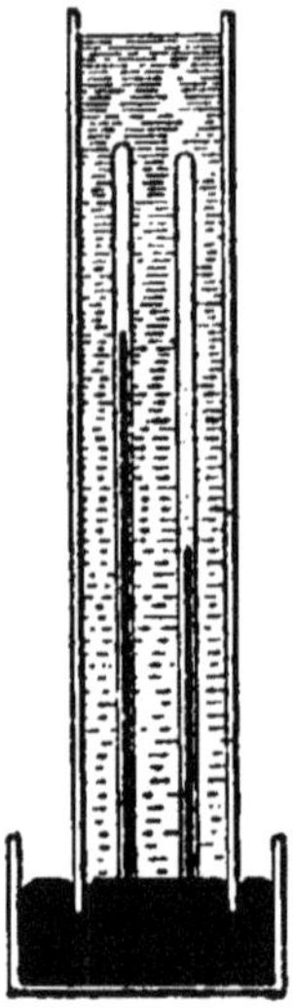

On peut effectuer cette mesure à différentes températures, en entourant les deux tubes d'un manchon de verre, contenant de l'eau, que l'on chauffe en plaçant la cuve à mercure sur un fourneau. La température est donnée par des thermomètres plongeant à diverses profondeurs et, quand on veut faire une lecture, on agite l'eau du manchon pour uniformiser la température. Cette opération a pour effet d'agiter la surface du mercure dans les deux tubes et de rendre les lectures difficiles.

Fig. 221.

Regnault a perfectionné l'appareil en n'entourant d'un manchon que la partie supérieure des tubes, sur une longueur d'environ 30 centimètres; de plus ce manchon était en fer-blanc avec une fenêtre en glace à faces bien parallèles, ce qui permet de faire des lectures très exactes (fig. 222).

Avec l'appareil de Dalton on peut mesurer la tension maxima de la vapeur d'eau entre 0 et 100°; on ne peut pas aller au delà parce qu'à 100° la tension maxima de la vapeur d'eau est de 76 centimètres et que par conséquent le niveau du mercure dans le tube est le même que dans la cuvette.

Avec l'appareil de Regnault, on ne peut plus effectuer de mesure lorsque le niveau du mercure sort du manchon. On ne peut opérer qu'entre 0 et 60°.

315. Mesures au-dessous de 0°. — Pour mesurer les tensions maxima au-dessous de 0°, on ne peut guère entourer les tubes d'un mélange réfrigérant, parce que les lectures deviendraient trop difficiles.

On peut, comme l'ont fait certains physiciens, exposer l'appareil de Dalton à l'air libre par des froids au-dessous de 0°. Mais Gay-Lussac a employé une méthode plus ingénieuse, qui a été ensuite reprise par Regnault, et qui est fondée sur le *principe de la paroi froide.*

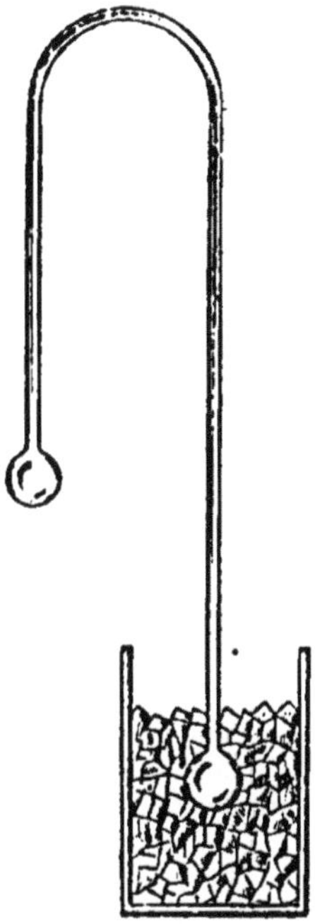

Ce principe, dû à Watt, qui l'a utilisé dans le condenseur de la machine à vapeur, est le suivant :

Étant donné un espace clos contenant un excès de liquide et par conséquent la vapeur saturante de ce liquide, si on refroidit une partie seulement de la paroi limitant cet espace, en un point où la vapeur puisse se rassembler, l'effet produit sera le même que si tout l'espace était refroidi à cette température : la vapeur se condensera jusqu'à ce que sa tension soit la tension maxima à la température du point le plus froid.

Le *cryophore* (fig. 223) est une application de ce principe. Il se compose d'un tube de verre deux fois recourbé, dont les deux extrémités sont terminées par deux boules et dans lequel on a fait bouillir de l'eau pour chasser l'air ; étant fermé à la lampe, il ne contient qu'un excès d'eau et la vapeur saturante de ce liquide.

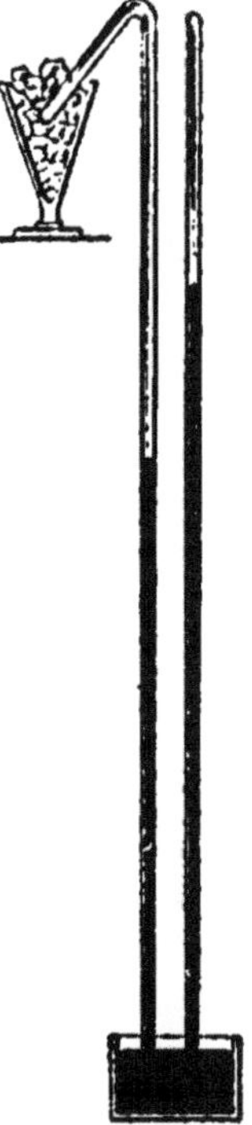

Fig. 223.

Fig. 224.

On fait passer toute l'eau dans l'une des boules et l'on plonge l'autre dans un mélange réfrigérant ; en abandonnant l'appareil à lui-même, on voit au bout d'un certain temps que toute l'eau a passé dans la boule refroidie, où la vapeur allait constamment se condenser.

Pour appliquer ce principe à la mesure des tensions maxima de la vapeur d'eau, on emploie un appareil analogue à celui de Dalton : seulement le tube qui contient l'eau est recourbé à son extrémité et la partie courbe plonge dans un mélange réfrigérant dont on peut varier la température (fig. 224). La vapeur va se condenser dans cette partie courbe, mais le tube contient de la vapeur à la tension maxima qui correspond à la température du mélange réfrigérant.

L'expérience prouve que l'eau à 0° et même la glace à des températures de — 10° et — 15° émet des vapeurs avec une tension appréciable. A 0°, la tension maxima de la vapeur d'eau est de 4^{mm},57; à — 10° elle est de 2^{mm},15.

316. Mesures au-dessus de 100°.

— Au-dessus de 100° et même de 60° on ne peut plus employer l'appareil de Dalton, ni de Regnault.

Ce dernier physicien a imaginé une méthode très générale fondée sur cette loi, *que l'ébullition d'un liquide a lieu à la température pour laquelle la tension maxima de la vapeur du liquide est égale à la pression que celui-ci supporte des gaz ambiants.*

L'appareil (fig. 225) se compose d'une chaudière, où l'on chauffe le liquide ; la température de sa vapeur est donnée par des thermomè-

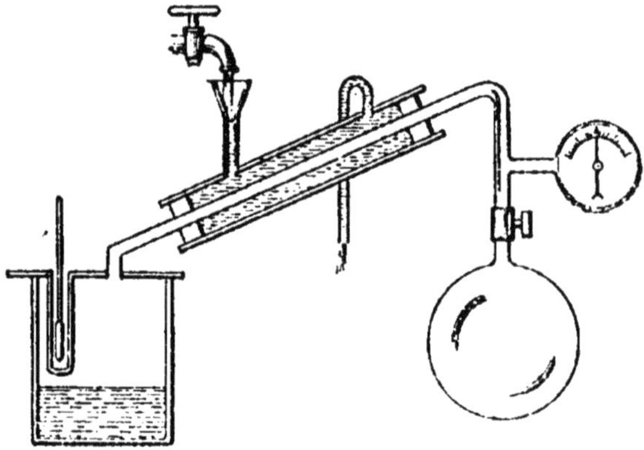

Fig. 225.

tres plongés dans des tubes rivés au couvercle et descendant dans la chaudière. La vapeur produite va se condenser dans un tube entouré d'un réfrigérant et incliné vers la chaudière; le principe de la paroi froide n'est donc pas applicable ici, puisque la vapeur ne peut se rassembler à l'endroit le plus froid et qu'au contraire, une fois condensée, elle revient vers la chaudière. Enfin, ce tube communique d'une part avec un manomètre, d'autre part avec un ballon contenant de l'air comprimé.

Pour une pression P de l'air du ballon, évaluée au manomètre, le liquide bout à une température T donnée par le thermomètre : P est la tension maxima de la vapeur du liquide à la température T.

En faisant varier la pression de l'air dans le ballon, on pourra évaluer P à des températures très élevées, ou même très basses, et voisines de 0°. La méthode est générale.

317. Résultats.

— Il résulte des expériences que pour toutes les

vapeurs la tension maxima augmente avec la température et beaucoup plus rapidement qu'elle.

Ainsi la tension maxima de la vapeur d'eau est de $4^{mm},57$ à $0°$; de $9^{mm},1$ à $10°$; de $17^{mm},4$ à $20°$; de 92 millimètres à $50°$ et de 760 millimètres à $100°$.

La tension maxima de la vapeur d'alcool est à $0°$ de $12^{m},24$; à $10°$ de $23^{m},73$; à $50°$ de 22 centimètres et à $78°$ de 76 centimètres.

La tension maxima de la vapeur de mercure est de $0^{mm},02$ à $0°$; de $0^{mm},113$ à $50°$, de $0^{mm},746$ à $100°$; de $19^{mm},90$ à $200°$, de $242^{mm},15$ à $300°$ et de 760 millimètres à $357°$.

CHAPITRE V

NOTIONS ÉLÉMENTAIRES SUR LA CONDUCTIBILITÉ ET LE RAYONNEMENT

§ 1. — CONDUCTIBILITÉ

318. Définitions. — La chaleur peut se transmettre de la source au corps chauffé, de deux manières différentes :

1° Ou bien lentement et progressivement, au travers de milieux matériels dont elle élève la température de proche en proche. On dit alors que la transmission de la chaleur a lieu par *conductibilité* et les milieux matériels qu'elle traverse sont dits *conducteurs*.

2° Ou bien, comme la lumière, avec une très grande rapidité, presque instantanément, à travers les milieux raréfiés, même à travers le vide le plus complet que l'on puisse produire. On dit alors que la transmission de la chaleur a lieu par *rayonnement;* la source calorifique envoie des rayons de chaleur, comme une source lumineuse envoie des rayons de lumière.

319. Corps bons et corps mauvais conducteurs. — Un corps est bon conducteur lorsqu'il laisse facilement passer la chaleur, c'est-à-dire lorsque étant chauffé en l'un de ses points il s'échauffe graduellement en tous les autres.

La conductibilité pour la chaleur est un des caractères spécifiques des corps : elle varie avec leur nature.

Les métaux, en particulier les métaux précieux et le cuivre, conduisent très bien la chaleur ; au contraire le bois, le verre, l'ivoire, l'ébonite, ou caoutchouc durci, sont de mauvais conducteurs. Ainsi une cuiller en argent, plongée dans l'eau chaude, s'échauffe assez à son autre extrémité pour qu'on ne puisse pas la tenir à la main, tandis que l'on tient très bien, sans ressentir aucune chaleur, une allumette en bois qui brûle, tant que la flamme ne vient pas tout près des doigts.

On peut mettre cette conductibilité en évidence par l'expérience suivante qui est très concluante :

On recouvre une boule d'une étoffe de toile fine bien tendue, et on l'expose à la flamme d'une bougie (fig. 226). Si la boule est en bois, la toile brûle, ou tout au moins roussit ; mais si la boule est en cuivre, la toile n'éprouve aucun effet. C'est que dans ce dernier cas

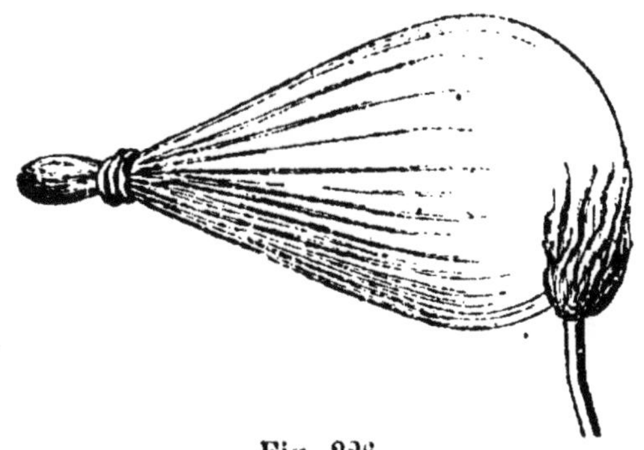

Fig. 226.

toute la chaleur se répand dans la boule de cuivre, corps *bon conducteur*, ce qu'elle ne peut faire dans la boule en bois, qui est un corps *mauvais conducteur*.

320. Mesure de la conductibilité. — 1° *Cas des solides.* — Pour mesurer la conductibilité des solides, ou du moins pour comparer entre elles les conductibilités des divers solides, Ingenhouz le premier a imaginé un appareil formé d'une petite caisse métallique, munie d'une poignée, et sur la paroi de laquelle sont implantées des tiges de différents corps, toutes de même longueur et de même section

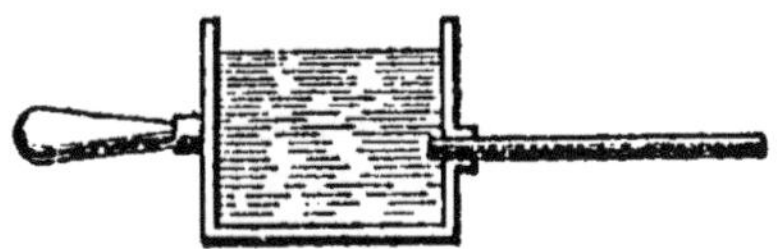

Fig. 227.

(fig. 227). Les tiges ayant été plongées dans de la cire fondue, qui par refroidissement forme sur elles une couche uniforme, on verse de l'eau bouillante dans la caisse ; la chaleur fait fondre la cire des tiges sur une longueur d'autant plus grande que le corps est plus conducteur.

L'appareil se prêtant mal à une expérience de cours, qui doit être visible pour tout un amphithéâtre, M. Leyritz l'a modifié en plaçant sur les tiges, à des intervalles équidistants, de petites boules de cire qui tombent à mesure que la chaleur les atteint (fig. 228).

On reconnaît ainsi que l'argent est le plus conducteur des corps ; viennent ensuite le cuivre, le zinc, le fer, le verre et le bois par ordre de conductibilité décroissante.

En pratiquant des cavités équidistantes dans une barre métallique et y plaçant des thermomètres, Despretz reconnut que *les températures en ces points également espacés décroissaient en progression géométrique*. Telle est la loi de la transmission de la chaleur.

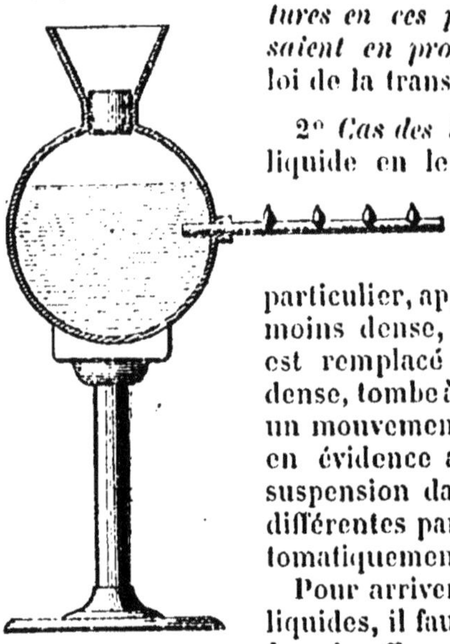

2° *Cas des liquides*. — Lorsqu'on chauffe un liquide en le plaçant sur un foyer, sa température s'élève assez rapidement ; cela est dû non plus à la conductibilité, mais à un phénomène particulier, appelé *convection*. Le liquide chaud, moins dense, monte à la partie supérieure et est remplacé par du liquide froid qui, plus dense, tombe à la partie inférieure. Il en résulte un mouvement continu, que l'on peut mettre en évidence avec une poudre quelconque en suspension dans l'eau, et en vertu duquel les différentes parties du liquide se mélangent automatiquement.

Fig. 228.

Pour arriver à mesurer la conductibilité des liquides, il faut donc, comme l'a fait Despretz, les chauffer par la partie supérieure. En opérant ainsi sur une colonne d'eau, contenue dans un long récipient vertical, qui portait des thermomètres horizontaux rapprochés et équidistants, il a reconnu pour les liquides la même loi que pour les solides.

Mais les liquides, à l'exception du mercure, conduisent très peu la chaleur, comme le prouve l'expérience suivante : on met de l'eau dans un tube à essai, et l'on fait congeler la partie inférieure ; on peut alors chauffer la partie supérieure, et même la faire bouillir, sans que la glace fonde (fig. 229).

Fig. 229.

3° *Cas des gaz*. — Les expériences sont encore plus difficiles pour les gaz que pour les liquides. Cependant, Magnus, de Berlin, a montré que leur conductibilité était à peu près nulle, excepté pour l'hydrogène.

On peut montrer par l'expérience suivante la conductibilité de l'hydrogène : un large tube de verre est fermé à ses deux extrémités par deux bouchons qui laissent passer un fil de platine et des tubulures permettant l'introduction de gaz (fig. 230). En reliant les deux extrémités du fil de platine aux deux pôles d'une pile électrique, le fil s'échauffe et rougit (373), si le tube est vide, ou s'il contient de l'air, du gaz carbonique, ou un gaz quelconque. Mais, si l'on y introduit de l'hydrogène, l'incandescence du fil cesse, parce que

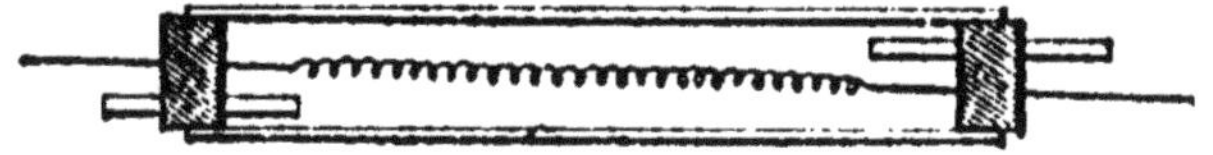

Fig. 230.

sa chaleur se répand dans l'hydrogène, qui est bon conducteur ; cela ne peut se produire avec les autres gaz, mauvais conducteurs.

321. Applications. — Le contact d'un corps bon conducteur donne toujours une impression de froid, parce que la chaleur de la main se répand dans le corps conducteur et qu'elle se refroidit.

Les récipients dans lesquelles on chauffe des liquides, chaudières, alambics, etc., sont le plus souvent en cuivre, métal bon conducteur, qui permet de les chauffer plus vite.

La conductibilité des toiles métalliques permet de refroidir les gaz qui les traversent, de façon à intercepter une flamme. La flamme d'un bec de gaz, écrasée avec une toile métallique, ne traverse pas la toile ; cependant le gaz traverse, car on peut le rallumer au dessus.

Cette propriété est utilisée dans la lampe des mineurs (fig. 231). C'est une lampe à huile avec un support, qui soutient un cylindre de verre entourant la flamme et surmonté d'un cylindre en toile métallique entièrement fermé. Les petites explosions, qui se produisent à l'intérieur de la lampe, ne peuvent ainsi se propager à l'extérieur.

Une couche d'air emprisonnée et immobilisée constitue une lame non conductrice, c'est-à-dire isolante, permettant de conserver la chaleur ou le froid.

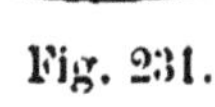

Fig. 231.

C'est ainsi que les doubles fenêtres, si employées dans les pays du nord, conservent la chaleur intérieure des appartements.

La laine, et surtout les fourrures, agissent d'une façon analogue, en retenant et en immobilisant par leurs poils, plus ou moins longs, une certaine couche d'air. La laine, employée pour conserver la chaleur, peut aussi conserver le froid, c'est-à-dire empêcher la chaleur extérieure d'arriver au corps enveloppé. Ainsi, les pâtissiers mettent la glace dans des couvertures de laine, pour la garder pendant quelque temps. Sur les navires, on la transporte de Suède en Amérique et aux Indes en l'entourant d'une épaisse couche de sciure de bois.

§ 2. — RAYONNEMENT

322. Transmission de la chaleur rayonnante. — L'exemple le plus simple de transmission de la chaleur par *rayonnement* est la transmission de la chaleur du soleil à la terre. Aussitôt que le soleil paraît au-dessus de l'horizon, la température des objets exposés à ses rayons s'élève ; elle s'abaisse aussitôt que le soleil est voilé par les nuages, ou passe au-dessous de l'horizon, et tout le monde a pu observer l'abaissement brusque de température qui se produit au coucher du soleil. De même, la différence de température des objets, placés en plein soleil ou à l'ombre, est due au rayonnement calorique du soleil.

La chaleur rayonnante se transmet comme la lumière : elle traverse les espaces vides, elle se réfléchit et se réfracte d'après les mêmes lois que la lumière.

On montre que la chaleur rayonnante traverse les espaces vides, en fixant un thermomètre dans un ballon de verre vide, que l'on plonge dans l'eau bouillante (fig. 232) ; on voit le thermomètre monter.

Fig. 232.

On montre que la chaleur se réfléchit au moyen de l'expérience des miroirs conjugués. Pour cela, on dispose deux miroirs paraboliques, dirigés l'un vers l'autre et de telle sorte que leurs axes coïncident (fig. 233) ; au foyer de l'un, on place dans une grille des charbons ardents et au foyer de l'autre une matière inflammable,

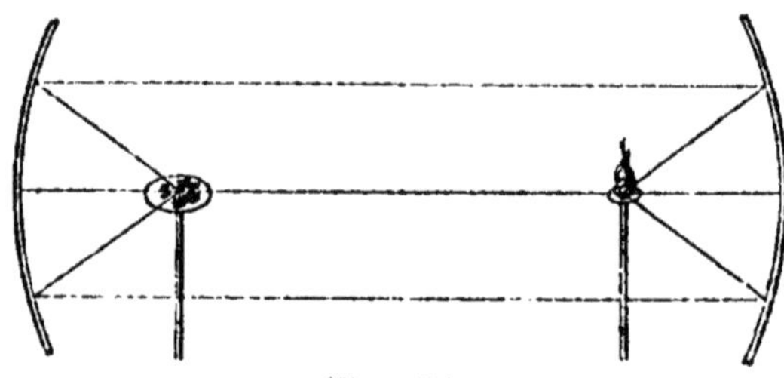

Fig. 233.

comme du fulmi-coton. On voit alors ce dernier prendre feu, tandis qu'en le plaçant en d'autres points, plus rapprochés des charbons, il ne s'enflamme pas. D'après les lois de la réflexion de la lumière, tout rayon parti du foyer d'un miroir parabolique se réfléchit parallèlement à l'axe, et inversement tout rayon parallèle à l'axe se réfléchit en passant par le foyer : on voit donc que les rayons partis de l'un des foyers vont, d'après ces lois, se concentrer à l'autre foyer, ce qui explique l'expérience.

Si l'on met à l'un des foyers une grille pleine de morceaux de glace, et à l'autre un thermomètre, on voit ce dernier baisser. Cette expérience, connue sous le nom *réflexion apparente du froid*, s'explique par ce fait, que les corps placés aux deux foyers rayonnent l'un vers l'autre ; le plus chaud, qui est ici le thermomètre, envoie à l'autre plus de chaleur qu'il n'en reçoit et par conséquent se refroidit.

Fig. 231.

Lorsque le soleil est au-dessus de l'horizon, il envoie à la terre plus de chaleur qu'il n'en reçoit d'elle et elle s'échauffe ; quand le soleil passe au-dessous de l'horizon, la terre rayonne vers les espaces célestes et perd plus de chaleur qu'elle n'en reçoit, elle se refroidit ; et par les nuits longues et sereines, ce refroidissement peut être assez fort pour condenser, ou congeler, sur la terre la vapeur d'eau de l'air environnant, ce qui produit la *rosée*, ou le *givre*.

Enfin, la réfraction de la chaleur est mise en évidence par ce fait que l'on peut enflammer un corps placé au foyer d'une lentille, en exposant celle-ci à la chaleur du soleil, ou d'un foyer.

Les sources de chaleur rayonnante peuvent être lumineuses, comme le soleil, ou les foyers incandescents ; elles peuvent aussi être obscures, comme l'eau bouillante, qui rayonne de la chaleur.

323. Mesure des quantités de chaleur rayonnées. — Leslie mesurait les quantités de chaleur rayonnées au moyen d'un thermomètre différentiel ; Melloni a employé un appareil plus sensible, la *pile thermo-électrique*.

Elle se compose de barreaux d'antimoine et de bismuth soudés ensemble, de telle sorte que toutes les soudures paires soient sur une même face, toutes les soudures impaires sur l'autre (fig. 234) ; le barreau est recourbé plusieurs fois sur lui-même, de façon à former un petit cube. Si l'on chauffe la face sur laquelle sont les soudures paires et qu'on maintienne à une température inférieure constante la face des soudures impaires, on produit un courant électrique dans un fil conducteur réunissant les deux extrémités du barreau qui forment les deux pôles de la pile ; ce courant traverse un galvanomètre, dont il fait dévier l'aiguille et qu'on gradue en quantité de chaleur expérimentalement, en faisant tomber sur la pile une première quantité de chaleur, puis une double, une triple, etc.

Les divers instruments employés pour étudier les lois du rayonnement de la chaleur, sources de chaleur, écrans, pile thermo-électrique, plaques de substances qui réfléchissent la chaleur, ou se laissant traverser par elle, sont portés sur une règle divisée, qui permet de les placer à des distances bien déterminées les uns des autres. C'est le *banc de Melloni* (fig. 236).

324. Emission. Pouvoir émissif. — Les quantités de chaleur émises par des surfaces égales de différentes substances, chauffées

Fig. 235.

à une même température, ne sont pas égales : c'est ce que l'on exprime en disant que les diverses substances ont des pouvoirs émissifs différents.

On peut mettre ce fait en évidence au moyen du *cube de Leslie*. C'est un cube creux (fig. 235) dans lequel on fait bouillir de l'eau et dont les faces sont recouvertes de diverses substances : noir de fumée, céruse, plombagine, argent mat, ou poli, etc. En recevant sur la face de la pile les quantités de chaleur émises par les différentes faces du cube plein d'eau bouillante, on trouve qu'elles ne sont pas égales.

On appelle *pouvoir émissif* d'un corps le rapport de la quantité de chaleur émise par l'unité de surface de ce corps à la quantité de chaleur émise par la même surface de noir de fumée, à la même température.

En représentant par 100 le pouvoir émissif du noir de fumée, qui est le plus grand de tous, on trouve pour les pouvoirs émissifs des autres substances :

Noir de fumée.	100
Céruse	100
Minium.	80
Plombagine.	75
Argent mat	5,4
Argent poli	2,5

On voit que le pouvoir émissif varie avec la nature de la substance et surtout avec son degré de poli : les substances mates ont un pouvoir émissif plus grand, les substances polies un pouvoir moins grand. Ce qui explique l'usage des vases en métal poli pour conserver les liquides chauds.

325. Réflexion. Pouvoir réflecteur. — Nous avons déjà montré, par l'expérience des miroirs conjugués, que les lois de la réflexion de la chaleur sont les mêmes que celles de la lumière. On peut encore le vérifier avec le banc de Melloni (fig. 236) : pour cela, il porte à son extrémité une règle mobile sur laquelle on installe la pile ; au sommet de l'angle formée par les deux règles, sur un support, est placée la lame réfléchissante. Cette lame recevant d'une source de chaleur lumineuse, une lampe par exemple, un rayon de chaleur et de lumière limité par un écran percé d'une ouverture, on fait tourner la pile jusqu'à ce que la déviation du galvanomètre soit maxima. En remplaçant la pile par un écran et opérant dans une

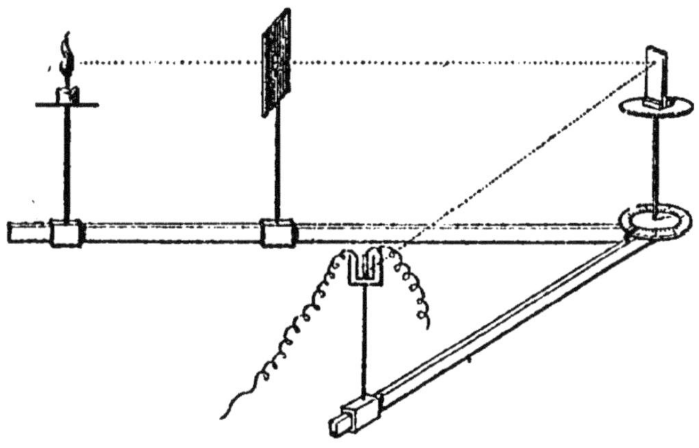

Fig. 236.

chambre obscure, on voit que c'est aussi la direction dans laquelle est réfléchi le rayon lumineux.

Une substance ne réfléchit pas en général la totalité de la chaleur qu'elle reçoit. On appelle *pouvoir réflecteur* d'un corps le rapport de la quantité de chaleur réfléchie à la quantité de chaleur reçue.

Pour le mesurer, on reçoit sur la pile, placée à une distance déterminée de la source, un faisceau de rayons calorifiques, limité par l'ouverture d'un écran ; on mesure la quantité de chaleur reçue, soit q. Puis on dispose sur le trajet de ce faisceau la plaque réfléchissante et on amène la règle mobile, sur laquelle on a disposé la pile, dans la direction du faisceau réfléchi et de telle sorte que la distance totale de la source à la pile soit la même que dans le premier cas. On mesure une nouvelle quantité de chaleur q'. Le pouvoir réflecteur de la substance est $\dfrac{q'}{q}$.

De toutes les substances, les métaux sont celles qui ont le pouvoir réflecteur le plus grand : l'argent poli a un pouvoir réflecteur égal à $\dfrac{97}{100}$, le fer à $\dfrac{77}{100}$.

Pour les autres corps, il varie beaucoup suivant leur nature.

326. Absorption. Pouvoir absorbant. — La quantité de chaleur qui n'est pas réfléchie est absorbée et l'on appelle *pouvoir absorbant* le rapport de la quantité de chaleur absorbée à la quantité de chaleur reçue.

Pour le mesurer, on prend une plaque de cuivre mince, enduite sur l'une de ses faces de noir de fumée et sur l'autre d'une couche de la substance à étudier et on la place sur le banc, entre la source de chaleur et la pile, la face enduite de noir de fumée tournée vers la pile. La chaleur de la source, reçue par la première face est en partie réfléchie et en partie absorbée, c'est cette dernière qui est renvoyée à la pile et qui mesure le pouvoir absorbant de la substance, comparé à celui du noir de fumée.

L'expérience prouve qu'en général le pouvoir absorbant d'une substance est égal à son pouvoir émissif.

On peut aussi remarquer que par définition le pouvoir absorbant d'une substance est complémentaire de son pouvoir réflecteur. L'expérience ne vérifie pas toujours ce fait, parce que les corps mal polis produisent une diffusion, ou réflexion irrégulière, plus ou moins prononcée ; mais la vérification se fait assez bien pour les substances polies et d'autant mieux que le polissage est mieux fait.

327. Diathermaniété. Pouvoir diathermane. — Les corps transparents, qui laissent passer la lumière, se laissent aussi traverser en général par la chaleur. Cependant, certaines substances transparentes à la lumière, comme une dissolution d'alun, ne laissent passer que très peu la chaleur : celles qui laissent passer la chaleur s'appellent des substances *diathermanes*.

On appelle *pouvoir diathermane* d'un corps le rapport de la quantité de chaleur qu'il transmet à celle qu'il reçoit. Pour le mesurer, on envoie sur la pile un faisceau calorifique et l'on mesure la quantité q_1 de chaleur qu'elle reçoit; puis on interpose une lame de la substance à étudier et l'on mesure alors une quantité q'_1 de chaleur reçue par la pile ; $\dfrac{q'_1}{q_1}$ est le pouvoir diathermane de la substance.

L'expérience prouve que la chaleur lumineuse, celle du soleil en particulier, traverse à peu près également et presque complètement tous les corps transparents : verre, eau, air, etc. Au contraire, la chaleur obscure, qui traverse facilement le sel gemme, le sulfure de carbone, l'air est interceptée, par le verre, l'eau, les dissolutions salines, la vapeur d'eau, etc.

Dans les serres, on utilise cette différence d'action du verre sur la chaleur lumineuse et sur la chaleur obscure pour obtenir une température constante et supérieure à la température extérieure : la chaleur lumineuse du soleil pénètre faiblement et, rayonnée ensuite sous forme de chaleur obscure par les objets qui sont dans la serre, elle ne peut plus sortir et s'accumule sous le vitrage.

328. Applications. — En dehors des applications déjà mentionnées aux serres et aux récipients en métal poli pour conserver les liquides chauds, les lois du rayonnement de la chaleur en ont encore de nombreuses : emploi du noir de fumée pour faciliter l'échauffement, ou l'inflammation des corps, etc.

L'une des plus intéressantes est celle par laquelle un ingénieur, M. Mouchot, a utilisé la chaleur du soleil pour faire bouillir de l'eau et produire ainsi la force nécessaire à la marche d'un moteur.

L'appareil (fig. 237) se compose d'un grand miroir parabolique en cuivre recouvert d'argent, dont le pouvoir réflecteur est le plus grand ; suivant l'axe, est disposée une chaudière en cuivre avec une couche de noir de fumée et une enveloppe extérieure en verre.

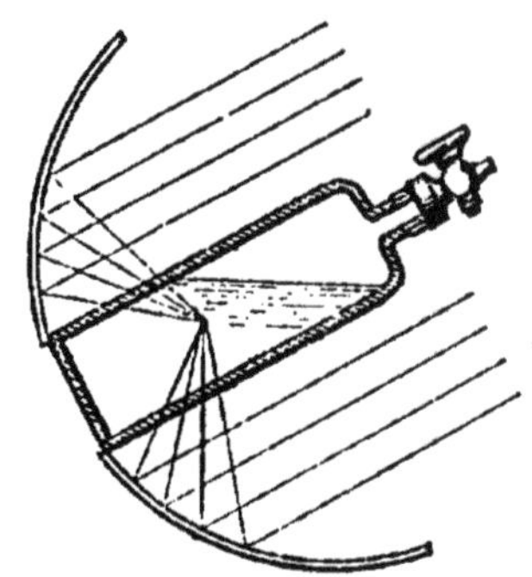

Fig. 237.

La chaleur lumineuse du soleil, concentrée sur la chaudière et emmagasinée par cette enveloppe sous la forme de chaleur obscure, ne tarde pas à porter l'eau à l'ébullition.

Si la masse à chauffer est un peu considérable, il est bon que le miroir soit mobile et puisse suivre le mouvement du soleil.

M. Mouchot a adapté également à son miroir des appareils de distillation des boissons fermentées et des appareils culinaires. Mais l'emploi de ces instruments ne paraît pratique que sous certaines latitudes, comme en Algérie.

LIVRE IV

ÉLECTRICITÉ

CHAPITRE PREMIER

ÉLECTRICITÉ STATIQUE

§ 1. — PRÉLIMINAIRES

329. Définitions. — Les anciens savaient que l'ambre jaune (en grec, *électron*), tenu à la main et frotté, a la propriété d'attirer les corps légers ; ils donnaient à ce phénomène le nom d'*électricité*.

Au xvi° siècle, un physicien nommé Gilbert reconnut que d'autres corps, la résine, le verre, le soufre, l'ivoire, etc., possèdent la même propriété, mais non pas les métaux. On répète généralement l'expérience en frottant des bâtons de ces corps et s'en servant pour attirer de petits morceaux de papier. Gilbert divisa alors les corps en *idioélectriques*, ou capables de s'électriser par le frottement, et *anélectriques*, ou incapables de s'électriser par le frottement.

Un physicien anglais Gray remarqua, vers 1727, que les métaux

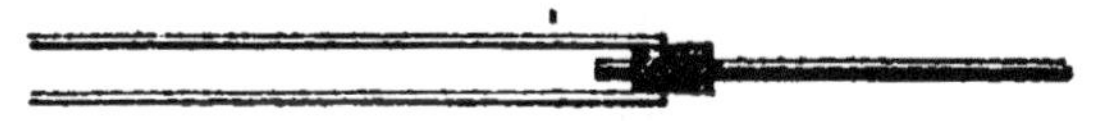

Fig. 238.

s'électrisent par contact avec un corps déjà électrisé, si, au lieu de les tenir directement à la main, on les tient au bout d'un manche anélectrique, qui les *isole* de la main de l'opérateur ; dans les mêmes circonstances, les corps anélectriques ne s'électrisent pas, ou très peu.

Ainsi, un bâton de métal, porté à l'extrémité d'un tube de verre (fig. 238), s'électrise lorsqu'on frotte, dans le voisinage du métal, le bouchon par exemple ; tandis qu'un bâton de verre un peu long, frotté à un bout, ne s'électrise pas à l'autre, ou très peu.

D'où deux modes d'électrisation : par *frottement*, par *contact*.

Il résulte de ce qui précède qu'un corps électrisé peut céder de son électricité à un autre. L'électricité semble se comporter comme une sorte de fluide, qui pourrait se répandre sur certains corps, comme les métaux, et non sur d'autres, comme la résine, le verre, etc. : les corps sont divisés en *bons conducteurs* de l'électricité (métaux, etc.) et en *mauvais conducteurs*, ou *isolants* (résine, verre, soufre, ivoire, etc.).

330. Fluides électriques. — Otto de Guericke, l'inventeur de la machine pneumatique, observa le premier qu'entre les corps électrisés, amenés presque au contact, il se produit des étincelles, et que les corps légers, d'abord attirés, sont ensuite violemment repoussés.

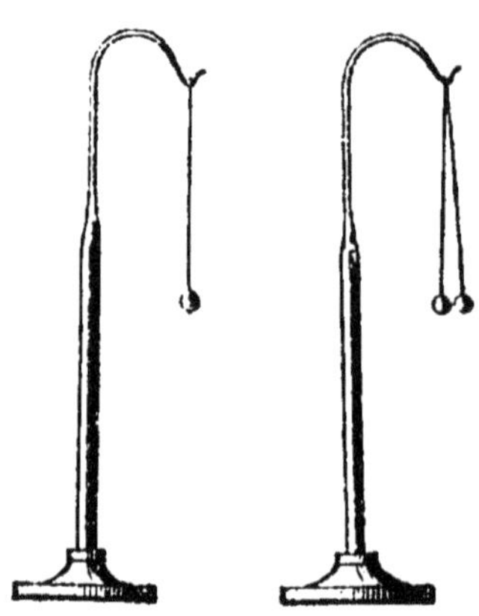

Fig. 239.   Fig. 240.

Pour mettre le fait en évidence, on peut employer le *pendule électrique* (fig. 239). Il est formé d'une petite balle de moelle de sureau, suspendue par le moyen d'un fil de soie à un support de verre : si l'on approche de la balle un corps électrisé, elle est d'abord attirée, vient se coller sur le corps, puis est vivement repoussée. Or, la balle de sureau s'est un peu électrisée au contact du corps; le fluide électrique semble donc se repousser lui-même.

La même hypothèse sert à expliquer que, si l'on emploie un *double pendule* (fig. 240), les deux balles, d'abord attirées pour le corps électrisé, s'en éloignent et se repoussent mutuellement.

Mais la balle qui a touché la résine, qui est repoussée par elle et par d'autres corps électrisés, est attirée au contraire par certains autres corps électrisés, tels que le verre; et réciproquement la balle électrisée et repoussée par ce dernier est attirée par les premiers corps.

Le physicien Dufay en conclut l'existence de deux fluides électriques différents : le fluide *résineux* et le fluide *vitreux*. Deux fluides de même nom se repoussent, tandis que deux fluides de nom contraire s'attirent. C'est l'*hypothèse des deux fluides*, que nous adapterons, suivant l'habitude pour expliquer les phénomènes élémentaires.

On les appelle aujourd'hui : électricité *négative*, ou —, au lieu de fluide résineux, et électricité *positive*, ou +, au lieu de fluide vitreux.

Il est important de remarquer que deux corps frottés se chargent d'électricités contraires. Si la balle de sureau d'un pendule électrique a été chargée d'électricité négative, en l'attirant par exemple avec un bâton de résine frotté au moyen d'une peau de chat, le bâton de résine la repousse, et la peau de chat l'attire.

331. Influence. — L'*influence*, un des phénomènes les plus importants de l'électricité, consiste dans l'électrisation d'un corps par l'approche seule d'un corps électrisé, sans qu'il y ait contact. Le corps influençant peut être quelconque et électrisé par un procédé quelconque ; le corps influencé doit être de préférence conducteur, l'influence ne se manifeste que très faiblement sur les corps mauvais conducteurs.

Pour mettre en évidence et étudier le phénomène de l'influence, on peut employer un cylindre de cuivre, isolé par un pied de verre

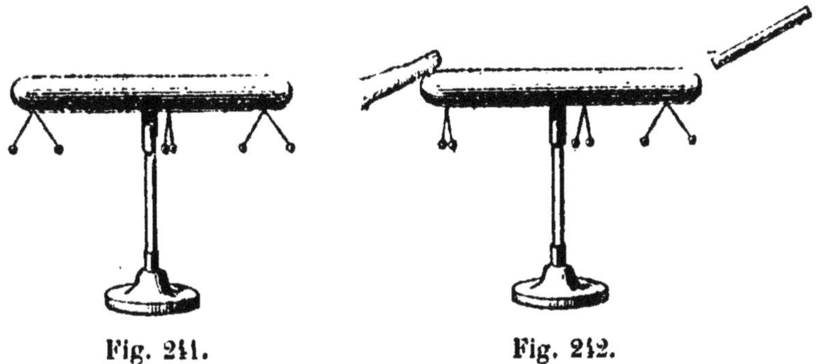

Fig. 241.   Fig. 242.

et portant à chacune de ses extrémités et en son milieu des doubles pendules suspendus par des fils conducteurs (fig. 241). Si l'on approche vers l'un des bouts un corps électrisé, on voit aux deux extrémités les balles des doubles pendules se repousser tandis que celui du milieu reste immobile.

Il se produit donc de l'électricité aux deux extrémités ; à la plus voisine du corps influençant, elle est contraire à celle de ce corps, à l'autre elle est la même que celle du corps influençant. Ces deux régions, électrisées différemment, sont séparés par une *zone neutre*. Il semble donc que le corps conducteur influencé, lorsqu'il était encore non électrisé, ou comme on dit à l'*état neutre*, contenait les deux fluides électriques, que le corps influençant a eu pour effet de séparer seulement ; si ces fluides ne manifestaient pas leur présence, c'est parce qu'ils étaient mélangés partout en quantités égales et d'action contraire, formant ce que l'on appelle du fluide neutre. D'ailleurs, quand on éloigne le corps influençant, les fluides se mélangent de nouveau et les doubles pendules retombent.

L'expérience prouve que l'influence ne se produit pas au travers d'un corps conducteur, tandis qu'elle se produit au travers d'un corps mauvais conducteur ; ainsi, en interposant une plaque métallique entre le corps influençant et le cylindre, celui-ci n'est plus influencé. Une plaque de verre, ou de toute autre substance conduisant mal l'électricité, n'empêche pas l'influence, elle l'augmente même.

Les corps mauvais conducteurs ont été pour cette raison appelés des *diélectriques*.

On peut utiliser l'influence pour électriser un corps conducteur. Pour cela, le corps étant supporté par un isolant, on le met pendant l'influence en relation avec le sol, en le touchant par exemple avec le doigt (fig. 242) ; l'électricité repoussée va au sol, quel que soit le point touché. Puis, on enlève le corps influençant en même temps que l'on supprime la communication au sol, et le conducteur reste chargé d'une électricité contraire à celle du corps influençant.

332. Electroscope à feuilles d'or. — Cet appareil permet de reconnaître si un corps est électrisé et quelle est son électricité.

Il se compose (fig. 243) d'une tige conductrice terminée à son extrémité supérieure par une boule et portant à l'autre de petites feuilles d'or ; le tout est supporté par un disque isolant servant de bouchon au col d'une cloche de verre, qui repose sur une cuvette en cuivre.

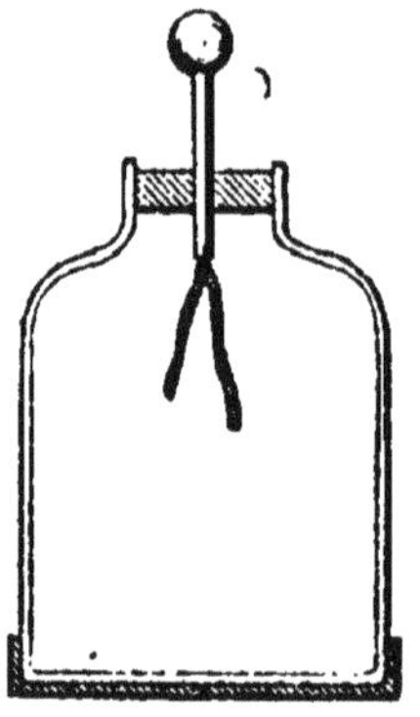

Fig. 243.

Lorsqu'on approche de la boule supérieure un corps électrisé, on voit les feuilles d'or s'écarter, parce que l'électricité de même nom que celle du corps est repoussée dans les deux feuilles.

Si l'on veut reconnaître la nature de l'électricité, il faut d'abord charger l'appareil d'une électricité connue, en employant le moyen précédemment indiqué. On approche de la boule supérieure un corps chargé par exemple d'électricité négative, les feuilles d'or divergent ; on touche la boule avec le doigt, les feuilles d'or se rapprochent, parce que l'électricité, d'abord repoussée dans les feuilles, l'est maintenant dans le sol ; enfin, on enlève vivement et simultanément le corps influençant et le doigt, les feuilles d'or divergent de nouveau, l'appareil restant chargé de l'électricité contraire à celle du corps influençant, c'est-à-dire ici d'électricité positive, qui se répand maintenant dans tout le conducteur. Alors tout corps, qui approché de l'appareil augmente la divergence des feuilles, est électrisé positivement ; tout corps dont l'approche diminue cette divergence est électrisé négativement.

L'approche du corps étudié doit être faite avec beaucoup d'attention ; il faut commencer de loin et l'avancer lentement. Le corps électrisé a en effet sur l'appareil une action d'influence, qui pourrait à faible distance être supérieure à celle que l'on a employée pour charger l'électroscope ; dans ce cas l'appareil se comporterait comme s'il n'était pas chargé, les feuilles divergeraient, quelle que soit la nature de l'électricité.

On peut encore se servir de l'électroscope, en utilisant l'électrisation par contact, au lieu de l'influence, pour reconnaître si un corps est électrisé. Ainsi, lorsqu'une personne touche la boule de l'électroscope et qu'on la frappe avec une peau de chat, on constate que les feuilles d'or divergent, si cette personne est montée sur un tabou-

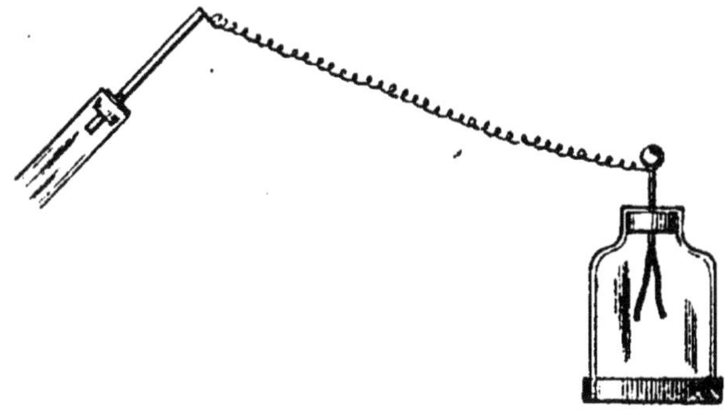

Fig. 244.

ret muni de pieds isolants, tandis que les feuilles restent immobiles si la personne est sur le sol, on en conclut que le corps humain et le sol sont bons conducteurs.

Deux personnes, montées sur des tabourets isolants et qui touchent les boules de deux électroscopes, s'électrisent toutes deux lorsque l'une d'elles frappe l'autre avec une peau de chat. Leurs électricités sont d'ailleurs de nom contraire et en quantités égales, car chacune des personnes peut neutraliser l'électroscope de l'autre en le touchant.

On montre aussi qu'un bâton de métal, tenu à la main au moyen d'un manche isolant, s'électrise lorsqu'on le frappe légèrement avec une peau de chat, en le reliant à la boule de l'électroscope au moyen d'un fil fin et long, de manière à éviter les influences du bâton sur l'appareil (fig. 244).

333. Électrophore. — L'*électrophore* est un appareil qui permet d'obtenir de l'électricité ; c'est une sorte de machine électrique portative.

Il se compose (fig. 245) d'un disque de résine, coulé dans une petite cuvette plate de bois ou de métal, et d'un disque conducteur, en bois recouvert d'"une feuille d'étain, muni d'un manche isolant et que l'on pose sur le disque de résine.

Pour faire fonctionner l'appareil, on frappe la résine avec une peau de chat, ce qui l'électrise négativement ; on pose sur la résine le plateau conducteur, qui s'électrise par influence et on le met en communication avec le sol, en le touchant avec le doigt. Alors l'électricité négative du plateau s'en va dans le sol et il reste électrisé positivement. Si on enlève simultanément et vivement le plateau et le doigt, on a un conducteur électrisé positivement, que l'on peut utiliser comme l'on veut, par exemple pour charger un corps, ou pour produire une étincelle.

Si la cuvette contenant la résine est en métal, on peut, au lieu de toucher avec le doigt le plateau conducteur, l'approcher du bord de la cuvette, sans le soulever ; il se produit une petite étincelle, qui fait disparaître l'électricité négative du plateau. On peut alors le ramener vers le milieu et le soulever, il est chargé d'électricité positive, comme dans le cas précédent.

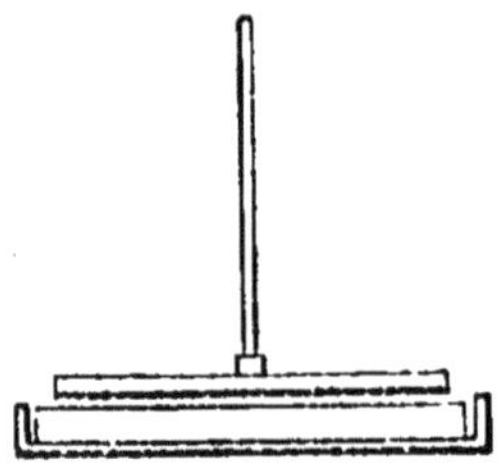

Fig. 245.

334. Attraction des corps légers. — L'attraction des corps légers s'explique par l'influence et les propriétés des deux fluides électriques.

Le corps électrisé agit par influence sur le corps léger et développe, dans la partie de ce dernier la plus voisine, de l'électricité contraire à la sienne ; ces deux électricités s'attirent et provoquent le mouvement du corps léger.

Si le corps léger est bon conducteur, l'influence se produit très rapidement, presque instantanément, et l'attraction aussi.

Si au contraire le corps léger est mauvais conducteur l'action influençante est beaucoup plus lente, et l'attraction n'est plus immédiate.

335. Lois de Coulomb. — Coulomb a étudié l'action qu'exercent réciproquement l'une sur l'autre deux petites sphères électrisées, deux petites balles de sureau par exemple ; nous savons déjà que cette action est une répulsion, ou une attraction, suivant qu'elles sont chargées de même électricité, ou d'électricités contraires.

Pour mesurer la force avec laquelle s'exerce cette action, Coulomb a employé un appareil, appelé *balance de torsion*, ou *balance de Coulomb*.

Elle se compose (fig. 246) d'une aiguille légère, en gomme laque, portant à l'une de ses extrémités une petite boule en moelle de sureau, et soutenu par un fil métallique très fin dans une cage de verre. Ce fil se prolonge vers le haut, dans un tube de verre qui surmonte à la cage et qui porte à sa partie supérieure deux anneaux métalliques, l'un fixe portant un trait de repère, l'autre mobile portant une graduation en 360 degrés ; le tube est recouvert d'un disque pouvant tourner dans l'anneau mobile et surmonté d'un petit treuil auquel est attaché le fil soutenant l'aiguille.

Cette dernière peut se mouvoir dans un plan horizontal, à la hauteur duquel la cage porte une graduation en 360 degrés ; le couvercle de la cage présente une ouverture pour laquelle on peut introduire un bâton isolant, qui porte à son extrémité une boule de moelle de sureau ; elle est fixe.

Le principe sur lequel est fondé l'emploi de cette balance est que la force qui produit la torsion d'un fil est proportionnelle à l'angle de torsion. Cet angle se mesure à la fois sur la graduation de la cage et sur la graduation de la partie supérieure du tube.

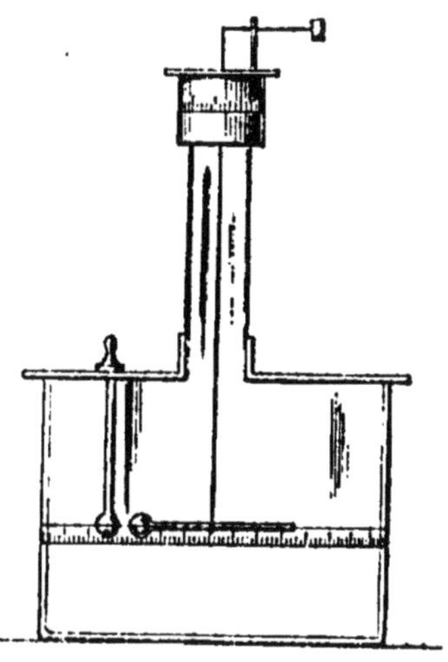

On tourne d'abord l'anneau et le disque mobiles de la partie supérieure du tube de telle sorte qu'abandonnée à elle-même sans torsion la boule mobile portée par l'aiguille se place au zéro de la graduation de la cage. On introduit alors la boule fixe, de même diamètre que la boule mobile, et électrisée : elle se place au contact de la boule mobile, l'électricité se répand dans les deux boules, et par raison de symétrie elle est en quantité égale dans les deux.

Fig. 246.

Il y a donc répulsion et l'écart est de 36° par exemple. C'est un angle de torsion, lu sur la graduation de la cage, qui mesure la force de torsion du fil, c'est-à-dire la force de répulsion des boules.

On tourne ensuite l'anneau de la partie supérieure du tube, jusqu'à ce que l'écart soit seulement de 18°, distance moitié ; il faut pour cela le tourner de 126°. La torsion du fil est alors $126 + 18 = 144°$, force quatre fois plus grande que dans le premier cas. On vérifierait ainsi, en variant les expériences, que la force de répulsion, ou d'attraction, varie en raison inverse du carré de la distance.

Si reprenant les boules dans leur première position, on enlève la boule fixe et qu'on la touche avec une boule égale, on lui enlève la moitié de son électricité. En la replaçant alors dans la cage, on constate que les boules se rapprochent et que pour les maintenir à une distance de 36°, il faut tordre le fil en sens inverse de 18°. La torsion est alors $36 - 18 = 18$; la force a diminué de moitié.

L'expérience serait identiquement la même si, au lieu de toucher la boule fixe, on touchait la boule mobile de manière à lui enlever la moitié de son électricité.

De ses expériences, Coulomb a déduit la loi suivante :

Deux corps électrisés s'attirent, ou se repoussent, proportionnellement aux quantités, ou masses, d'électricité qu'ils contiennent, et en raison inverse du carré de leur distance.

336. Unité de quantité d'électricité. — Si nous désignons par d la distance des corps électrisés, par $\pm m$ et $\pm m'$ les quantités d'électricité de chacun d'eux avec leurs signes, la force d'attraction, ou de répulsion sera :

$$f = \mathrm{K}\ \frac{(\pm m)\,(\pm m')}{d^2}$$

Le signe $+$ pour f, correspondant à des électricités de même signe, ou de même nom, représentera une répulsion ; le signe $-$, une attraction.

On peut choisir les unités de telle sorte que la constante K soit égale à 1. Il suffit de prendre pour unité de quantité d'électricité, ou de masse électrique, la masse qui agissant sur une masse égale, à l'unité de distance, produit une action égale à l'unité de force.

Dans le système CGS, l'unité fondamentale de quantité d'électricité est la quantité qui agissant sur une quantité égale, placée à un centimètre, produirait une force d'une dyne. Comme cette unité est très faible, on emploie dans la pratique, sous le nom de *coulomb*, une unité qui est 3.10^9 fois plus grande que la précédente.

Deux sphères chargées chacune d'un coulomb de la même électricité et placées à 1 kilomètre de distance se repousseraient avec une force équivalant au poids de 900 kilogrammes d'eau.

§ 2. — DISTRIBUTION DE L'ÉLECTRICITÉ

337. Distribution sur les corps mauvais conducteurs. — D'après ce que nous avons déjà dit, il n'y a pas lieu d'étudier la distribution sur les corps mauvais conducteurs, ou diélectriques. L'électricité reste au point où elle a été produite, par frottement, ou par contact.

Quant à l'influence, elle se fait aussi sentir sur les corps mauvais conducteurs, comme sur les bons conducteurs, mais moins nettement. Si on la fait cesser après un temps très court, l'influence est faible et le corps revient bientôt à l'état neutre ; si au contraire elle a duré longtemps, ses effets sont plus énergiques, mais le corps influencé garde deux parties électrisées en sens contraire.

Les phénomènes que produit l'influence sur les mauvais conducteurs conduisent à admettre que ces corps se partagent en un assemblage de petits conducteurs, isolés les uns des autres.

338. Distribution sur les corps bons conducteurs. — Il n'en est pas de même des bons conducteurs, l'électricité se répandant sur eux comme nous l'avons vu.

Le fait principal de cette distribution est que l'électricité se trouve toujours sur la surface extérieure du conducteur.

Pour le prouver, on peut faire diverses expériences.

On prend d'abord une sphère conductrice isolée et deux hémisphères de diamètre un peu plus grand, à manches isolants, que l'on tient à la main. La sphère étant électrisée, on la recouvre avec les deux hémisphères, puis on les abaisse pour toucher la sphère (fig. 247), on les relève vivement et on les écarte. On constate alors avec un pendule que les hémisphères sont électrisés, tandis que la sphère ne l'est plus : son électricité a passé dans les hémisphères.

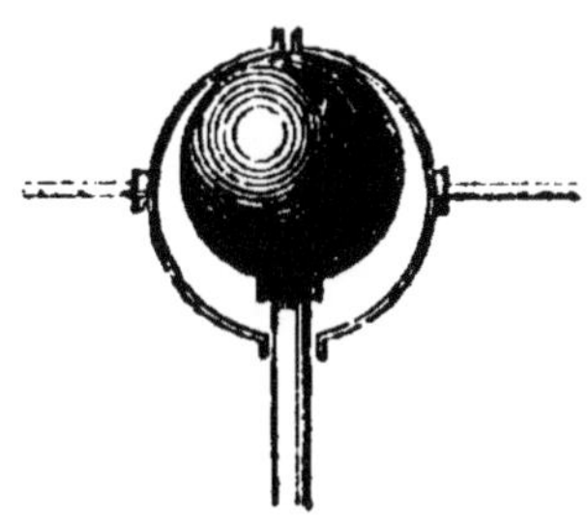

Fig. 247.

On peut encore répéter une expérience bien connue de Faraday. Dans une chambre à parois conductrices, supportée par des pieds isolants, on installe des appareils tels que pendule, électroscopes ; on peut charger fortement la chambre, en tirer même des étincelles à l'extérieur, sans que les appareils décèlent la moindre action électrique. Un observateur peut se placer dans la chambre, et Faraday dans son expérience n'avait pas manqué de s'y enfermer : l'observateur ne sent rien.

Il n'est pas nécessaire que les parois soient continues ; l'expérience peut être faite avec une simple cage entièrement métallique. Quand on charge la cage, des pendules extérieurs divergent, tandis que les pendules intérieurs restent immobiles.

339. Méthode du plan d'épreuve. — Coulomb a imaginé, pour étudier la distribution de l'électricité sur un corps conducteur, la méthode dite du plan d'épreuve.

Le *plan d'épreuve* est formé d'un petit disque métallique porté par un manche isolant. En l'appliquant en un point quelconque du conducteur électrisé, on substitue ce petit disque à la surface du conducteur lui-même, il se charge comme ce point de la surface et en l'enlevant vivement, on enlève la charge à étudier.

On peut d'abord avec le plan d'épreuve montrer que l'électricité se porte sur la surface extérieure du conducteur. On emploie une sphère isolée, creuse, percée d'un trou qui permette d'introduire le plan d'épreuve (fig. 248). En touchant avec le disque un point quelconque de la surface extérieure, on le trouve électrisé ; tandis qu'en répétant la même expérience sur la surface intérieure, on ne constate aucune électricité, même si la sphère a été chargée par cette surface.

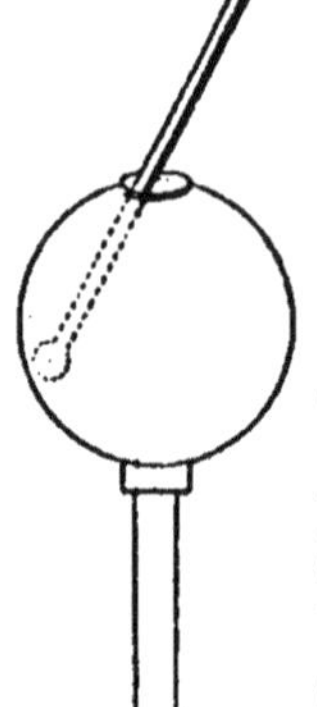

Fig. 248.

340. Répartition en chaque point. — Le plant d'épreuve permet de mesurer la quantité d'électricité en chaque point de la surface d'un conducteur et d'étudier ainsi sa répartition.

On constate que sur une sphère la quantité d'électricité est la même en chaque point, ce qui pouvait être prévu par raison de symétrie.

Sur un corps de forme quelconque, l'électricité se porte en plus grande quantité sur les parties les plus saillantes : sur un ellipsoïde de révolution, la quantité, ou charge, est plus grande aux extrémités du grand axe qu'à celles du petit et le rapport des charges est égal à celui des longueurs des axes ; avec un disque, l'électricité se porte sur les bords ; avec un corps terminé en pointe, l'électricité se porte sur la pointe.

341. Pouvoirs des pointes. — Lorsqu'une pointe est effilée, l'électricité, en s'y accumulant en grande quantité, finit par électriser les couches d'air environnantes ; il se produit alors entre la pointe et l'air électrisé une action répulsive, d'où résulte comme un courant d'air, ou *vent électrique.*

Fig. 249.

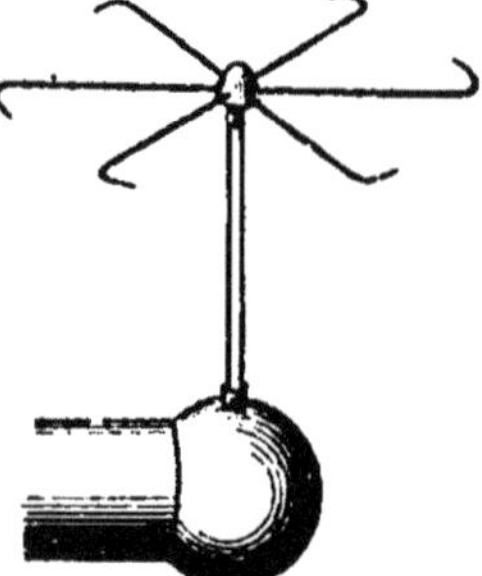

Fig. 250.

Ainsi, une pointe recourbée horizontalement et chargée d'une manière continue courbe la flamme d'une bougie, comme si l'on soufflait dessus (fig. 249). Si la pointe est mobile, elle est repoussée par l'air et recule en sens inverse de celui où elle est dirigée, comme dans l'appareil appelé *tourniquet électrique* (fig. 250).

342. Potentiel. — Nous avons déjà dit (322) qu'on pouvait se servir de l'électroscope, pour étudier l'électrisation d'un corps, en utilisant l'électrisation par contact, au lieu de l'influence.

Par exemple, pour reconnaître qu'un bâton de métal s'électrise

quand on le frappe avec une peau de chat, on le relie à la boule de
l'électroscope au moyen d'un fil conducteur fin et long, pour éviter toute influence directe.

Si on relie de la même manière à un électroscope un point quelconque d'un conducteur isolé et électrisé, on constate que l'écart
des feuilles est identiquement le même, quel que soit le point relié,
que ce soit une pointe, une partie arrondie, ou même une cavité,
dans laquelle le plan d'épreuve ne décèle aucune électricité.

Si le conducteur isolé est soumis à l'influence et contient par conséquent les deux électricités, l'écart des feuilles est également le

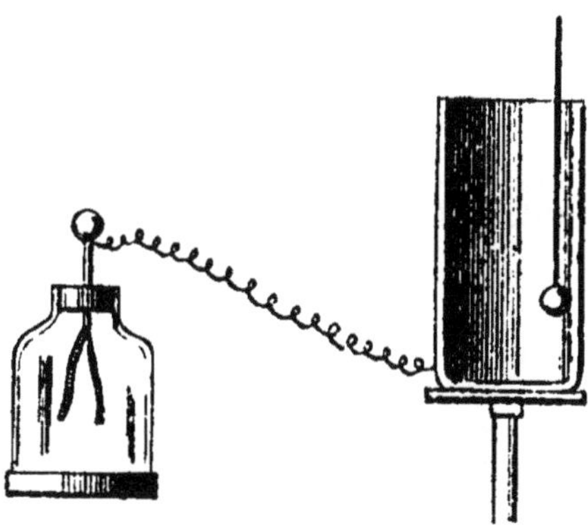

Fig. 251.

même, que le point relié à l'électroscope appartienne à la région
positive, à la région négative, ou à la zone neutre.

Cet écart des feuilles de l'électroscope, relié au corps comme nous
venons de le dire, caractérise un état électrique de ce corps, que
l'on appelle son *potentiel*.

Le sol a un potentiel nul, car si l'on relie au sol la boule de l'électroscope, les feuilles ne divergent pas.

Il en est de même de tout corps conducteur relié au sol, même si,
soumis à l'influence dans ces conditions, il contient l'une des électricités : son potentiel est toujours nul.

Enfin, le potentiel d'un corps est proportionnel à sa charge électrique.

On peut le démontrer en employant le cylindre de Faraday. C'est
un cylindre creux, en cuivre, long et ouvert vers le haut, placé sur
un support isolant et relié par un fil fin et long à la boule d'un électroscope (fig. 251). Le cylindre étant à l'état neutre, les feuilles d'or
ne divergent pas.

On introduit dans le cylindre une sphère électrisée ; par influence,
le cylindre se charge et les feuilles d'or divergent. Mais, pour la
vérification qui nous occupe, on touche avec la sphère la paroi du
cylindre, la charge de la boule passe sur le cylindre et on note la

divergence des feuilles d'or au moyen d'un petit arc gradué placé derrière ; l'appareil ainsi disposé constitue un *électromètre*.

En recommençant l'expérience identiquement dans les mêmes conditions, la sphère étant chargée comme la première fois, on communique au cylindre une charge double ; l'écart des feuilles est double, le potentiel est double.

On vérifie, en continuant ainsi, que le potentiel est proportionnel à la charge.

Le potentiel d'un corps dépend également de ses dimensions. Une même charge électrique porte des sphères de diamètres différents à des potentiels différents, qui se manifestent par des écarts différents des feuilles d'or.

343. Capacité électrique. — Le potentiel d'un corps étant proportionnel à sa charge, si on désigne par V le potentiel d'un corps chargé d'une quantité M d'électricité on aura :

$$V = CM$$

C étant une constante.

Cette constante C mesure ce que l'on appelle la *capacité électrique* du corps : elle dépend des dimensions de ce corps, de sa forme, et de l'état électrique des corps environnants.

344. Mesure du potentiel. — Pour mesurer le potentiel d'un corps, on choisit d'abord une unité de potentiel.

L'unité théorique de potentiel est celui d'une sphère isolée de tout corps environnant pouvant produire sur elle des phénomènes d'influence, et qui ayant 1 centimètre de rayon contient une charge d'électricité égale à l'unité.

Dans la pratique, et surtout pour les courants électriques (368), cette unité est trop grande et donnerait des nombres trop petits. On choisit alors une unité pratique de potentiel, qui vaut $\dfrac{1}{300}$ de cette unité théorique et qu'on appelle le *volt*. Cette unité pratique de potentiel correspond à l'unité pratique de quantité d'électricité déjà choisie, le *coulomb* (336).

L'unité pratique de capacité est alors définie par la formule

$$V = CM$$

D'où l'on tire :

$$C = \frac{V}{M}$$

L'unité pratique de capacité est donc celle d'un conducteur isolé et non influencé qu'une charge de 1 coulomb porte au potentiel de 1 volt. On l'appelle le *farad*. Mais comme cette unité est excessivement grande, on emploie généralement comme unité le *micro-farad*, qui en est la millionième partie.

La mesure d'une capacité se ramène donc à celle d'un potentiel

Pour mesurer le potentiel d'un corps, on emploie la méthode dont le principe a été donné dans le numéro précédent : on le relie à un électromètre par un fil long, pour éviter l'influence, et fin, de façon que sa capacité soit négligeable et ne modifie pas sensiblement le potentiel du corps.

Mais l'électromètre à feuilles d'or est peu sensible et l'écart des

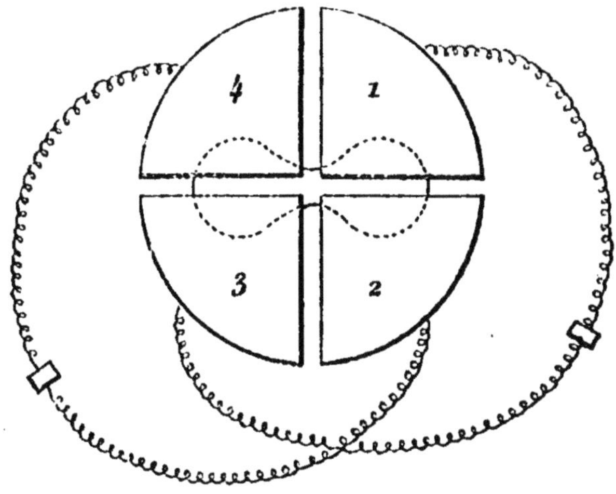

Fig. 252.

feuilles n'est pas appréciable lorsque le potentiel est de 1 volt. On emploie alors des électromètres plus sensibles dont le principal est celui de M. Mascart.

Il se compose (fig. 252) d'une boîte cylindrique plate, divisée par deux sections diamétrales à angle droit en quatre quadrants : les quadrants opposés sont reliés par paire entre eux et à une même borne, ou électrode. Dans l'intérieur de la boîte est suspendue une aiguille très légère, en aluminium, ayant à peu près la forme d'un **8** et portée par deux fils de cocon parallèles.

On charge les deux paires de quadrants opposés avec une pile qui leur communique des charges égales et constantes d'électricités contraires. L'aiguille, si elle est à l'état neutre, restera en équilibre entre les quadrants, également attirée par un groupe et repoussée par l'autre ; mais, si elle est en communication avec un corps électrisé qui lui communique une charge q, elle sera plus attirée par un groupe et déviera. Les charges reçues par l'aiguille sont proportionnelles à son potentiel, et, par conséquent, au potentiel du corps, que l'on mesure par la déviation.

345. Équilibre électrique. — L'expérience prouve que si l'on relie par un fil conducteur, long et fin, deux corps électrisés, deux cas peuvent se présenter : ou bien, il ne se produit aucun changement dans l'état électrique de ces corps ; ou bien, de l'électricité positive passe de l'un à l'autre, jusqu'à un certain moment, où cet écoulement s'arrête ; les deux corps sont alors dans le premier cas. On dit qu'ils sont à l'état d'*équilibre électrique.*

Deux corps sont en équilibre électrique lorsqu'ils sont au même potentiel, ainsi qu'on peut le constater expérimentalement avec l'électromètre. Au contraire, de l'électricité positive passe de l'un à l'autre, lorsqu'ils ne sont pas au même potentiel, et le passage a lieu du corps au potentiel le plus grand vers le corps au potentiel le plus petit, jusqu'à ce que les deux corps soient au même potentiel.

346. Analogies calorifiques et hydrodynamiques. — On voit que le potentiel électrique présente une certaine analogie avec la température (247), deux corps mis en contact échangeant de même de la chaleur s'ils sont à des températures différentes, jusqu'à ce que leurs températures deviennent égales ; aussi appelle-t-on quelquefois le potentiel *température électrique.*

Mais la température d'un corps, pour une quantité de chaleur donnée, ne dépend que de la nature, tandis que le potentiel dépend des dimensions et de la surface, et surtout de l'influence des corps voisins.

On peut également rapprocher la notion de potentiel de la notion de niveau pour les liquides : lorsqu'on relie deux vases contenant des liquides à des niveaux différents, l'écoulement a lieu du vase au niveau le plus élevé vers celui où le niveau est plus bas, jusqu'à ce que les deux niveaux soient les mêmes. On donne alors au potentiel le nom de *niveau électrique.*

347. Travail électrique. — Cette dernière façon d'envisager le potentiel nous conduit à la notion du travail électrique.

Nous avons vu (89) qu'un corps pesant de poids P tombant d'une hauteur E produit un travail égal à P × E. Cela s'applique à un liquide, qui tombe sous l'action de la pesanteur, le poids P de ce liquide qui tombe d'un niveau supérieur à un niveau inférieur, produit un travail égal à P × E, si E représente la différence des deux niveaux.

Dans l'assimilation que nous faisons ici de l'écoulement de l'électricité à l'écoulement des liquides, la quantité qui joue le rôle de la différence des niveaux, c'est la différence de potentiel V — V' des deux corps ; la quantité qui joue le rôle du poids du liquide c'est la masse électrique M. Le travail électrique qui correspond au passage de la masse d'électricité positive M du potentiel V au potentiel V' sera donc :

$$T = M (V - V')$$

L'unité théorique de travail est l'erg (90). Mais les masses électriques et les potentiels étant évalués en unités pratiques, coulomb et volt, et non en unités théoriques, on a choisi une unité pratique de travail électrique, qu'on appelle le joule. C'est le travail produit par une masse d'un coulomb s'écoulant entre deux corps dont la différence de potentiel est d'un volt : il vaut 10^7 ergs.

La différence de potentiel, qui est la cause de l'écoulement de l'électricité, s'appelle aussi *force électromotrice*.

348. Définition mécanique du potentiel. — Dans la formule précédente, supposons $M = 1$ et $V' = 0$; nous aurons alors :

$$T = V.$$

Le potentiel V d'un corps est donc le travail produit par l'unité de masse électrique positive en passant du potentiel V au potentiel 0, c'est-à-dire en se déplaçant d'un point quelconque du conducteur jusqu'au sol.

Cette définition permet de traiter mécaniquement les questions d'électricité; mais ces développements nous feraient sortir de notre programme.

§ 3. — CONDENSATION

349. Expérience de Cunéus. — Un physicien de Leyde, Cunéus, voulant un jour savoir si l'eau pouvait s'électriser, prit un verre contenant ce liquide, et le tenant à la main, y plongea une chaîne conductrice reliée à une source d'électricité; mais, lorsqu'il voulut retirer la chaîne, il éprouva en plongeant la main dans le verre, une si violente secousse qu'il ne voulut jamais recommencer l'expérience.

La décharge violente éprouvée par Cunéus se produit ici entre deux conducteurs, l'eau et le corps de l'opérateur; le premier est relié à une source d'électricité, le second est en communication avec le sol, et tous deux sont très rapprochés, séparés seulement par l'épaisseur du verre. Un appareil ainsi constitué s'appelle un *condensateur :* le conducteur relié à la source s'appelle le *collecteur*, celui qui communique au sol s'appelle le *condenseur*, le corps mauvais conducteur interposé s'appelle le *diélectrique.*

350. Bouteille de Leyde. — La première forme donnée au condensateur, et la plus usitée encore aujourd'hui, est la forme de la *bouteille de Leyde.*

Elle se compose d'un flacon plein de feuilles d'or, ou de clinquant, dans lesquelles plonge une tige, qui traverse le bouchon et se termine extérieurement par un crochet et un bouton; sur une partie de la face extérieure, jusqu'à une certaine distance du goulot, on colle une feuille d'étain. Le bouchon, le goulot et la partie supérieure de la bouteille sont vernis à la gomme laque pour isoler la feuille d'étain de la tige (fig. 253). La tige et les feuilles d'or forment le collecteur,

Fig. 253.

qu'on appelle aussi l'*armature intérieure;* la feuille d'étain forme le condenseur, ou *armature extérieure*.

Pour charger la bouteille, on la saisit avec la main par l'armature extérieure, ce qui met le condenseur en communication avec le sol, et l'on touche avec la tige de l'armature intérieure une source d'électricité, par exemple une machine électrique (356).

On appelle *jarres électriques* les bouteilles de grande dimension et à large goulot; leur armature intérieure est généralement formée d'une feuille d'étain, collée à l'intérieur de la bouteille et avec laquelle la tige communique au moyen de longues chaînes suspendues à son extrémité et qui traînent dans la jarre.

351. Explication de la condensation. — La violence de la décharge obtenue avec le condensateur montre que la disposition de l'appareil a pour effet d'augmenter la charge du collecteur, qui prend, sous l'influence du condenseur, une quantité d'électricité beaucoup plus grande. En un mot, la présence du condenseur augmente la capacité du collecteur.

C'est là un fait expérimental. Étant donné un conducteur électrisé, de potentiel V, mesuré à l'électromètre, si l'on en approche un conducteur en communication avec le sol, on constate que le potentiel diminue de plus en plus avec la distance; or, comme la charge du corps considéré ne change pas, si son potentiel diminue, c'est que sa capacité augmente. Cela résulte de la relation $V = C M$ (343).

Donc, en reliant de nouveau le conducteur à une source d'électricité, il pourra se charger d'une nouvelle quantité d'électricité; pour le porter au potentiel V, il faudra lui donner une charge beaucoup plus considérable.

On appelle *pouvoir condensant* de l'appareil le rapport de cette nouvelle charge à la charge primitive, ou encore le rapport des capacités correspondantes du collecteur. Ce pouvoir dépend de la distance des deux armatures et de la nature du diélectrique.

On peut le constater avec le *condensateur à plateau* d'Œpinus, souvent employé dans les cours pour les démonstrations relatives au condensateur.

Il se compose (fig. 254) de deux plateaux métalliques, portés par des tiges isolantes et mobiles sur une règle; entre les deux se trouve un support sur lequel on peut placer des lames diélectriques de diverses substances. En reliant l'un des plateaux conducteurs à une source d'électricité et l'autre au sol, on a un condensateur; on peut étudier la charge du collecteur en le reliant à un électromètre par un fil long et fin, ainsi qu'il a été déjà indiqué. En faisant varier la distance des deux conducteurs et la nature de la lame isolante, on pourra vérifier que le pouvoir condensant varie avec ces éléments.

On appelle *pouvoir inducteur spécifique* d'un diélectrique le facteur numérique par lequel on doit multiplier le pouvoir condensant d'un condensateur à lame d'air pour avoir, toutes choses égales d'ailleurs,

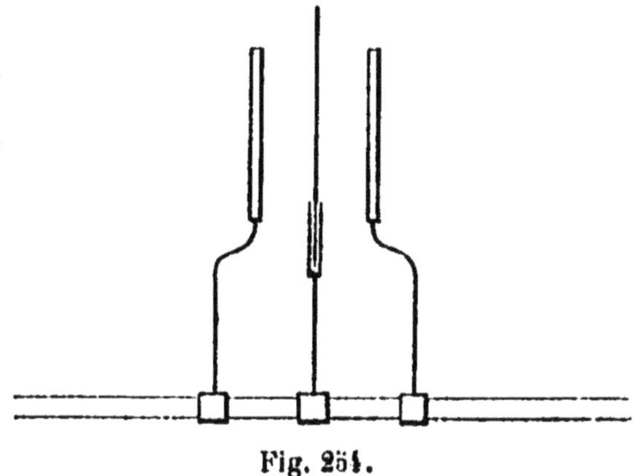

Fig. 251.

celui du condensateur avec le diélectrique considéré. Le pouvoir est égal à 5 pour le verre, à 3 pour la gomme laque, à 2,5 pour le soufre. On voit pourquoi les diélectriques des condensateurs sont le plus souvent en verre.

352. Décharge du condensateur. — La *décharge brusque* du condensateur s'obtient en reliant les deux armatures par un arc métallique. Comme cette décharge peut être dangereuse, si la capacité du condensateur est très grande, on emploie un arc muni de manches isolants, qu'on appelle l'*excitateur universel* : on touche l'une des armatures avec l'une des branches de l'excitateur et l'on approche progressivement la boule de l'autre branche de l'autre armature du condensateur; à une distance variable avec la charge, une étincelle violente se produit.

Cette étincelle ne décharge pas complètement l'appareil; celui-ci conserve une *charge résiduelle*, due à ce que les deux électricités des armatures se portent sur les deux faces de la lame isolante.

On peut le vérifier avec le condensateur plan d'OEpinus. Les deux plateaux conducteurs étant appliqués contre la lame isolante, on charge l'appareil; après quelque temps, on écarte brusquement les deux plateaux, on les relie avec l'excitateur et l'on a une faible décharge. Puis on les remet au contact de la lame isolante et, en les reliant de nouveau, on obtient une nouvelle décharge, beaucoup plus forte que la précédente.

On le vérifie également avec une bouteille de Leyde démontable,
dite *bouteille de Franklin*. Elle se compose (fig. 255) d'une cuvette
métallique E, formant armature extérieure, et d'un vase en verre V,
qu'on place dans la cuvette E et dans lequel on met un récipient
métallique fermé I, muni d'une tige, formant armature intérieure.
La bouteille étant montée, on la charge par la méthode ordinaire;
on la place sur un support isolant et après quelque temps on la
démonte, sans relier ses armatures au sol. Puis avec l'excitateur on

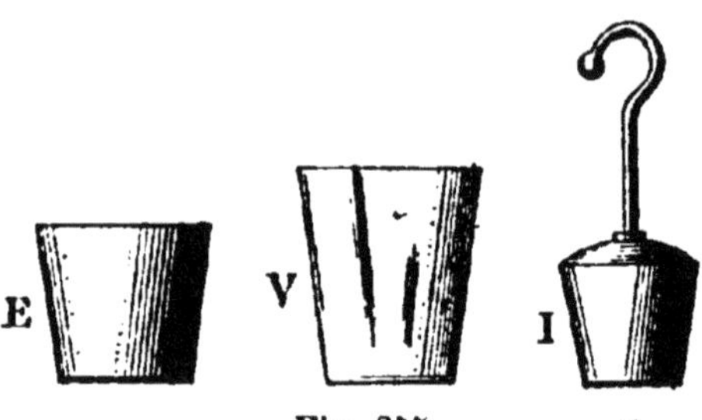

Fig. 255.

décharge les conducteurs. En remontant ensuite la bouteille toujours
isolée, on peut en tirer une et même plusieurs petites étincelles successives.

On peut, au lieu de décharger brusquement le condensateur, en
effectuer la *décharge lente*. Pour cela, on touche alternativement
chacune des armatures; on obtient chaque fois une petite étincelle. Mais on
n'enlève à l'armature touchée qu'une partie de son électricité, le reste étant
maintenu par l'influence de l'autre.

Si l'on emploie le condensateur d'Œpinus et que chaque plateau porte un
petit pendule, on voit, chaque fois qu'on tire une étincelle de l'un des plateaux,
son pendule retomber, tandis que celui de l'autre se relève.

Avec la bouteille de Leyde, on peut utiliser la décharge lente pour faire
diverses expériences.

L'araignée de Franklin (fig. 256) est un petit conducteur léger, moelle de
sureau avec fils de chanvre, suspendu au moyen d'un support isolant entre
le bouton de l'armature intérieure et un bouton communiquant avec l'armature extérieure. Le conducteur,
d'abord attiré par l'armature intérieure, va se coller sur elle; puis
il est repoussé, attiré par l'autre armature, dont il neutralise une

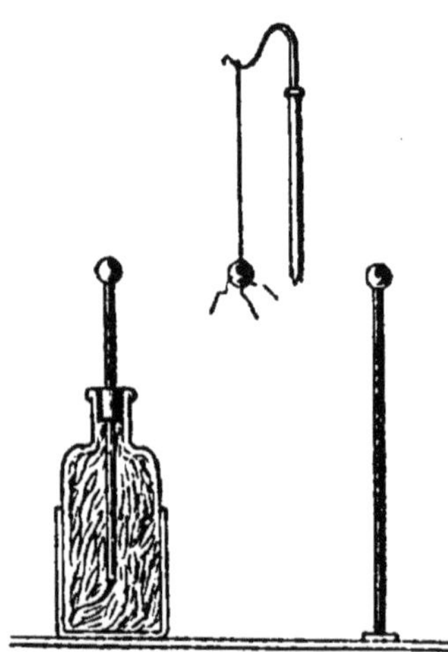

Fig. 256.

partie de l'électricité, repoussé par elle, attiré de nouveau par la première, et ainsi de suite.

Les *figures de Lichtemberg* s'obtiennent en traçant des traits sur un disque de résine avec la bouteille tenue successivement par l'armature extérieure, puis intérieure. On lance ensuite sur ce disque, avec un soufflet, un mélange de minium et de fleur de soufre, qui s'électrisent par frottement en prenant des électricités contraires; les grains de poudre vont alors se fixer sur les figures qui les attirent, et l'on voit ces figures tracées, les unes en jaune, les autres en rouge.

353. Batteries électriques. — Une *batterie électrique* est un assemblage de plusieurs jarres, destiné à augmenter considérablement la capacité du condensateur et par suite la puissance de la décharge.

On peut réunir les jarres soit en surface, soit en cascade.

On obtient une batterie *en surface* en réunissant toutes les armatures intérieures et ensemble toutes les armatures extérieures. Pour cela, les armatures intérieures portent des tiges horizontales qui vont

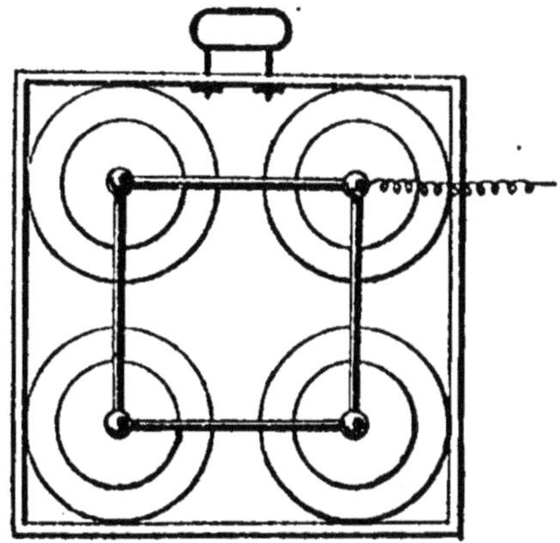

Fig. 257.

toutes se rassembler à un bouton unique, par lequel on charge la batterie; d'autre part, les jarres sont placées dans une caisse tapissée intérieurement d'une feuille d'étain, qui fait communiquer toutes les armatures extérieures, et qui communique elle-même avec la poignée métallique de la caisse, dont les clous de cuivre traversent complètement la paroi, il suffit donc de relier au col cette poignée (fig. 257).

La batterie en surface se comporte comme une bouteille unique dont les armatures auraient respectivement pour surface la somme des surfaces des armatures correspondantes de la batterie.

La batterie *en cascade* est obtenue en réunissant les bouteilles par leurs armatures de nom contraire : l'armature intérieure de la première bouteille est reliée à la source et son armature extérieure à l'armature intérieure de la seconde ; l'armature extérieure de la seconde à l'armature intérieure de la troisième, et ainsi de suite, jusqu'à la dernière, dont l'armature extérieure est reliée au sol (fig. 258).

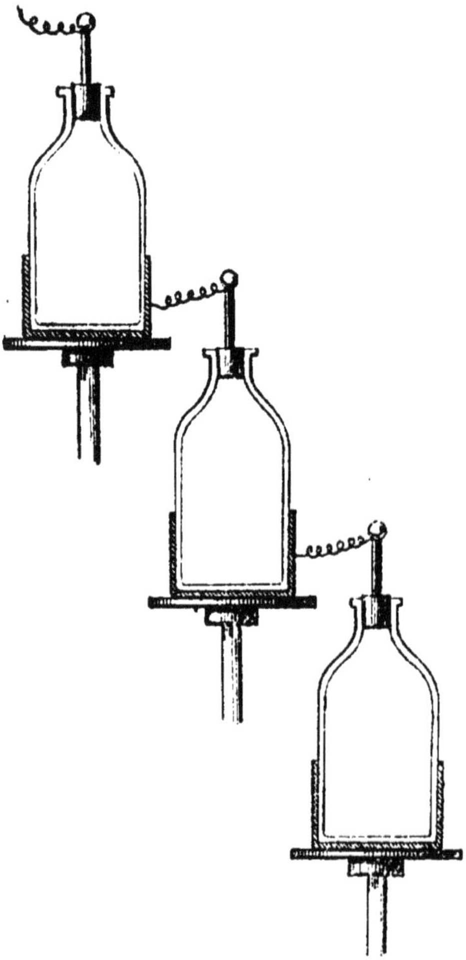

Cette disposition beaucoup moins employée que la précédente, est utilisée lorsqu'on veut avoir une charge à un potentiel élevé, qu'une seule bouteille ne pourrait pas supporter.

354. Électroscope condensateur.

— Volta a donné à l'électroscope une forme particulière, qui le rend beaucoup plus sensible. Il a remplacé la boule extérieure par un condensateur, formé de deux plateaux métalliques, l'un fixe et relié à la tige de l'appareil, l'autre mobile et muni d'un manche isolant (fig. 259) ; ils doivent être tous deux vernis sur leurs faces en regard, l'ensemble des deux couches de vernis formant la lame isolante. Le premier plateau, en relation avec les feuilles d'or, constitue généralement le collecteur, le plateau mobile est le condenseur.

Pour se servir de l'appareil, qui est généralement employé pour les sources électriques de faible potentiel, on met la source en communication avec le plateau inférieur et l'autre plateau en communication avec le sol, en le touchant par exemple. On supprime simultanément ces deux communications et l'on soulève par son manche isolant le plateau condenseur ; l'éloignement de celui-ci diminue beaucoup la capacité du collecteur et par conséquent augmente son potentiel, et les feuilles d'or s'écartent.

Le fait que les électricités se portent sur les deux faces de la lame

Fig. 258.

isolante explique la nécessité de vernir les deux plateaux ; si le plateau inférieur seul était verni, l'éloignement du condenseur ne produirait aucun effet, son électricité restant sur le
vernis ; si le plateau supérieur seul était verni, en
l'enlevant on enlèverait toutes les électricités et
l'électroscope ne pourrait fonctionner.

§ 4. — MACHINES ÉLECTRO-STATIQUES

355. Définition. — Les *machines électro-statiques*
sont des appareils que l'on met en mouvement
mécaniquement, et qui donnent de l'électricité *sta-*
tique, c'est-à-dire à l'état de repos, à un potentiel

Fig. 259.

constant, comme celle que nous avons étudiée jusqu'à présent. On
s'en sert pour charger des conducteurs isolés, des condensateurs,
bouteilles de Leyde, batteries électriques, etc.

Les quantités d'électricité que fournissent ces machines sont très
faibles, mais à un potentiel élevé.

On les divise en *machines à frottement*, dont la principale est la
machine de Ramsden, et *machines à influence*, dont les plus usitées
sont celle de Holtz et celle de Wimshurst.

356. Machine de Ramsden. — La *machine à frottement de Ramsden*
se compose d'un grand plateau de verre, que l'on peut faire tourner

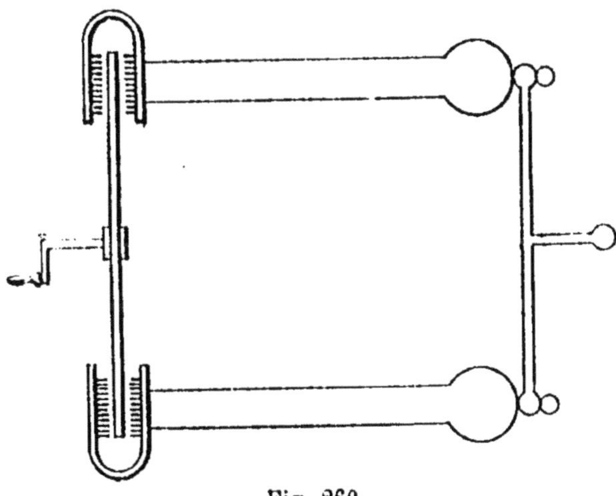

Fig. 260.

au moyen d'une manivelle autour d'un axe passant par son centre.
Dans son mouvement il frotte contre deux paires de coussins, opposés
suivant un diamètre vertical et en communication avec le sol ; sui-

vant le diamètre horizontal, le plateau de verre passe entre deux conducteurs isolés, en forme de fer à cheval, garnis de pointes dirigées vers le plateau et qu'on appelle les *peignes*, ou les *mâchoires*, de la machine. Ces peignes sont reliés à de gros cylindres conducteurs isolés, qui sont les *collecteurs* de la machine et qui présentent une grande capacité électrique. Dans la figure 260, cette machine est représentée en plan.

Quand on fait tourner le plateau, il s'électrise positivement par frottement entre les coussins, tandis que ceux-ci prennent de l'électricité négative, qui se perd dans le sol ; en arrivant devant les peignes, le plateau électrisé agit par influence sur les conducteurs. attire l'électricité négative, qui, s'écoulant par les pointes, vient neutraliser le plateau, et repousse la positive sur les collecteurs, Cet effet se produisant d'une manière continue, la charge des collecteurs, et par conséquent, leur potentiel va continuellement en augmentant ; mais l'expérience prouve qu'il ne dépasse pas une certaine limite, atteinte lorsque la déperdition par les supports et par l'air, qui va aussi en augmentant, compense l'accroissement de charge. A partir de ce moment, la machine en marche reste à un potentiel constant.

On augmente la limite de la charge en desséchant soigneusement les supports, en recouvrant d'une enveloppe de taffetas les secteurs du plateau électrisés, qui vont dans le sens du mouvement des coussins aux peignes, enfin en enduisant les coussins d'or mussif, qui augmente l'électricité du verre.

En reliant les coussins à un conducteur isolé, au lieu de les faire communiquer au sol, on obtiendrait de l'électricité négative. Cette disposition est employée dans certaines machines à frottement.

357. Machine de Holtz. — Dans les *machines à influence*, on donne à la machine une première charge très faible, que la manœuvre de l'appareil augmente progressivement par influence.

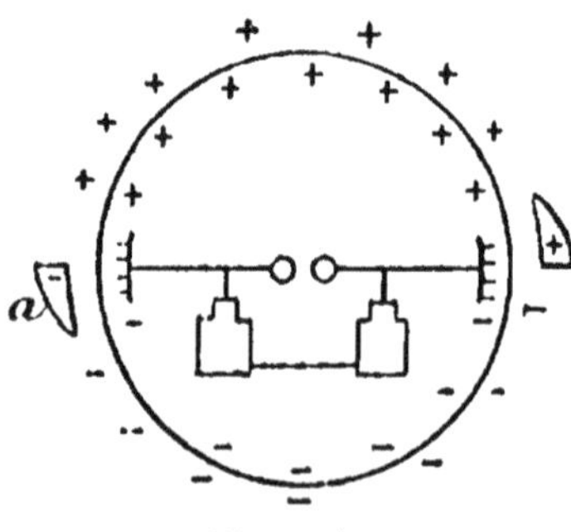

Fig. 261.

La *machine de Holtz* se compose de deux plateaux de verre parallèles : l'un plus grand, mobile autour d'un axe central ; l'autre plus petit, fixe ; dans son mouvement, le premier vient passer devant des peignes reliés à des conducteurs, disposés dans un plan horizontal et terminés par deux tiges à boule, dont l'une est mobile, de telle sorte que l'on peut amener les boules au contact, ou les éloigner. Dans le disque fixe sont pratiquées deux fenêtres, dont les bords sont munis de fortes bandes de papier, situées à la hauteur des peignes et terminées en pointe dans le sens inverse à celui du mouvement du plateau.

Pour expliquer le fonctionnement de la machine, nous représenterons dans une figure théorique (fig. 261) le plateau mobile par un cylindre creux, et nous indiquerons à l'extérieur de ce cylindre la position des bandes de papier terminées en pointe, supprimant le plateau fixe qui ne sert que de support; les peignes sont figurés à l'intérieur du cylindre.

On fait fonctionner la machine en communiquant à l'une des bandes de papier une charge quelconque, négative par exemple, au moyen d'une plaque d'ébonite électrisée par frottement, que l'on applique contre cette bande ; en même temps on fait tourner la machine. Au bout de peu de temps, on peut enlever la plaque d'ébonite, la machine amorcée s'entretient d'elle-même. La charge négative de a agit par influence sur les peignes, au travers du cylindre mobile, attire l'électricité positive sur le peigne le plus voisin, d'où elle s'écoule sur le cylindre intérieur et repousse la négative sur le peigne le plus éloigné, d'où elle s'écoule sur le cylindre intérieur ; donc, un demi-cylindre intérieur porte toujours de l'électricité positive, un autre toujours de l'électricité négative.

En arrivant devant la seconde bande de papier, l'électricité positive intérieure du cylindre agit sur elle par influence, et produit par la pointe sur la surface extérieure du cylindre un écoulement d'électricité négative ; les deux faces du cylindre sont donc, en partant de cette bande, couvertes des deux mêmes électricités. En revenant devant la première bande, ces électricités agissent sur elle par influence, augmentent sa charge et provoquent un écoulement plus abondant d'électricité positive du peigne correspondant, et ainsi de suite. A chaque tour, les charges du cylindre, des bandes de papier, et des peignes augmentent et l'on peut éloigner progressivement les deux boules en communication avec les peignes et obtenir ainsi des étincelles.

On augmente beaucoup la capacité, et par conséquent le potentiel, des boules en reliant les deux parties du conducteur aux armatures intérieures des deux bouteilles de Leyde, dont les armatures extérieures communiquent ensemble ; les étincelles que l'on obtient alors sont beaucoup plus violentes, mais plus espacées.

Lorsqu'on écarte trop les boules, la machine peut se désamorcer ; on évite cet inconvénient en employant un conducteur continu, muni de peignes à ses extrémités, placé diamétralement, et incliné de 60° environ sur le conducteur portant les boules ; dans ce cas, les bandes de papier doivent s'étendre dans tout l'angle compris entre ce conducteur diamétral et le conducteur à boules.

358. Machine de Wimshurst. — *La machine de Wimshurst* se compose de deux plateaux de verre identiques, tournant parallèlement, et en sens inverse, et portant extérieurement des bandes d'étain disposées dans le sens des rayons. Les plateaux, dans leur mouvement viennent passer devant des peignes analogues à ceux de la machine de Ramsden, c'est-à-dire en fer à cheval, et communiquant avec des conducteurs en forme d'arcs mobiles terminés par deux boules : ce sont les *pôles* de la machine. Enfin, deux conducteurs diamétraux inclinés en sens contraire et sensiblement perpendiculaires l'un à l'autre, portent des balais en fils métalliques, qui frottent légèrement contre les deux bandes d'étain des deux plateaux (fig. 262). Pour augmenter la capacité des pôles, on les relie, comme dans la machine de Holtz, aux armatures intérieures de deux bouteilles de Leyde, dont les armatures extérieures communiquent entre elles.

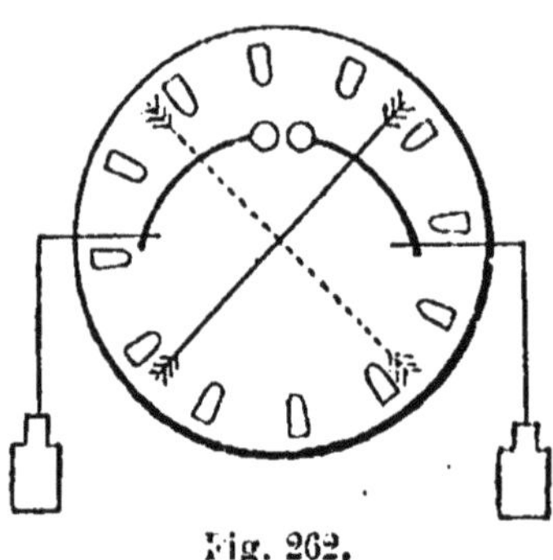

Fig. 262.

On fait fonctionner la machine en rapprochant les deux boules au contact en en faisant tourner les plateaux, qui marchent en sens inverse. La machine s'amorce d'elle-même et sa charge va en croissant progressivement jusqu'à une limite, qui dépend, comme dans les autres machines, des déperditions par les supports et par l'air.

Le conducteur n'étant jamais rigoureusement à l'état neutre, par suite des actions extérieures, une très petite quantité d'électricité passe par les pointes des peignes sur les plateaux ; ces électricités sont contraires sur les deux peignes et, comme les plateaux tournent en sens inverse, deux bandes d'étain qui se croisent sont toujours de signes contraires et réagissent l'une sur l'autre. Lorsque l'une de ces bandes se trouve devant un balai, la réaction de l'autre produit un écoulement d'électricité et la charge de la première augmente. A chaque tour, les bandes d'étain arrivent donc devant les peignes avec des charges de plus en plus grandes, elles réagissent elles-mêmes sur ces peignes pour augmenter la charge des pôles et l'on peut bientôt écarter les boules, entre lesquelles jaillissent des étincelles.

359. Etincelle électrique. — Quand on approche le doigt d'un conducteur électrisé, comme le collecteur d'une machine électrostatique, ou bien encore quand on réunit par l'excitateur les deux armatures d'un condensateur, on obtient une *étincelle*.

La longueur de l'étincelle, ou distance explosive, dépend de la différence des potentiels entre les deux conducteurs. On a mesuré qu'entre deux boules de 1 centimètre de rayon, les différences de potentiel correspondant aux diverses distances explosives étaient :

Pour 1 millimètre . . . .   4 830 volts
    10   —   . . . .   25 440   —
   100 ,   —   . . . .   50 100   —

Une bonne machine électro-statique peut donner des étincelles de
15 à 20 centimètres, correspondant à une différence de potentiel
d'environ 100 000 volts.

L'étincelle peut affecter diverses formes. Lorsqu'elle éclate dans
l'air entre deux conducteurs, elle est à peu près cylindrique, quand

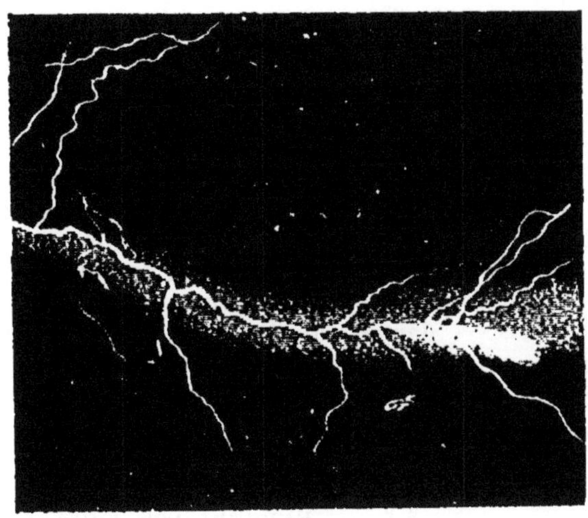

Fig. 263.

elle est très courte ; mais aussitôt qu'elle devient un peu longue,
elle est sinueuse et présente des ramifications (fig. 263). Lorsque
l'électricité s'échappe dans l'air d'une machine électro-statique en
fonctionnement, elle forme une *aigrette*, si elle est positive, ou un
simple *point brillant*, si elle est négative. Enfin, si l'on fait passer
l'électricité d'un conducteur à un autre au travers d'un gaz raréfié,
comme dans l'*œuf électrique*, ou dans les *tubes de Geissler*, la masse
du gaz devient lumineuse, et il se produit l'*effluve électrique*; la coloration de la masse varie avec la nature du gaz, et l'on peut obtenir
de forts beaux effets lumineux.

Tous ces phénomènes s'observent dans l'obscurité.

L'étincelle électrique produit des effets mécaniques, physiques,
chimiques et physiologiques.

Les effets mécaniques peuvent être mis en évidence par la rupture
des corps placés sur le trajet de l'étincelle. On fait souvent dans les

.cours l'expérience du *perce-verre*, en plaçant une lame de verre entre deux pointes, que l'on met en relation avec les deux armatures d'une bouteille de Leyde.

Pour montrer les effets physiques, on fait passer la décharge au travers d'un fil fin d'or, ou d'argent ; si le fil est très fin et la décharge assez énergique, il est rougi, fondu et volatilisé. Dans l'expérience du *portrait de Franklin*, on place une feuille de papier, sur laquelle est découpé le portrait, entre une feuille de papier blanc et une feuille d'or ; on volatilise cette dernière, et la poudre d'or produite trace au travers de la découpure le portrait sur la feuille de papier blanc.

Chimiquement, l'étincelle électrique produit la combinaison de l'oxygène et de l'hydrogène, comme on le montre en chimie avec l'*eudiomètre* et dans les cours de physique avec le *pistolet de Volta*, la combinaison de l'azote avec l'oxygène, comme l'a montré Cavendish ; l'étincelle décompose, au contraire, l'ammoniaque et quelques autres gaz.

Les effets physiologiques de l'étincelle dépendent beaucoup de la différence de potentiel ; ils consistent toujours dans un picotement et une commotion plus ou moins douloureux. L'étincelle électrique des machines est généralement sans danger ; il n'en est pas de même de l'étincelle des condensateurs, qui peut avoir des effets foudroyants, si la capacité de l'appareil est grande.

§ 5. — ÉLECTRICITÉ ATMOSPHÉRIQUE

360. Électrisation de l'air. — L'air est toujours électrisé ; par un temps pur, il est chargé d'électricité positive et le potentiel va en croissant à mesure qu'on s'élève. De Saussure, Peltier et d'autres physiciens ont pu le constater avec un électroscope, dont la boule était remplacée par une pointe, portant à la partie inférieure une sorte de parapluie, pour protéger l'appareil (fig. 264). L'électroscope étant installé en un point, si les feuilles s'écartent, c'est que l'air ambiant agit sur lui par influence, attire l'une des électricités qui s'écoule par la pointe, et repousse l'autre qui s'en va dans les feuilles.

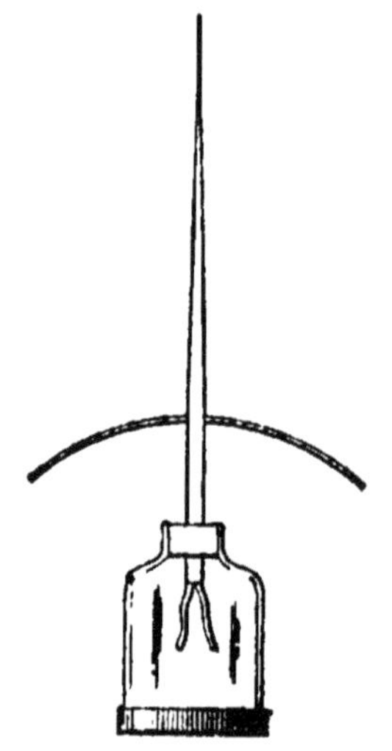

Fig. 264.

L'expérience prouve que les feuilles se chargent en général d'électricité positive et qu'elles s'écartent davantage à mesure qu'on soulève l'appareil. On en conclut que les régions supérieures de atmosphère sont une source d'électricité positive et le sol une source d'électricité négative. Il arrive quelquefois, par les temps pluvieux, que l'air est exceptionnellement chargé d'électricité négative et le sol d'électricité positive ; mais c'est là un fait accidentel et même local.

Aujourd'hui, on emploie un vase à écoulement, contenant de l'eau acidulée, qui s'écoule goutte à goutte par la partie inférieure et qui est reliée à un électromètre de Mascart. Les résultats de l'expérience sont les mêmes qu'avec l'électroscope.

Quand à la valeur numérique de la variation du potentiel avec la hauteur, elle est très différente suivant qu'on est dans une plaine, sur une hauteur, ou dans un creux ; il peut se produire d'ailleurs en un point des variations brusques et considérables, qui donnent lieu aux orages. On admet en général que dans une plaine la variation de potentiel pour un mètre de hauteur peut aller de 10 à 1 000 volts.

Nous ne nous arrêterons pas sur les causes de l'électrisation de l'air, les explications données jusqu'à ce jour étant bien hypothétiques.

361. Foudre. — La *foudre* est la décharge électrique qui se produit dans l'air entre deux nuages, ou bien entre un nuage et le sol ; la lueur de l'étincelle est l'*éclair*, et le bruit est le *tonnerre*.

Il est facile d'expliquer, d'après ce qui précède, la production de la foudre. Les nuages qui se forment dans les régions supérieures se chargent d'électricité positive ; ceux qui se forment au contact de la terre, sur le sommet, ou au flanc des montagnes, se chargent d'électricité négative. Ces deux sortes de nuages s'attirent, se rapprochent et bientôt entre eux éclate l'étincelle.

Il se peut aussi qu'un nuage électrisé agisse par influence sur un autre, décompose son fluide neutre et si le dernier se résout partiellement en pluie, qui emporte au sol l'électricité de même nom que celle du premier, le second nuage se charge de plus en plus d'électricité contraire et se rapprochant du premier, finit par se décharger avec lui. C'est d'une façon analogue que l'on explique la décharge entre un nuage et la terre ; le nuage agit par influence sur la terre et, attiré par elle, s'en rapproche de plus en plus jusqu'à ce que l'étincelle éclate.

Lorsque la foudre éclate dans le voisinage d'un observateur, le tonnerre succède immédiatement à l'éclair et le bruit entendu est violent, mais sec, comme celui d'une batterie électrique puissante. Lorsqu'au contraire l'étincelle éclate entre deux points éloignés, le bruit ne parvient à l'observateur que quelque temps après l'éclair ; il est prolongé et accompagné de roulements. On explique ces différentes circonstances par le temps très appréciable que met le son pour parcourir un espace, d'où la lumière arrive instantanément, et par les échos multiples, que produisent les nuages, les collines, les montagnes, etc.

362. Effets de la foudre. — Les effets de la foudre sont ceux d'une puissante batterie électrique. Elle échauffe les corps conducteurs et peut rougir et fondre des barres métalliques ; elle brise les corps conducteurs et peut démolir des murs, déraciner des arbres. Elle enflamme les corps combustibles et incendie quelquefois dans les campagnes les meules de paille, ou les toits de chaume. Enfin, elle produit sur les hommes et les animaux des commotions violentes, capables de les paralyser ou de les tuer.

Lorsque la foudre éclate entre deux nuages élevés, ses effets sont peu à redouter ; mais ils se produisent souvent lorsque l'étincelle a lieu entre un nuage et le sol, et comme dans ce cas l'électricité se porte sur les pointes effilées et les masses conductrices, il faut éviter de se mettre à l'abri sous les arbres isolés, ou dans les clochers. D'ailleurs, il peut arriver qu'un homme, ou un animal, soit foudroyé sans que l'étincelle se produise directement entre lui et le nuage, mais seulement en un point voisin : c'est alors ce qu'on appelle le *choc en retour*. On l'explique par l'influence : l'électricité du nuage, agissant sur le sujet dont il s'agit, l'électrise de nom contraire. Quand l'étincelle jaillit, l'influence cesse et le sujet en communica-tion avec le sol est brusquement ramené à l'état neutre par une sorte de décharge intérieure, aussi dangereuse que la foudre ellemême.

Fig. 265.

363. Paratonnerre. — Pour se pré-server des effets terribles de la foudre, on emploie le *paratonnerre*, imaginé par Franklin.

Les premiers physiciens, qui obser-vèrent l'étincelle électrique donnée par les machines, la comparèrent à la foudre et Franklin le premier montra l'exac-titude de cette comparaison, en recueil-lant l'électricité des nuages orageux, au moyen d'un cerf-volant très pointu lancé dans les airs et muni d'une corde conductrice, et tirant des étincelles de la partie inférieure de cette corde. Cette expérience et la propriété, ou pouvoir, des pointes donnèrent à Fran-klin l'idée du paratonnerre.

L'appareil se compose d'une longue tige de fer isolée, qui surmonte l'édifice à protéger, et qui se termine à sa partie supérieure par une pointe fine en platine, ou en cuivre doré ; la partie inférieure de la tige communique avec le sol par un câble ou un gros fil conducteur, généralement en fer (fig. 265). La communication avec le sol doit être assurée d'une façon aussi complète que possible, en faisant arriver l'extrémité du câble dans une nappe d'eau, dans un puits, ou dans une grande fosse pleine de braise de boulanger ; toutes les masses métalliques importantes de l'édifice, planchers, etc., doivent être reliées au conducteur du paratonnerre.

Lorsqu'un nuage électrisé passe dans le voisinage du paratonnerre, il agit sur lui par influence, attire sur la pointe l'électricité contraire, qui s'écoule et vient neutraliser peu à peu l'électricité du nuage, et repousse l'autre dans le sol : le nuage se trouve ainsi neutralisé, sans aucune décharge brusque.

Si l'action du nuage est trop rapide et trop violente, une étincelle pourra se produire ; mais elle jaillira toujours entre la pointe et le nuage, de préférence à tout autre point de l'édifice et celui-ci sera préservé. On admet généralement qu'un paratonnerre à pointe protège la surface comprise dans un cercle ayant un rayon double de la hauteur de la tige.

Un savant belge, Melsens, a préconisé l'emploi de paratonnerres très rationnels, dont l'emploi tend à se répandre en Belgique. Son système consiste à envelopper l'édifice d'un treillis en gros fil de fer, formant une sorte de cage à très larges mailles et communiquant avec le sol ; le corps à protéger se trouve ainsi enfermé dans une cage de Faraday (338) et ne peut être électrisé, quel que soit l'état électrique à l'extérieur.

CHAPITRE II

ÉLECTRICITÉ DYNAMIQUE

§ 1. — PILE DE VOLTA

364. Définitions — L'*électricité dynamique*, ou en mouvement, est celle que donne la *pile électrique* de Volta. Comme la découverte de cet appareil et de l'électricité qu'il fournit est dû à la discussion des expériences de Galvani, on donne aussi à cette électricité le nom d'*électricité galvanique*.

L'électricité galvanique est donc l'électricité de la pile. Cette électricité est en quantité beaucoup plus considérable, mais à un potentiel beaucoup moins élevé, que celle fournie par les machines électrostatiques ; les deux conducteurs, ou *pôles*, de l'appareil, qui se chargent d'électricités à des potentiels différents, étant reliés par un fil conducteur, il passe continuellement de l'électricité par ce conducteur, on dit qu'il est traversé par un *courant électrique*.

365. Historique. — Pour bien comprendre le fonctionnement de la pile, il est nécessaire de savoir en quoi consistent les expériences de Galvani et de Volta.

Galvani, professeur de physiologie à Bologne, faisant dans son laboratoire des expériences sur des grenouilles fraîchement préparées, observa que le corps de l'animal était agité de contractions, toutes les fois que les nerfs lombaires et les muscles cruraux étaient réunis par un conducteur. Il en conclut que le corps de la grenouille était une source d'électricité, une sorte de condensateur chargé, dont les armatures étaient les nerfs et les muscles ; le conducteur qui les réunissait jouait le rôle d'excitateur.

En répétant cette expérience importante, qui passionnait alors le monde des physiciens, Volta, professeur de physique à Pavie, crut remarquer que les contractions étaient plus prononcées lorsque le conducteur était formé de deux métaux différents : il en conclut que la source d'électricité résidait, non dans le corps de la grenouille, mais dans le conducteur, au contact des métaux différents.

C'est alors que commença entre les deux savants professeurs une polémique, qui devait aboutir à l'invention de la pile. Galvani, persistant dans son explication première, refit l'expérience en plaçant la grenouille sur un bain de mercure pur et montra ainsi que le contact de deux métaux différents n'était pas nécessaire ; Volta de son côté, au moyen de l'électroscope condensateur qu'il venait d'imaginer, montra que le contact de deux métaux étrangers était une source d'électricité.

Il prenait pour cela une lame de zinc soudée à une lame de cuivre et, tenant le zinc à la main, il touchait avec le cuivre le plateau inférieur, tandis que l'autre communiquait au sol (fig. 266). Il supprimait ensuite les communications, soulevait le plateau supérieur et trouvait les feuilles électrisées négativement. En tenant le cuivre à la main, l'appareil ne se charge pas; pour expliquer ce fait, Volta admettait qu'au contact de deux métaux la différence de potentiel est constante. Or ici, la lame de zinc a à ses deux extrémités deux contacts identiques avec le cuivre, et l'un des cuivres, tenu à la main, étant au potentiel O, l'autre sera aussi à ce potentiel O.

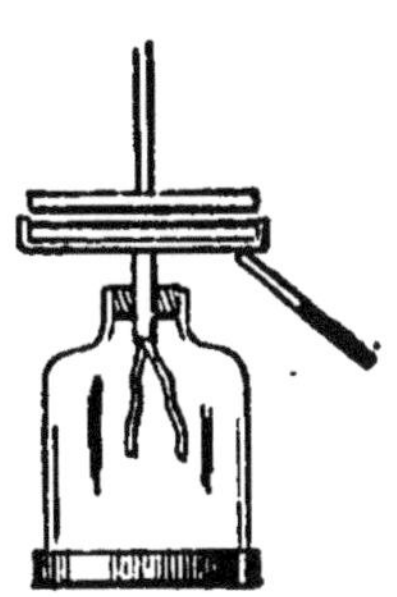

Fig. 266.

Si l'on répète cette dernière expérience en interposant entre le plateau et la lame conductrice une rondelle de drap imbibée d'eau acidulée, l'appareil se charge positivement. Volta expliquait ce fait en disant que la présence de cette rondelle supprimait un contact du zinc avec le cuivre du plateau et que celui-ci prenait alors le potentiel du zinc, dont l'électricité lui était transmise par l'eau acidulée conductrice.

366. Loi des contacts. — Ces expériences ont conduit Volta à énoncer le principe suivant, qui est la base de l'invention de la pile.

Le contact de deux métaux suffit pour établir entre eux une différence de potentiel (Volta disait une tension). *Elle est indépendante des dimensions des corps, de leur forme, de l'étendue des surfaces de contact et de la valeur absolue du potentiel sur chacun d'eux ; elle ne dépend que de la nature des métaux et de leur température.*

Le contact d'un métal et d'un liquide conducteur, tel que de l'eau acidulée, ou une dissolution de base, ou de sel, établit entre eux une différence de potentiel toujours très faible comparativement à ce qu'elle est entre deux métaux.

367. Principe de la pile. — La *pile de Volta* est une application de ces principes.

Prenons (fig. 267) un double disque formé de deux métaux cuivre et zinc soudés ensemble ; il s'établit entre ces métaux une différence de potentiel v, celui du cuivre étant V et celui du zinc V $+$ v. Par-dessus le zinc mettons une rondelle de drap imbibée d'eau acidu-

lée ; le contact du zinc avec ce liquide introduit une nouvelle différence de potentiel, beaucoup plus faible, soit e, et le potentiel du
liquide est $V + v + e$. Si nous superposons maintenant à la rondelle de drap un nouveau disque cuivre-zinc, le contact du liquide
avec le cuivre introduit une nouvelle différence de potentiel e' et
le potentiel de ce second cuivre est $V + v + e + e'$; il diffère de
celui V du premier de $v + e + e' = v'$.

En continuant ainsi, on voit que si l'on empile les uns au-dessus
des autres des disques cuivre-zinc, séparés par des rondelles de drap
imbibées d'eau acidulée, le potentiel des cuivres ira constamment
en augmentant de v' ; la différence de potentiel des cuivres extrêmes

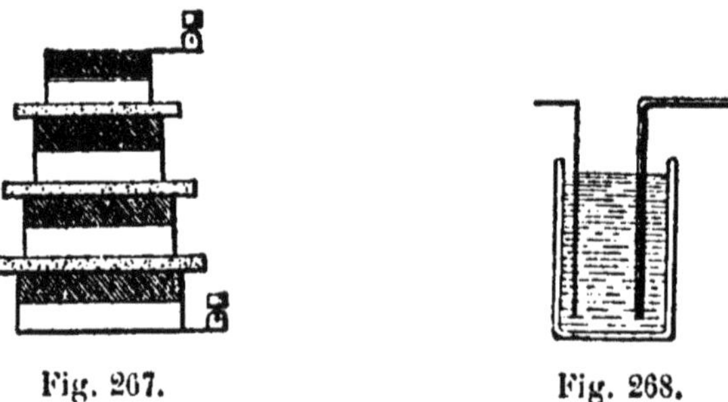

Fig. 267.   Fig. 268.

sera donc $n\, v'$, s'il y a n disques superposés, le dernier zinc supérieur communiquant à une borne de cuivre et le premier cuivre
inférieur communiquant aussi à une borne identique.

Les bornes constituent les *pôles* de la pile. Il est facile de vérifier,
en reliant par exemple le pôle inférieur à la terre et le pôle supérieur au plateau collecteur d'un électroscope condensateur, que la
différence de potentiel des deux pôles est proportionnelle au nombre
des éléments : cette différence de potentiel est la *force électromotrice*
de la pile. Un système de disque zinc-cuivre avec sa rondelle de
drap mouillé s'appelle un élément de la pile.

La première pile de Volta avait la forme d'une colonne constituée
par les éléments empilés les uns sur les autres ; mais le poids des
éléments supérieurs exprime le liquide des rondelles de drap,
celles-ci se dessèchent et la pile ne fonctionne plus.

Pour remédier à cet inconvénient, Volta imagina la *pile à tasse*.
Un élément de cette pile est formé d'un récipient, ou *tasse*, contenant
de l'eau acidulée, dans laquelle plongent une lame de cuivre et une
lame de zinc (fig. 268) ; on installe l'appareil en reliant le cuivre de
chaque élément au zinc de l'élément suivant et terminant les deux
métaux extrêmes par des fils de cuivre.

Bien que les éléments ne soient plus ici empilés les uns sur les
autres, l'appareil a conservé le nom de pile, que l'on donne à toutes
les sources d'électricité analogues.

§ 2. — Courant électrique

368. Propriétés du courant. — Le *courant électrique* prend naissance toutes les fois qu'on réunit deux corps à des potentiels différents : dans le cas des armatures d'un condensateur, il est intermittent et se manifeste par l'étincelle ; dans le cas des pôles d'une pile, il est continu et se manifeste par des propriétés particulières.

Dans la pile, le pôle positif est celui dont le potentiel est le plus élevé ; c'est la borne de cuivre reliée au dernier cuivre. Le pôle négatif est celui dont le potentiel est le moins élevé ; c'est la borne de cuivre reliée au premier zinc.

Les propriétés du courant ne sont pas absolument les mêmes suivant qu'on parcourt le fil dans un sens, ou dans l'autre ; on prend comme sens du courant celui qui va dans le fil conducteur du pôle positif au pôle négatif.

L'état particulier du fil traversé par le courant électrique se manifeste tout le long du circuit continu formé par le fil, les pôles et métaux solides et le liquide de la pile ; le courant est donc continu tout le long de ce circuit, il va dans le fil extérieur du pôle positif au pôle négatif, et, à l'intérieur de la pile, du pôle négatif au pôle positif.

Les manifestations du courant électrique sont des effets analogues à ceux de l'étincelle : effets chimiques, physiques et mécaniques.

L'énergie de ces effets varie, pour une pile donnée, avec la nature, le diamètre et la longueur du fil qui réunit les deux pôles : c'est que la *résistance* de ce fil varie avec les éléments indiqués.

L'*intensité* du courant dépend de la quantité d'électricité qui traverse par seconde une section du circuit et qui est la même en tous les points.

369. Loi d'Ohm. — En résumé, nous avons à considérer, pour définir le courant, trois quantités :

1° La *force électromotrice* de la pile, ou différence de potentiel entre les deux pôles, en circuit ouvert.

2° La *résistance totale* du circuit, comprenant la *résistance du fil conducteur* reliant les deux pôles, et la *résistance intérieure* de la pile, égale à la somme des résistances de ses éléments.

3° L'*intensité* du courant, ou débit d'électricité par seconde.

La force électromotrice s'évalue en *volts*, ainsi que nous l'avons déjà expliqué (344) ; l'intensité s'évalue en *coulombs par seconde* et l'unité correspondante d'intensité s'appelle l'*ampère* ; enfin la résistance du circuit est liée aux deux quantités précédentes par une loi très simple, découverte par le physicien allemand Ohm.

L'inten-ité du courant est directement proportionnelle à la force élec-tro-motri . de la pile et inversement proportionnelle à la résistance totale du circuit.

De sorte que si l'on appelle E la force électromotrice, R la résistance totale et I l'intensité du courant, on aura :

$$I = K \frac{E}{R}$$

K étant un facteur constant.

Pour faire disparaître K, il suffit de prendre pour unité de résistance celle d'un circuit dans lequel une force électro-motrice d'un volt produit un courant d'un ampère ; alors I et E étant égaux à 1, R devra être égal à 1, ce qui exige K = 1.

L'unité de résistance ainsi définie s'appelle l'*ohm* ; pratiquement, c'est la résistance à 0° C d'une colonne de mercure de 1 millimètre carré de section et de 106^{cm},3 de longueur.

370. Effets chimiques. — En coupant le fil interpolaire et plongeant ses deux bouts dans un liquide, on fait passer le courant électrique dans ce liquide, et on peut ainsi le décomposer; c'est un effet chimique du courant.

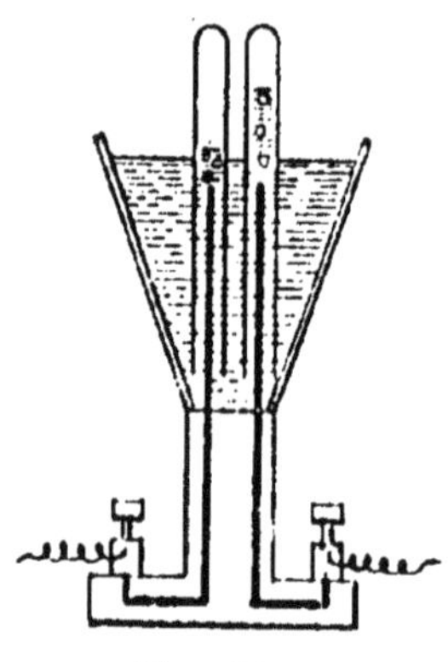

Fig. 269.

Tout de suite après l'invention de la pile de Volta, deux savants anglais, Carlisle et Nicholson, décomposèrent l'eau. On répète cette expérience avec un *voltamètre* : c'est un verre (fig. 269) dans le pied duquel passent deux fils de platine, ou *électrodes*, qui s'élèvent dans le verre et communiquent avec les pôles de la pile. Le verre contient de l'eau acidulée, que le courant décompose; on recueille les gaz en recouvrant les électrodes de deux petites éprouvettes. On constate que ces gaz sont l'un de l'hydrogène, sur l'électrode négative, l'autre de l'oxygène, sur l'électrode positive, et que le volume du premier gaz est toujours double de celui du second. Aujourd'hui, on admet que dans cette expérience c'est en réalité l'acide sulfurique SO^4 H^2 qui se décompose : il se comporte comme nous l'indiquerons plus loin pour le sulfate de cuivre SO^4 Cu; en considérant l'hydrogène H de l'acide comme un métal, on peut répéter pour l'eau acidulée ce que l'on dit pour les sels.

Peu de temps après, en 1807, Davy au moyen d'une pile puissante décomposa la potasse et la soude et découvrit ainsi le potassium et le sodium. Il plaçait un morceau de potasse humide sur une lame métallique reliée au pôle positif et plongeait le fil négatif dans du mercure contenu dans une cavité que portait la potasse (fig. 270); il se formait de l'amalgame de potassium, ou de sodium, qui, distillé dans un gaz inerte, donnait le métal.

Enfin, on peut décomposer par le courant électrique des chlorures fondus, ainsi que l'a fait la première fois Bunsen avec le chlorure de calcium, ou en général les sels métalliques en dissolution. Si l'on plonge dans un tube en U, contenant une dissolution de sulfate de cuivre (fig. 271) des électrodes de platine reliées aux pôles d'une pile, on voit du cuivre se déposer sur l'électrode négative, tandis que sur l'autre il se dégage de l'oxygène et le liquide devient acide. Le sulfate de cuivre SO^4Cu s'est décomposé en Cu et SO^4; mais SO^4 n'existant pas à l'état libre, il s'est dédoublé en oxygène O et SO^3, qui s'unissant à l'eau a donné l'acide sulfurique SO^4H^2.

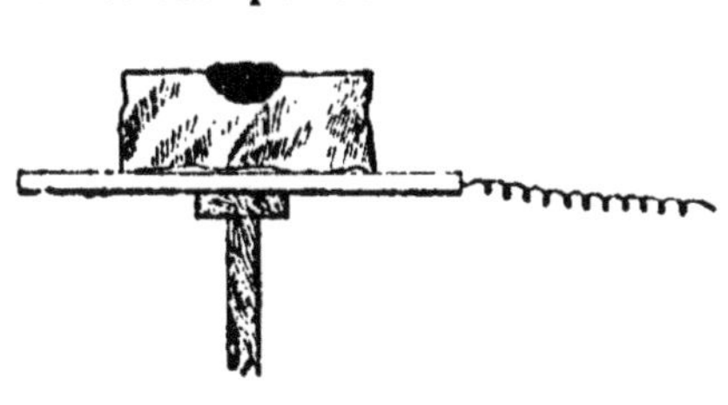

Fig. 270.

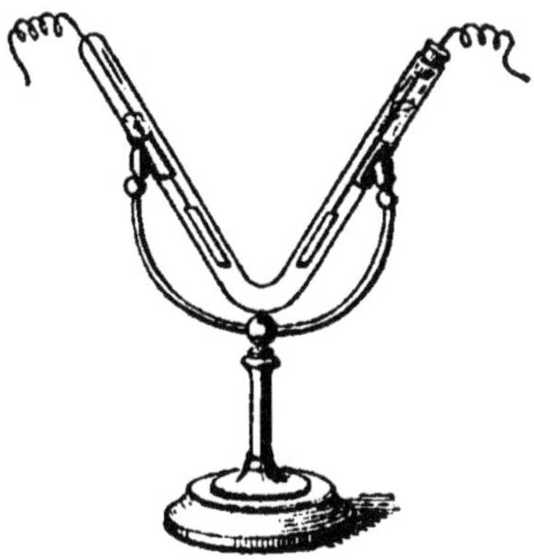

Fig. 271.

Si l'on opère sur une solution de sulfate de potassium, on obtient de la potasse dans la branche négative et de l'acide sulfurique, sans dégagement d'oxygène, dans la branche positive. Cela est dû à une action secondaire. Le potassium, mis en liberté, décompose l'eau en donnant de la potasse KOH et de l'hydrogène qui s'empare de l'oxygène dégagé.

Ces actions chimiques du courant ont reçu de nombreuses applications.

La *galvanoplastie* a pour but de reproduire en cuivre un objet quelconque. Pour cela on en fait un moule, généralement en gutta percha, ramollie dans l'eau tiède, que l'on rend conducteur en l'enduisant de plombagine. On le plonge dans un bain de sulfate de cuivre, en le reliant à l'électrode négative, ou *cathode*, tandis qu'on suspend à l'électrode positive, ou *anode*, une lame de cuivre destinée à maintenir constante la concentration du bain. Le courant décompose le sulfate de cuivre et dépose le métal sur le moule négatif.

En prenant certaines précautions, ou en utilisant d'autres sels de cuivre, on peut rendre adhérente la couche de métal et cuivrer ainsi des objets quelconques, préalablement rendus bien propres et bons conducteurs.

On nickelle de même les objets de fer, d'acier ou de cuivre pour les protéger de l'action de l'air, en employant une solution de sulfate double de nickel et d'ammoniaque.

On argente et l'on dore les objets de métal commun en les plongeant dans un bain de cyanure d'argent, ou d'or, dissout dans le cyanure de potassium. Dans le cas de la dorure, le bain doit être légèrement chauffé. Dans tous les autres cas, on opère à la température ordinaire.

La métallurgie utilise aujourd'hui les courants électriques pour extraire les métaux de leurs minerais. Le magnésium s'extrait ainsi en grand du chlorure de magnésium fondu ; l'aluminium s'obtient en décompant par le courant la cryolithe, qui est un fluorure d'aluminium, ou même l'alumine, qui en est l'oxyde ; le cuivre se retire de la pyrite cuivreuse coulée en plaques, qui sont employées comme électrode positive dans un bain de sulfate de cuivre. Ces procédés constituent l'*électro-métallurgie*.

L'*électro-chimie* utilise également le courant électrique pour produire des réactions très variées, qui donnent naissance à divers produits. C'est ainsi que l'on obtient aujourd'hui le chlorate de potassium, en faisant passer le courant électrique dans une solution de chlorure de potassium.

371. Lois de Faraday. — L'action décomposante du courant sur les solutions salines s'appelle *électrolyse* ; le liquide soumis à cette action est l'*électrolyte*. Nous avons déjà dit que les conducteurs amenant le courant s'appellent les *électrodes*, la positive portant le nom

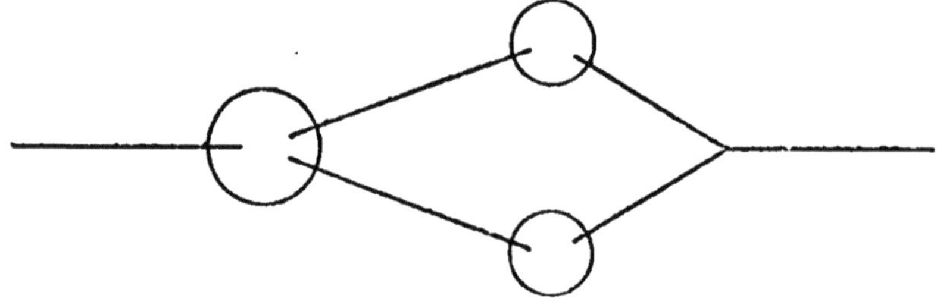

Fig. 272.

nant le courant s'appellent les *électrodes*, la positive portant le nom d'*anode* et la négative de *cathode*.

Faraday a donné sur l'électrolyse deux lois fondamentales qui sont les suivantes :

1° *La quantité d'électrolyte décomposée est proportionnelle à l'intensité du courant.*

Pour le vérifier on fait passer le courant dans un premier voltamètre, puis on le bifurque au moyen de deux fils égaux et on fait passer chacun des courants partiels dans deux voltamètres parfaitement identiques, de sorte que les résistances sur les deux bifurcations soient parfaitement égales (fig. 272). Les intensités des courants bifurqués sont égales entre elles et égales à la moitié de l'intensité totale : on constate que les quantités d'eau décomposées dans chacun des deux voltamètres correspondants sont la moitié de celle du voltamètre placé sur le courant total.

2° Les poids de corps simples déposés sur les électrodes sont proportionnels aux équivalents chimiques de ces corps.

En plaçant sur un même circuit des voltamètres contenant de l'eau acidulée, une solution de sulfate de cuivre, une autre de sulfate d'argent, on constatera que pour 1 gramme d'hydrogène dégagé il se dépose 31gr,5 de cuivre, 108 d'argent.

L'expérience prouve qu'un courant de 1 ampère dépose 0gr,001118 d'argent en une seconde. D'où un moyen très simple et très exact de mesurer l'intensité d'un courant en le faisant passer dans un voltamètre à sulfate d'argent et pesant le poids d'argent déposé en un temps donné.

372. Accumulateurs. — Les *accumulateurs*, qui rendent aujourd'hui de grands services dans les applications de l'électricité, ont été imaginés par Planté. Ils sont fondés sur un phénomène découvert par Grove qui les a utilisés dans sa pile à gaz.

Si l'on fait passer le courant d'une pile dans l'eau acidulée d'un voltamètre, au moyen d'électrodes soudées dans les éprouvettes qui permettent de recueillir les gaz (fig. 273), et que, lorsque ces éprouvettes sont pleines, l'on supprime la pile et réunisse par un fil conducteur les deux électrodes, on remarque que ce fil est traversé par un courant électrique de sens inverse à celui qui a produit l'électrolyse ;

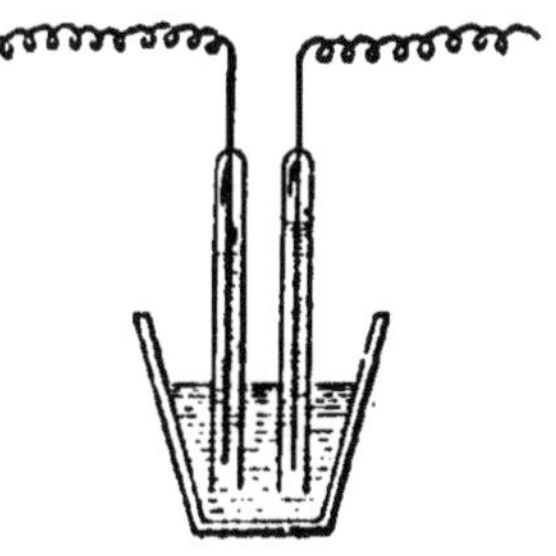

Fig. 273.

en même temps les gaz des deux éprouvettes disparaissent, ils se recombinent en formant de l'eau.

Pour utiliser ce phénomène dans les accumulateurs, on construit un élément en formant un vase qui contient de l'eau acidulée, dans laquelle plongent deux lames de plomb poreuses et de grande surface ; l'élément a la forme d'une pile et on peut, comme dans les piles, en assembler plusieurs. La différence consiste en ceci que l'accumulateur, pour fonctionner, doit être préalablement chargé, par exemple, avec une pile, et que pendant son fonctionnement il se décharge complètement.

On charge l'accumulateur en reliant tous les pôles pairs des éléments au pôle positif et tous les pôles impairs au pôle négatif de la pile. L'appareil se comporte comme un immense voltamètre ; l'eau acidulée est décomposée, l'hydrogène se porte sur tous les pôles impairs et l'oxygène sur tous les pôles pairs, les plaques poreuses retiennent les gaz, l'oxygène oxyde même les lames de plomb sur lesquelles il se porte, et la charge est terminée quand de l'hydrogène se dégage.

On supprime alors la pile, on relie entre eux les éléments de l'accumulateur par les pôles contraires, comme dans une pile ordinaire, et si l'on établit le circuit conducteur entre les pôles extrêmes, on obtient un courant, en même temps que les gaz des deux lames de plomb se recombinent dans chaque élément. Quand ils ont entièrement disparu, l'appareil est déchargé; il ne fonctionne plus que si on le charge de nouveau.

373. Effets physiques. — Les *effets physiques* du courant sont des effets *calorifiques* et *lumineux :* le fil conducteur qui relie les deux pôles de la pile s'échauffe par le passage du courant et, dans des circonstances déterminées, pour une intensité assez grande du courant et une résistance assez grande du fil, l'élévation de température peut être suffisante pour le porter à l'incandescence. L'expérience ne réussit pas avec un fil de cuivre, dont la conductibilité est trop grande : mais si l'on intercale dans le circuit un fil de platine fin, il est facilement rendu incandescent.

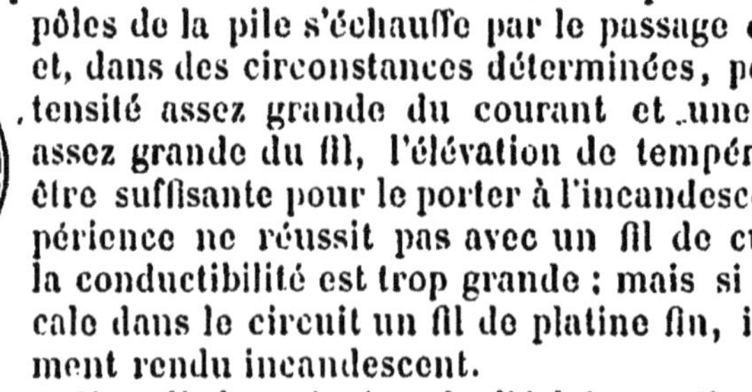

Fig. 274.

C'est là le principe de l'éclairage électrique *par incandescence*. On construit aujourd'hui de petites lampes formées d'un globe de verre, dans lequel est un filament de carbone obtenu en carbonisant des fibres de bambou; on fait le vide dans le globe pour empêcher la combustion du carbone (fig. 274).

Si l'on fait communiquer avec les deux pôles d'une pile extrêmement puissante deux baguettes de charbon des cornues et qu'on les amène au contact, on voit au point de jonction une lumière éblouissante; en écartant les baguettes, il jaillit entre elles un arc très lumineux, jusqu'à une distance déterminée. Un écart plus grand éteint la lumière et, pour la reproduire, il faut ramener les charbons au contact.

C'est l'arc électrique. En projetant sur un écran son image agrandie, on observe que le charbon positif, de beaucoup le plus incandescent, se creuse, tandis que le charbon négatif s'allonge en pointe vers lui et qu'entre les deux jaillit un arc peu lumineux, formé par la vapeur de charbon peu éclairante et qui établit la communication électrique entre les deux baguettes; il paraît donc y avoir transport de matière du pôle positif au pôle négatif (fig. 275).

Les charbons s'usent, en partie par combustion, en partie aussi par diffusion des vapeurs de carbone dans l'air. Il est donc nécessaire de rapprocher peu à peu les charbons pour maintenir l'arc.

La lumière de l'arc électrique est utilisée dans les lampes dites à *arc*, qui fournissent une lumière très intense et qu'on emploie pour l'éclairage de la voie publique, des halls de gares et d'usines. Outre les deux baguettes de charbon, la lampe à arc comporte un *régulateur* électro-magnétique maintenant les charbons à la distance voulue.

La température de l'arc électrique a pu être mesurée par M. Violle ; elle est évaluée à 3500°. Cette température énorme permet de produire aujourd'hui des changements d'état, ou des réactions chimiques, qu'on regardait autrefois comme impossibles à réaliser. M. Moissan a construit un four électrique dans lequel il a pu fondre et volatiliser la chaux et la silice, réduire les oxydes de magnésium, d'uranium, de chrome, fabriquer les carbures de calcium et de baryum employés à la préparation de l'acétylène. Ce four se compose en principe d'un bloc de calcaire, dans lequel est creusée une cavité enduite de charbon et dans laquelle on place un creuset de charbon contenant les corps à traiter (fig. 276). Deux crayons de charbon, reliés aux pôles de la source électrique, traversent des cavités et viennent en regard au-dessus du creuset ; un aimant extérieur dirige l'arc dans le creuset. Enfin, le four est fermé par un couvercle en calcaire et des fenêtres en mica permettent de voir à l'intérieur du four.

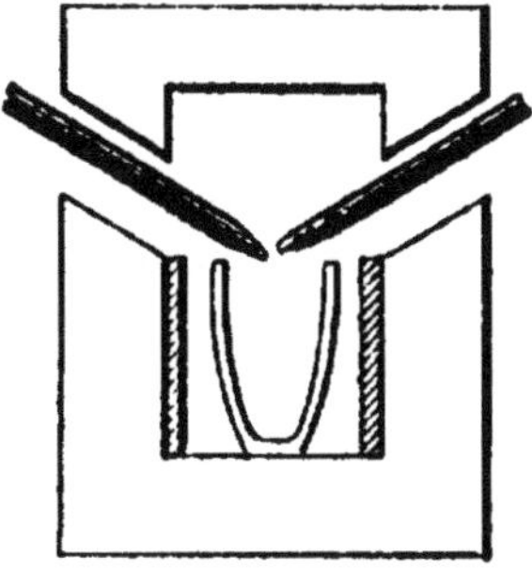

Fig. 275.

Fig. 276.

374. Effets mécaniques. — Les *effets mécaniques* du courant consistent principalement dans les mouvements qu'il imprime à une aiguille aimantée placée dans son voisinage.

Cette action très importante est utilisée principalement dans les *galvanomètres* et les appareils industriels de mesure des éléments d'un courant, voltamètres et ampéremètres. Mais son étude exige la connaissance du magnétisme, qui ne fait pas partie de votre programme.

§ 3. — PILES DIVERSES

375. Piles à un seul liquide. — Les piles décrites dans le premier paragraphe, la pile de Volta et les similaires, dans lesquelles les pôles de chaque élément sont en contact avec de l'eau acidulée, s'appellent *piles à un seul liquide*, par opposition à celles que nous décrirons plus loin (378). Leur force électromotrice est d'environ 1 volt.

376. Énergie de la pile. — Dans la pile, la différence de potentiel se maintient constante pendant le passage du courant. Par des expériences que nous ne pouvons décrire ici, Favre et d'autres physiciens ont montré que la source d'énergie qui entretient d'une façon continue cette différence constante de potentiel était due aux actions chimiques qui se produisent dans la pile.

Des deux pôles zinc et cuivre, le premier est attaqué à froid par l'eau acidulée ; quand il est formé avec le zinc impur du commerce, pour éviter que cette attaque ait lieu pendant le montage de la pile, ou pendant que le circuit est ouvert et qu'elle ne fonctionne pas, on a soin d'employer du zinc pur, ou mieux du zinc ordinaire *amalgamé*, c'est-à-dire allié à du mercure.

. Lorsque le courant passe, il produit dans la pile des actions chimiques ; l'eau acidulée, ou plutôt l'acide, est décomposée : le zinc se dissout dans l'acide sulfurique en formant du sulfate de zinc, tandis que l'hydrogène mis en liberté se porte sur le cuivre. Ces actions chimiques correspondent à la production d'une certaine quantité d'énergie, qui entretient la différence de potentiel des pôles. A mesure que le courant passe, le zinc se dissout et s'use : la pile consomme du zinc pour produire de l'électricité.

377. Polarisation. — Les piles à un seul liquide présentent un grave inconvénient : leur courant s'affaiblit graduellement, bien que les réactions chimiques qui produisent l'énergie nécessaires aient toujours lieu.

A la suite des expériences de Grove sur la pile à gaz (372), on attribua ce fait à la décomposition de l'eau de la pile par le courant qui, produisant de l'hydrogène sur le cuivre et de l'oxygène sur le zinc, faisaient de ces deux métaux les pôles d'une pile à gaz tendant à donner dans le circuit un courant contraire au courant primitif : on dit que la pile se polarisait, et l'on appela ce phénomène polarisation.

Tout en lui conservant ce nom, on donne aujourd'hui à ce phénomène une autre explication. Nous venons de voir que le passage du courant produit sur le cuivre un dégagement d'hydrogène ; les contacts dans le circuit se trouvent ainsi modifiés et par conséquent la force électro-motrice de la pile. L'interposition de l'hydrogène entre le liquide et le cuivre affaiblit la pile, d'autant plus que la couche de gaz augmente, c'est-à-dire que la pile fonctionne plus longtemps.

Pour obvier à cet inconvénient, on emploie des piles dites *à deux liquides*, ou *à dépolarisant ;* on a proposé aussi l'emploi des piles thermo-électriques, qui n'ont pas de résistance intérieure et qui, ne donnant lieu à aucune réaction chimique, ne peuvent présenter de polarisation.

378. Piles à deux liquides. — En résumé, la polarisation consiste dans le dégagement d'hydrogène autour du cuivre et, pour y parer, il suffit d'absorber dans la pile le gaz au fur et à mesure de sa production.

On peut y arriver, en entourant le cuivre d'un vase poreux contenant un liquide capable de fournir à l'hydrogène l'oxygène nécessaire pour le convertir en eau : d'où le nom de piles à *deux liquides* donné à ces appareils.

La *pile de Daniell* est formée d'un vase extérieur contenant de l'eau acidulée, où plonge le zinc ; dans ce liquide est immergé un vase poreux, en terre de pipe, plein d'une solution de sulfate de cuivre $SO^4 Cu$, dans laquelle plonge le cuivre (fig. 277). Quand le circuit est fermé, le courant décompose l'eau acidulée, en donnant du sulfate de zinc et de l'hydrogène, qui se porte vers le

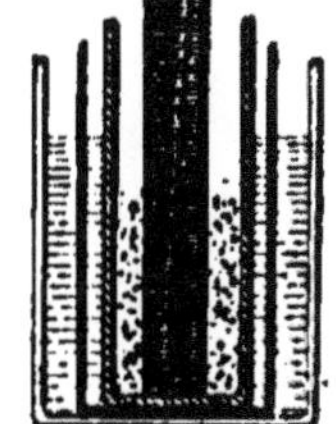

Fig. 277.

cuivre ; il traverse le vase poreux et se trouve alors en présence de sulfate de cuivre, qui, décomposé lui-même par le courant, dépose du cuivre sur le pôle cuivre et donne à l'hydrogène le radical SO^4 avec lequel le gaz redonne de l'acide sulfurique. Les réactions qui se produisent sont représentées par les égalités suivantes :

$$SO^4 H^2 + Zn = SO^4 Zn + H^2$$
$$H^2 + SO^4 Cu = SO^4 H^2 + Cu$$

Cette pile donne pendant longtemps un courant d'intensité constante, si l'on a soin de maintenir la concentration de la solution de sulfate de cuivre. Pour cela, on remplit des cristaux de ce sel un ballon que l'on renverse sur le vase poreux : l'acide provenant de la décomposition du sulfate de cuivre vient constamment à la partie supérieure et dissout les cristaux.

Sous le nom de piles de Becquerel, de Callaud, etc., on a imaginé divers modèles de piles à sulfate de cuivre, qui ne diffèrent de la précédente que par certaines dispositions de détail.

La force électromotrice de la pile à sulfate de cuivre est d'environ 1volt,07. Elle est principalement employée sur les lignes télégraphiques et dans les expériences de galvanoplastie.

Marié Davy a imaginé une pile analogue, où le sulfate de cuivre est remplacé par du sulfate de mercure $SO^4 Hg$ et la lame de cuivre par un prisme de charbon des cornues. Les réactions sont identiques et la force électromotrice de la pile est de 1volt,2. Le mercure, qui se dégage sur le charbon positif, tombe au fond du vase poreux et on le transforme en sulfate de mercure, qui peut servir de nouveau. Elle a été principalement employée dans les télégraphes.

Grove construisit une pile analogue comme forme à la pile au sulfate de cuivre, mais dans laquelle le dépolarisant était l'acide azotique $Az O^3 H$ et le pôle positif une lame de platine ; Bunsen, en remplaçant la lame de platine par un prisme de charbon des cornues,

rendit la pile beaucoup moins coûteuse. Ici, la dépolarisation a lieu
par l'action de l'hydrogène sur l'acide azotique, auquel il prend son
oxygène pour former de l'eau et qu'il transforme ainsi en peroxyde
d'azote Az O^2 ; les réactions de la pile peuvent être représentées par
les égalités suivantes :

$$SO^4 H^4 + Zn = SO^4 Zn + H^2$$
$$H^2 + 2 Az O^3 H = 2 H^2O + 2 Az O^2$$

La force électromotrice de la pile de Bunsen est de 1^{volt},8. Elle
a été longtemps employée, avant l'invention des machines dynamo-
électriques, comme source puissante d'électricité. Son seul inconvénient résulte du dégagement des vapeurs rutilantes de peroxyde
d'azote, désagréables et même dangereuses à respirer.

Enfin, Poggendorf eut l'idée d'employer comme dépolarisant une
solution de bichromate de potassium Cr^2 O^7 K^2, avec un prisme de
charbon des cornues comme pôle positif. Le bichromate de potassium agit comme dépolarisant parce que, sous l'action de l'acide sulfurique, il produit de l'oxygène, d'après l'égalité :

$$4 SO^4 H^2 + Cr^2 O^7 K^2 = SO^4 K^2 + (SO^4)^3 Cr^2 + 4H^2O + 3O.$$

En supprimant le vase poreux, Grenet augmenta un peu la force

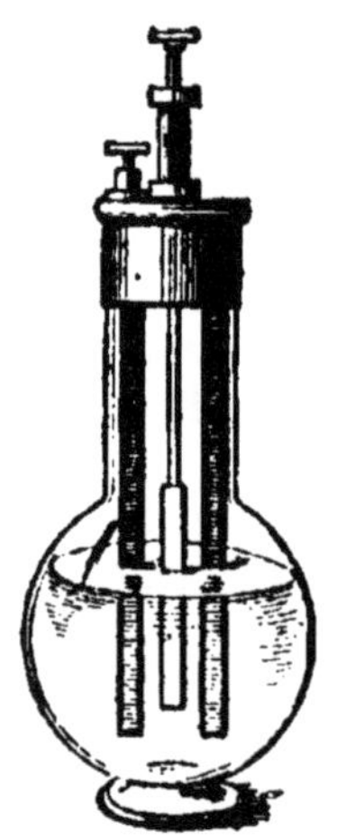

Fig. 278.

électromotrice ; mais, les liquides étant alors mélangés, la dépolarisation se fait moins régulière-
ment et la pile ne peut servir que pendant peu de
temps. On s'en sert généralement pour faire les
expériences de cours. On donne alors au vase extérieur la forme d'une bouteille (fig. 278), dont le
couvercle porte des bornes communiquant avec les
pôles ; le zinc est porté par une tige qui traverse
la borne correspondante et que l'on peut soulever
pour retirer le zinc du liquide et arrêter le fonctionnement de la pile. La force électromotrice de
la pile Grenet est de 2 volts.

379. Piles à dépolarisant solide. — Au lieu de
liquide, on peut employer comme dépolarisant certains solides, en particulier les peroxydes métalliques, qui, sous l'influence du courant électrique,
cèdent à l'hydrogène une partie de leur oxygène.

La principale pile à dépolarisant solide est la pile de Leclanché,
très employée pour les sonneries d'appartement. Un élément de cette
pile se compose d'un vase extérieur, contenant une solution de sel
ammoniac, ou chlorure d'ammonium, Az H^{4}Cl, où plonge un cylindre
de zinc (fig. 279) ; dans cette solution est immergé un vase poreux

contenant le pôle positif, en charbon des cornues, entouré d'un mélange aggloméré de bioxyde de manganèse et de charbon des cornues en poudre. Le passage du courant décompose le chlorure d'ammonium et produit du chlorure de zinc $Zn\,Cl^2$, en même temps qu'il se dégage de l'ammoniaque $Az\,H^3$, qui se dissout dans l'eau et se répand dans l'air, et de l'hydrogène, qui traverse le vase poreux et s'empare d'une partie de l'oxygène du bioxyde de manganèse.

La force électromotrice de cette pile est de $1^{volt},48$.

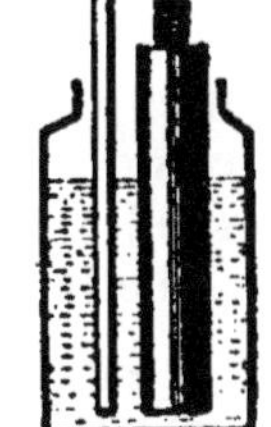

Fig. 279.

380. Piles thermo-électriques. — La *pile thermo-électrique*, inventée par Seebeck, est fondée sur le phénomène suivant : si l'on soude ensemble deux tiges de métaux différents, qu'on réunisse leurs extrémités par un fil conducteur et qu'on chauffe la soudure, le circuit sera traversé par un courant électrique.

On sait, en effet, d'après la loi des contacts, de Volta (366), que la force électromotrice au contact de deux métaux différents dépend de la température ; si donc nous prenons deux lames l'une de cuivre Cu, l'autre de bismuth Bi, soudées ensemble et si nous les réunissons au moyen d'un fil de cuivre (fig. 280), nous aurons en A et B deux soudures, où les forces électromotrices seront égales et contraires, à la même température ; mais, si nous chauffons la soudure A, la force électromotrice en ce point surpassera la force en B et un courant s'établira ; en chauffant B, au lieu de A, le courant serait de sens contraire au précédent.

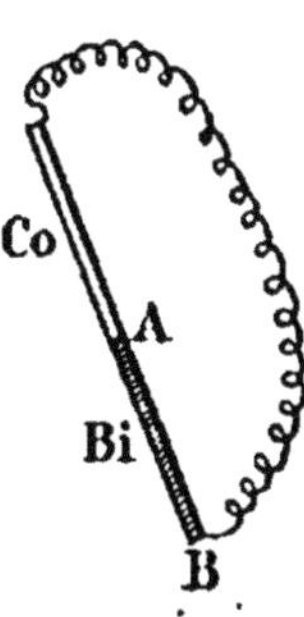

Fig. 280.

C'est ici la chaleur qui est la source d'énergie entretenant la différence de potentiel entre les deux métaux.

L'expérience prouve qu'en général l'intensité du courant augmente avec la température, au moins pendant quelque temps ; quand la température augmente d'une façon continue, l'intensité passe par un maximum, puis elle diminue, devient nulle, et à partir de ce moment le courant change de sens : c'est ce qu'on appelle le phénomène de l'*inversion*.

On obtient une pile thermo-électrique, en soudant à la suite les uns des autres des éléments analogues au couple cuivre-bismuth que nous venons d'employer ; pour obtenir un courant électrique, il faut chauffer à une température convenable, celle du maximum d'intensité, variable suivant les métaux, toutes les soudures de même parité et maintenir à une température inférieure toutes les soudures de parité contraire. On adopte, à cet effet, un dispositif particulier : ou bien, comme dans la pile de Melloni, l'appareil a la forme d'un cube, sur l'une des faces se trouvent toutes les soudures paires, sur la face opposée toutes les soudures impaires ; ou bien, comme dans la pile Clamond, l'appareil a la forme d'une colonne creuse, à l'intérieur se trouvent toutes les soudures de rang impair, que l'on chauffe au moyen d'un bec de gaz, à l'extérieur toutes les soudures de rang pair enduites de noir de fumée pour leur permettre de se refroidir.

Les piles thermo-électriques ont une force électromotrice très faible ; celle du couple bismuth-antimoine est de $0^{volt},0057$ pour une différence de température de 100° entre les deux soudures. Mais leur résistance intérieure étant nulle, elles peuvent cependant donner des courants assez intenses, à condition de les former d'un grand nombre d'éléments.

Pouillet a employé les piles thermo-électriques pour l'étude expérimentale des lois des courants électriques ; Melloni les a employées pour l'étude de la chaleur rayonnante (323) ; aujourd'hui on emploie principalement les couples thermo-électriques à la mesure des températures élevées. M. Lechatellier emploie des couples platineplatine-rhodié pour mesurer des températures allant jusqu'à 1500°. La méthode consiste à mettre la soudure de ce couple en contact avec le point dont on veut évaluer la température ; le circuit est fermé par un fil conducteur passant au travers d'un galvanomètre. Ce dernier a été gradué empiriquement en faisant d'abord plonger la soudure dans des bains à des températures connues (fig. 281).

Fig. 281.

TABLE DES MATIÈRES

PRÉLIMINAIRES

§ 1er. But et méthode de la physique. 1
1. Première idée de la physique. — 2. Phénomènes. — 3. Corps. — 4. Différents genres de phénomènes. — 5. Phénomènes physiques. — 6. Méthode expérimentale. — 7. Observation. — 8. Expérimentation. — 9. Mesures, — 10. Lois physiques. — 11. Hypothèse.

§ 2. Propriétés générales de la matière et des corps 2
12. Matière. — 13. Propriétés générales de la matière. — 14. Etendue. — 15. Impénétrabilité. — 16. Inertie. — 17. Pondérabilité. — 18. Propriétés générales des corps. — 19. Etats physiques. — 20. Etat solide. — 21. Etat liquide. — 22. Etat gazeux. — 23. Etats intermédiaires. — 24. Solides mous ou pâteux. — 25. Liquides visqueux. — 26. Gaz lourds. — 27. Remarque générale. — 28. Propriétés mécaniques des corps. — 29. Compressibilité. — 30. Elasticité. — 31. Limite d'élasticité. — 32. Choc des corps élastiques.

§ 3. Constitution moléculaire des corps 7
33. Porosité. — 34. Divisibilité. — 35. Hypothèse moléculaire. — 36. Cohésion.

LIVRE PREMIER

PESANTEUR

CHAPITRE PREMIER

MOUVEMENT DE LA CHUTE DES CORPS

§ 1er. Définitions préliminaires 11
37. Mouvement. — 38. Eléments d'un mouvement. — 39. Mouvement uniforme. — 40. Mouvement varié. — 41. Force. — 42. Poids. —

43. Masse. — 44. Éléments d'une force. — 45. Mesure des forces.
— 46. Représentation des forces. — 47. Éléments de la pesanteur. —
48. Verticale. — 49. Surface horizontale. — 50. Niveau des maçons.

§ 2. ÉTUDE EXPÉRIMENTALE DU MOUVEMENT DE LA CHUTE DES CORPS. 15
51. Observations. — 52. Expériences. — 53. Résistance de l'air. —
54. Lois de la résistance de l'air. — 55. Conséquences. — 56. Machine
d'At-wood. — 57. Résultat des mesures. — 58. Loi des espaces.

§ 3. NATURE DU MOUVEMENT DE LA CHUTE DES CORPS 19
59. Le mouvement est accéléré. — 60. Cause de l'accélération du
mouvement. — 61. Principe de l'inertie. — 62. Vérification expérimentale. — 63. Vitesse dans le mouvement varié. — 64. Vitesse
moyenne. — 65. Vitesse à un instant donné. — 66. Application à la
chute des corps. — 67. Loi des vitesses. — 68. Vérification expérimentale. — 69. Résultat des mesures. — 70. Accélération. — 71. Formules générales. — 72. Mouvement ascendant des corps. — 73. Mesure de l'espace. — 74. Formule de l'espace. — 75. Formule de la
vitesse. — 76. Exercice.

§ 4. CENTRE DE GRAVITÉ. 20
77. Définition. — 78. Position du centre de gravité. — 79. Propriété du centre de gravité. — 80. Détermination expérimentale du
centre de gravité.

§ 5. POIDS ET MASSE D'UN CORPS. TRAVAIL DE LA PESANTEUR. 28
81. Proportionnalité des forces aux accélérations. — 82. Nature du
mouvement en chute libre. — 83. Mesure de la force par l'accélération. — 84. Définition mathématique de la masse. — 85. Poids d'un
corps. — 86. Unités de poids et de masse. — 87. Unités de force. —
88. Système C. G. S. — 89. Travail de la pesanteur. — 90. Unité de
travail. — 91. Force vive. — 92. Énergie. — 93. Conservation de
l'énergie. — 94. Forces proportionnelles aux masses. — 95. Rôle de
la résistance de l'air.

§ 6. RÉGULARISATION DU MOUVEMENT. 33
96. Régulateur à ailettes. — 97. Machine de Morin. — 98. Pendule.
— 99. Lois du mouvement du pendule simple. — 100. Pendule composé. — 101. Mesure de l'intensité de la pesanteur. — 102. Régularisation du mouvement des horloges.

CHAPITRE II

MESURE DES POIDS ET DES MASSES

§ 1er. THÉORIE DU LEVIER. 40
103. Définition du levier. — 104. Différents genres de levier. —
105. Conditions d'équilibre du levier.

§ 2. BALANCE ORDINAIRE 42
106. Description de la balance. — 107. Poids et masse relatifs. —

108. Unité de masse. — 109. Multiples et sous-multiples. — 110.
Masses marquées. — 111. Boîtes de masses. — 112. Conditions que
doit remplir la balance. — 113. Stabilité. — 114. Justesse. — 115.
Double pesée. — 116. Double pesée sous tare constante. — 117. Sensibilité.

3. Formes diverses.   47
118. Différentes formes de balance. — 119. Balance de Roberval. —
120. Balance romaine. — 121. Bascule de Quintenz.

4. Densités et poids spécifiques   49
122. Poids spécifique et densité absolus. — 123. Poids spécifique
et densité relatifs. — 124. Détermination des densités. — 125. Densité
des solides. — 126. Méthode du flacon. — 127. Densité des liquides.
128. Formule relative à la densité. — 129. Densité du gaz. — 130.
Formule relative à la densité.

CHAPITRE III

ÉQUILIBRE DES SOLIDES PESANTS

§ 1er. Définitions générales   53
131. Équilibre des corps soumis à la pesanteur. — 132. Premières
observations. — 133. Différents genres d'équilibre.

§ 2. Conditions d'équilibre   54
134. Équilibre d'un corps pesant mobile autour d'un point fixe. —
135. Équilibre d'un corps pesant reposant sur un plan horizontal. —
136. Applications. Stabilité des corps pesants.

LIVRE II

HYDROSTATIQUE (Équilibre des fluides).

CHAPITRE PREMIER

PRESSION DANS LES LIQUIDES PESANTS

§ 1er. Surface libre   57
137. Définition. — 138. 1° Liquides. — 139. Surface libre d'un liquide
en équilibre. — 140. Application. Niveau d'eau.

§ 2. Pressions intérieures   59
141. Pression. — 142. Surfaces de niveau. — 143. — Surfaces quelconques. — 144. Liquides superposés. — 145. Vases communicants.
Cas d'un seul liquide. — 146. Cas de deux liquides.

248 TABLE DES MATIÈRES

§ 3. Pressions sur les parois. 62
147. Pression sur le fond des vases. — 148. Pression sur les parois
latérales. — 149. Paradoxe hydrostatique.

CHAPITRE II

TRANSMISSION DES PRESSIONS

§ 1er. Principe de Pascal. 66
150. Principe de Pascal. — 151. Presse hydraulique. — 152. Accumulateurs.

§ 2. Principe d'Archimède 69
153. Poussée. — 154. Contre-poussée. — 155. Vérification expérimentale. — 156. Conséquences.

§ 3. Corps flottants. 72
157. Principes des corps flottants. — 158. Vérification expérimentale. — 159. Équilibre des corps flottants.

§ 4. Applications. 74
160. Détermination des densités. — 161. Méthode de la balance
hydrostatique. — 162. Aréomètres en général. — 163. Aréomètre de
Nicholson. — 164. Aréomètre de Fahrenheit. — 165. Aréomètres à
poids constant. — 166. Aréomètres de Baumé. — 167. Densimètres.
— 168. Alcoomètre centésimal de Gay-Lussac.

CHAPITRE III

PRESSION DANS LES GAZ

§ 1er. Propriétés générales. 80
169. 2° Gaz. — 170. Force élastique et pression. — 171. Mesure de
la force élastique. — 172. Unité de pression. — 173. Action de la
pesanteur.

§ 2. Pression atmosphérique 83
174. Atmosphère. — 175. Action de l'atmosphère. — 176. Expérience
de Toricelli. — 177. Expérience de Pascal. — 178. Mesure de la pression atmosphérique.

§ 3. Baromètres 85
179. Principe de l'appareil. — 180. Baromètre normal. — 181. Baromètre de Fortin. — 182. Baromètres métalliques. — 183. Baromètre
enregistreur. — 184. Usages du baromètre.

§ 4. Principe d'Archimède appliqué aux gaz. 88
185. Poussée de l'air. — 186. Baroscope. — 187. Principe d'Archimède. — 188. Application. Correction des pesées.

. Aérostats.   91
189. Mouvement ascensionnel des corps moins denses que l'air. — 190. Invention des aérostats. — 191. Force ascensionnelle.

CHAPITRE IV

ÉLASTICITÉ DES GAZ

§ 1er. Loi de Mariotte   91
192. Énoncé. — 193. Vérifications expérimentales. — 194. Limites d'exactitude de la loi. — 195. Applications. Poids d'un gaz. — 196. — Calcul de la force ascensionnelle d'un ballon. — 197. Manomètres. 198. Mélange des gaz. — 199. Remarque. — 200. Dissolution des gaz.

§ 2. Machines pneumatiques.   105
201. Principe. — 202. Exercice. — 203. Limite du vide. — 204. Effort à faire pour manœuvrer le piston. — 205. Formes diverses. — 206. Accessoires. — 207. Manomètre. — 208. Expériences diverses. 209. Machine à mercure sans espace nuisible.

§ 3. Machines de compression.   113
210. Principe. — 211. Calcul de la pression. — 212. Limite de la pression. — 213. Effort à faire pour manœuvrer le piston. — 214. Machines industrielles. — 215. Pompes à air. — 216. Pompes à gaz de laboratoire.

CHAPITRE V

ÉCOULEMENT DES LIQUIDES

1er. Principes généraux.   118
217. Pressions sur la paroi. — 218. Vase de Mariotte. — 219. Écoulement continu. — 220. Principe de Toricelli. — 221. Écoulement à vitesse constante. — 222. Écoulement en vase fermé. — 223. Pipette. — 224. Fontaine de compression. — 225. Fontaine de Héron.

§ 2. Siphon.   124
226. Description. — 227. Amorcement. — 228. Fonctionnement. — 229. Rôle de la pression atmosphérique. — 230. Vitesse d'écoulement. — 231. Écoulement constant. — 232. Formes diverses.

§ 3. Pompes a liquides.   130
233. Principe général. — 234. Pompe foulante. — 235. Effort à faire pour mouvoir le piston. — 236. Pompe aspirante. — 237. Effort à faire pour mouvoir le piston. — 238. Pompes diverses.

LIVRE III

CHALEUR

CHAPITRE PREMIER

THERMOMÈTRES

§ 1er. Définitions préliminaires. 135

239. Définition de la chaleur. — 240. Sources de chaleur. — 241. État calorifique d'un corps. — 242. Autres effets de la chaleur. — 243. Dilatation des solides. — 244. Dilatation des liquides. — 245. Dilatation des gaz. — 246. Applications.

§ 2. De la température. 137

247. Définition. — 248. Équilibre de température. — 249. Mesure de la température. — 250. Choix du corps thermométrique. — 251. Construction du thermomètre à mercure. — 252. Degré thermométrique. — 253. Emploi du thermomètre.

§ 3. Echelles thermométriques 141

254. Echelle centigrade. — 255. Echelle Fahrenheit. — 256. Echelle Réaumur. — 257. Correspondance des échelles. — 258. Exercice. — 259. Règles pratiques.

§ 4. Thermomètres divers. 144

260. Limites d'emploi du thermomètre à mercure. — 261. Thermomètres à maxima. — 262. Thermomètres à minima. — 263. Thermométrographe. — 264. Thermomètre enregistreur.

CHAPITRE II

DILATATION DU CORPS

§ 1er. Dilatation des liquides 148

265. Coefficients de dilatation. — 266. Formules de dilatation. — 267. Variation de la densité. — 268. Détermination des coefficients de dilatation. — 269. Applications.

§ 2. Dilatation des liquides. 153

270. Coefficients de dilatation. — 271. Formules de dilatation. — 272. Dilatation absolue du mercure. — 273. Dilatation absolue d'un liquide quelconque. — 274. Cas de l'eau. — 275. Thermomètre à poids. — 276. Applications.

§ 3. DILATATION DES GAZ. 160

277. Coefficients de dilatation. — 278. Loi de Gay-Lussac. — 279. Formules de dilatation. — 280. Applications. Poids d'un gaz. — 281. Densité des gaz.

CHAPITRE III

PREMIER CHANGEMENT D'ÉTAT

§ 1er. FUSION 166

282. Lois de la fusion. — 283. Action de la pression. — 284. Chaleur de fusion.

§ 2. SOLIDICATION. 168

285. Lois de la solidification. — 286. Action de la pression. — 287. Chaleur de solidification. — 288. Surfusion. — 289. Cristallisation par fusion.

§ 3. DISSOLUTION 170

290. Définition. — 291. Froid produit par la dissolution. — 292. Mélanges réfrigérants. — 293. Sursaturation. — 294. Cristallisation par dissolution. — 295. Sursaturation.

CHAPITRE IV

DEUXIÈME CHANGEMENT D'ÉTAT

§ 1er. VAPORISATION. 173

296. Définition. — 297. Vapeurs saturantes et non saturantes. — 298. Propriétés des vapeurs non saturantes. — 299. Propriétés des vapeurs saturantes.

§ 2. ÉVAPORATION 175

300. Lois de l'évaporation. — 301. Froid produit par l'évaporation. — 302. Mélange d'un gaz et d'une vapeur. Poids d'un gaz humide.

§ 3. ÉBULLITION 177

303. Lois de l'ébullition. — 304. Action de l'air. — 305. Action de la pression. — 306. Chaleur de vaporisation.

§ 4. CONDENSATION. 181

307. Lois de la condensation. — 308. Chaleur de condensation. — 309. Distillation. — 310. Liquéfaction des gaz. — 311. Influence de la pression. — 312. Point critique.

§ 5. TENSION MAXIMA DES VAPEURS 185

313. Définition. — 314. Mesures entre 0 et 100°. — 315. Mesures au-dessous de 0°. — 316. Mesures au-dessus de 100°. — 317. Résultats.

CHAPITRE V

NOTIONS ÉLÉMENTAIRES SUR LA CONDUCTIBILITÉ ET LE RAYONNEMENT

§ 1er. CONDUCTIBILITÉ 190

318. Définitions. — 319. Corps bons et corps mauvais conducteurs.
— 320. Mesure de la conductibilité. — 321. Applications.

§ 2. RAYONNEMENT 194

322. Transmission de la chaleur rayonnante. — 323. Mesure des
quantités de chaleur rayonnées. — 324. Émission. Pouvoir émissif. —
325. Réflexion. Pouvoir réflecteur. — 326. Absorption. Pouvoir absorbant. — 327. Diathermancité. Pouvoir diathermane. — 328. Applications.

LIVRE IV
ÉLECTRICITÉ

CHAPITRE PREMIER
ÉLECTRICITÉ STATIQUE

§ 1er. PRÉLIMINAIRES 201

329. Définitions. — 330. Fluides électriques. — 331. Influence. —
332. Electroscope à feuilles d'or. — 333. Electrophore. — 334. Attraction des corps légers. — 335. Lois de Coulomb. — 336. Unité de quantité d'électricité.

§ 2. DISTRIBUTION DE L'ÉLECTRICITÉ. 208

337. Distribution sur les corps mauvais conducteurs. — 338. Distribution sur les corps bons conducteurs. — 339. Méthode du plan
d'épreuve. — 340. Répartition en chaque point. — 341. Pouvoir des
pointes. — 342. Potentiel. — 343. Capacité électrique. — 344. Mesure
du potentiel. — 345. Équilibre électrique. — 346. Analogies calorifiques et hydrodynamiques. — 347. Travail électrique. — 348. Définition mécanique du potentiel.

§ 3. CONDENSATION 215

349. Expérience de Cunéus. — 350. Bouteille de Leyde. — 351. Explication de la condensation. — 352. Décharge du condensateur. —
353. Batteries électriques. — 354. Electroscope condensateur.

§ 4. MACHINES ÉLECTRO-STATIQUES. 221

355. Définition. — 356. Machine de Ramsden. — 357. Machine de
Holtz. — 358. Machine de Wimshurst. — 359. Etincelle électrique.

§ 5. Electricité atmosphérique.   226
    360. Electrisation de l'air. — 361. Foudre. — 362. Effets de la
foudre. — 363. Paratonnerre.

CHAPITRE II

ÉLECTRICITÉ DYNAMIQUE

§ 1er. Pile de Volta   230
    364. Définitions. — 365. Historique. — 366. Loi des contacts. —
367. Principe de la pile.

§ 2. Courant électrique   233
    368. Propriétés du courant. — 369. Loi d'Ohm. — 370. Effets chi-
miques. — 371. Lois de Faraday. — 372. Accumulateurs. — 373.
Effets physiques. — 374. Effets mécaniques.

§ 3. Piles diverses.   239
    375. Piles à un seul liquide. — 376. Energie de la pile. — 377. Po-
larisation. — 378. Piles à deux liquides. — 379. Piles à dépolarisant
solide. — 380. Piles thermo-électriques.

www.ingramcontent.com/pod-product-compliance
Ingram Content Group UK Ltd.
Pitfield, Milton Keynes, MK11 3LW, UK
UKHW020734120726
13693UKWH00001B/318